PROBLÈMES ET EXERCICES

DE CALCUL

PREMIÈRE PARTIE

ÉNONCÉS

PROBLÈMES
ET EXERCICES
DE CALCUL

POUVANT SERVIR DE COMPLÉMENT

À TOUS LES TRAITÉS D'ARITHMÉTIQUE

contenant

DES NOTES ET DES ÉCLAIRCISSEMENTS SUR LES QUESTIONS PROPOSÉES,
AVEC FIGURES DANS LE TEXTE

PAR

J.-B. GAUTIER

Auteur de divers ouvrages élémentaires

PREMIÈRE PARTIE
ÉNONCÉS

PARIS

DELAGRAVE ET Cie, LIBRAIRES-ÉDITEURS

Rue des Écoles, 78

Près du Musée de Cluny et de la Sorbonne.

1867

PROBLÈMES ET EXERCICES

DE CALCUL.

Lire les nombres suivants :

1. 11 17 25 38 46 50 64 79 83 96 31 45.
2. 19 23 30 45 54 63 71 80 92 87 26 13.
3. 38 18 23 15 40 52 69 74 36 91 27 89.
4. 114 125 130 147 156 162 171 180 195.
5. 110 203 535 348 406 579 608 727 801.
6. 205 320 421 507 670 782 890 903 400.
7. 1218 1425 1569 1641 1684 1827 1935.
8. 1560 1606 3024 4050 7389 6048 8019.
9. 6703 4021 5008 7501 2104 8607 3090.
10. 7400 3950 4503 6002 5037 9004 8001.
11. 12354 16143 27561 34928 69810 84637.
12. 15406 19023 14505 18600 53020 75009.
13. 40700 21010 30913 80017 52063 91207.
14. 11005 20501 30104 60015 41010 70006.
15. 124368 237596 765914 578321 614415.
16. 326207 560309 293103 408920 710101.
17. 150019 380008 900072 600124 703040 200005.
18. 1542639 4871265 7936128 5264573 9432817.
19. 1765042 3547500 8603407 4600209 2004100 7010006.
20. 14609047 25700006 40083102 96007021 63000004.
21. 345628916 702035406 100508003 500004200 80007000
22. 1893756420 5406907018 9007004025 2000100006.
23. 71308420012 40065807390 34000106009 62100020140
24. 211007300028 150000601070 500040002000.

Ecrire en chiffres les nombres suivants :

25. Treize. — Dix-neuf. — Vingt-trois. — Trente-sept. — Quarante-neuf. — Cinquante-un. — Soixante-cinq. — Septante-quatre. — Quatre-vingt-six.

26. Onze. — Quatorze. — Trente-deux. — Quarante-trois. — Cinquante-six. — Soixante-sept. — Septante-cinq. — Quatre-vingt-deux. — Quatre-vingt-quatorze.

27. Dix-huit. — Vingt-cinq. — Quarante-deux. — Cinquante-trois. — Soixante-huit. — Septante-neuf. — Quatre-vingt-dix-neuf.

28. Cent douze. — Cent vingt-quatre. — Cent trente-un. — Cent quarante-six. — Cent cinquante-sept. — Cent soixante-trois. — Cent septante-deux. — Cent quatre-vingt-six. — Cent quatre-vingt-quinze.

29. Cent treize. — Deux cent six. — Cinq cent trente-trois. — Trois cent quarante-un. — Quatre cent huit. — Cinq cent quatre-vingt-dix-sept. — Six cent six. — Sept cent vingt-quatre. — Huit cent sept.

30. Deux cent trois. — Trois cent vingt-neuf. — Quatre cent vingt-cinq. — Cinq cent neuf. — Six cent septante. — Sept cent quatre-vingt-neuf. — Huit cent six. — Neuf cent dix-sept. — Quatre cent trois.

31. Onze cent douze. — Quatorze cent sept. — Quinze cent quatre-vingt-seize. — Seize cent vingt-cinq. — Dix-sept cent trois. — Dix-huit cent trente-sept. — Mille vingt-six.

32. Quinze cent soixante-un. — Seize cent neuf. — Trois mille trente-quatre. — Quatre mille cinquante-deux. — Sept mille huit cent quatre-vingt-deux. — Six mille quatre cent quatre-vingts. — Huit mille dix-sept.

33. Sept mille deux. — Deux mille quarante-un. — Six mille cinq. — Cinq mille sept cent un. — Trois mille cent six. — Quatre mille quatre-vingt-dix. — Huit mille six cent neuf.

34. Six mille sept cents. — Quatre mille cinq cent quatre-vingts. — Deux mille trois cent huit. — Six mille neuf. — Cinq mille quarante-deux. — Huit mille six. — Neuf mille sept.

35. Treize mille quatre cent cinquante-six. — Quinze mille vingt-deux. — Vingt-six mille sept cent cinquante-un. — Trente-cinq mille huit cent vingt-neuf. — Soixante-quatre mille neuf cent dix-sept. — Quatre-vingt-un mille sept cent cinq.

36. Dix-sept mille deux cent neuf. — Dix-neuf mille trente-deux. — Quatorze mille cinq cent un. — Seize mille huit cents. — Cinquante-sept mille quarante. — Soixante-cinq mille cinq.

37. Quarante mille cinq cents. — Trente-un mille dix. — Cinquante mille neuf cent dix-huit. — Cinquante-trois mille trente-deux. — Quatre-vingt-un mille six cent six. — Septante mille un.

38. Douze mille six. — Trente mille quatre cent huit. — Cinquante mille cent cinq. — Soixante mille dix-sept. — Septante-deux mille dix. — Quatre-vingt-dix mille quatre.

39. Cent trente-cinq mille quatre cent soixante-huit. — Deux cent septante trois mille neuf cent cinquante-six. — Six cent cinquante-sept mille neuf cent quarante-un. — Quatre cent quinze mille six cent dix-sept.

40. Deux cent soixante-trois mille sept cent cinq. — Neuf cent soixante mille trois cent deux. — Trois cent quatre-vingt-quatorze mille quatre-vingts. — Cent septante-un mille dix.

41. Cent quarante mille dix-huit. — Huit cent trente mille neuf. — Deux cent mille quatre-vingt-dix-sept. — Cinq cent trois mille soixante. — Six cent mille deux.

42. Un million quatre cent cinquante-deux mille neuf cent soixante-trois. — Huit millions six cent septante-un mille quatre cent vingt-cinq. — Neuf millions sept cent trente-six mille cent trente-huit. — Trois millions cinq cent quarante-six mille sept cent cinquante-un. — Quatre millions neuf cent vingt-cinq mille huit cent dix-sept.

43. Deux millions six cent septante-cinq mille vingt-quatre. — Cinq millions trois cent quarante-huit mille cinq cents. — Six millions huit cent quatre mille trois cent sept. — Quatre millions cinq cent mille neuf cents. — Deux millions cinq mille cent. — Sept millions dix mille cinq.

44. Quatorze millions six cent sept mille soixante-cinq. — Cinquante-deux millions cinq mille six. — Trente millions quatre-vingt-quatre mille cent un. — Soixante-neuf millions sept mille douze. — Quarante-un millions quatre.

45. Quatre cent trente-six millions cinq cent quatre-vingt-deux mille neuf cent seize. — Deux cent sept millions cinquante-trois mille quatre cent six. — Cent millions huit cent cinq mille trois. — Cinq cents millions trois mille quarante-deux. — Sept cent millions quatre-vingt mille.

46. Un billion neuf cent quatre-vingt-trois millions cinq cent soixante-quatre mille sept cent vingt. — Quatre billions cinq cent neuf millions six cent huit mille dix-sept. — Sept billions neuf millions quatre mille quinze. — Six billions cent mille deux. — Onze cent onze millions onze cent onze mille onze cent onze.

47. Soixante-un billions huit cent trois millions deux cent quarante mille quinze. — Quarante billions cinquante-six millions sept cent huit mille neuf cent treize. — Cinquante-quatre billions cent huit mille six. — Vingt-six billions un million quarante mille dix-huit.

48. Deux cent onze billions trois millions sept cent

mille trente-deux. — Cent cinquante billions sept cent un mille soixante. — Neuf cents billions quatre millions trois mille.

———

EXERCICES SUR L'ADDITION DES NOMBRES ENTIERS.

Faire les additions suivantes :

49. 125 + 140 + 73 + 254.
50. 106 + 82 + 118 + 310.
51. 65 + 111 + 240 + 37.
52. 500 + 49 + 128 + 86 + 350 + 915 + 81.
53. 712 + 609 + 50 + 27 + 98 + 170 + 807.
54. 426 + 654 + 12348 + 292 + 146 + 8874.
55. 276 + 1040 + 4634 + 104 + 218 + 6520.
56. 14876 + 234 + 61084 + 1648 + 276 + 1094.
57. 522 + 7884 + 56 + 14010 + 818 + 25280.
58. 1092 + 144214 + 230 + 16694 + 112.
59. 8686 + 880 + 75600 + 546 + 34804 + 1812.
60. 210 + 14856 + 684 100120 + 632 + 15622.
61. 1296 + 1880 + 126 + 14862 + 1638 + 86944.
62. 1428 + 66972 + 386 + 95000 + 13446.
63. 109820 + 830 + 195672 + 1436 + 9800.
64. 4008 + 35 + 560 + 27918 + 6650 + 79.
65. 729 + 49510 + 83 + 920 + 79280 + 45101.
66. 103 + 91207 + 605 + 43 + 12064 + 46.
67. 5670831 + 164 + 18504 + 7009 + 700046807.

PROBLÈMES

SUR L'ADDITION DES NOMBRES ENTIERS.

68. Combien y a-t-il de volcans répandus sur la Terre, sachant qu'on en compte 13 sur le continent et les côtes d'Europe, 116 sur le continent et les îles d'Amérique, et 66 sur le continent et les îles d'Asie?

69. La France a 2030 kilomètres de côtes sur l'Océan et la Manche et 690 sur la Méditerranée. Quelle longueur cela fait-il en tout?

70. Une marchandise pèse 115 kilogrammes; l'emballage pèse 29 kilog. Quel est le poids brut, c'est-à-dire l'emballage compris?

71. Faites connaître la longueur de la Seine, sachant que cette rivière a 180 kilomètres de longueur de plus que la Garonne qui en a 620.

72. Les haricots pèsent en moyenne 52 kilogrammes de plus, par hectolitre, que la graine de betteraves ou de carottes dont le poids pour la même mesure est de 25 kilogr. On demande le poids d'un hectolitre de haricots.

73. Ajoutez 35 à 19, et la somme que vous obtiendrez exprimera le degré de chaleur auquel l'air peut s'élever, à l'ombre, dans la ville du Caire, en Égypte.

74. Le tilleul peut vivre 410 ans de plus que l'aune et le bouleau qui vivent jusqu'à 90 ans. On demande à quel âge le tilleul peut parvenir.

75. Dans l'âge adulte, le corps de l'homme contient 206 os, sans compter les 32 dents. Combien d'os, en comptant les dents?

76. De 1795 au 31 décembre 1864, il a été fabriqué, en France, pour 6 milliards 410 millions 226735 francs de pièces d'or, et pour 4 milliards 663 millions 934062 francs de pièces d'argent. Quelle est, en francs, la valeur de toute cette monnaie ?

77. La Meuse a juste autant de longueur que l'Isère et la Durance qui ont, l'une 320 et l'autre 380 kilom. de longueur. Quelle est donc la longueur de la Meuse ?

78. Un particulier a emprunté une certaine somme d'argent sur laquelle il a payé 540 francs. S'il lui reste à payer 965 francs, quelle somme avait-il empruntée ?

79. Les poules peuvent vivre 15 ans de plus que le chat et le renard qui vivent 8 ans de plus que l'écureuil et le lapin, lesquels vivent 7 ans. Quel est l'âge que peuvent atteindre les poules, le chat et le renard ?

80. Un hectolitre de seigle pèse en moyenne 14 kilogrammes de plus que 1 hectolitre de sarrasin qui pèse 58 kilogrammes. Quel est le poids d'un hectolitre de seigle ?

81. Combien faut-il avoir de revenu pour mettre de côté 300 francs et dépenser : 600 fr. pour sa nourriture, 280 fr. pour ses vêtements, 75 fr. pour l'entretien de son linge, 180 fr. pour son logement, sans compter 350 fr. de dépenses imprévues ?

82. Les baobabs peuvent s'élever 57 mètres plus haut que la colonne de la place Vendôme, dont la hauteur est de 43 mètres. Faites connaître à quelle hauteur parviennent ces arbres gigantesques.

83. Dans ses eaux ordinaires, le Rhin débite, par seconde, à Bâle, 200 mètres cubes de plus que le Rhône et la Saône dans leurs eaux réunies à Lyon. Or, le débit du Rhône étant de 650 mètres cubes et celui de la Saône de 250 mètres cubes, on désire connaître le débit du Rhin.

84. L'Asie compte 12000 kilomètres de côtes sur la mer glaciale ; 15600 sur le grand Océan, 25000 sur la mer des Indes et 4300 sur les mers intérieures et la mer Noire. Combien cela fait-il de kilomètres en tout ?

85. Une personne douée d'une assez bonne vue pour distinguer nettement un cheval à 1200 mètres peut compter les fenêtres d'une grande maison qui serait à 2800 mètres plus loin. Quelle distance y a-t-il, dans ce cas, entre la personne et la maison ?

86. Le grain de sorgho sucré pèse, en moyenne, 21 kilogrammes de plus par hectolitre que le grain de sorgho à balai, qui pèse à mesure égale 44 kilog. Quel est le poids d'un hectolitre du premier grain ?

87. Quelle est, en kilomètres, la longueur totale des côtes de l'Afrique, sachant que leur développement est de 4440 kilomètres sur la Méditerranée, de 2500 kilom. sur la mer Rouge, de 10900 sur l'océan Atlantique et de 2800 sur la mer des Indes ?

88. Les monnaies décimales de bronze fabriquées en France jusqu'au 31 décembre 1864, s'élèvent à 30 millions 538539 francs pour la pièce de 10 centimes, à 24 millions 722626 pour la pièce de 5 centimes, à 1 million 838646 francs pour la pièce de 2 centimes, à 1 million 67517 pour celle de 1 centime. Donnez la valeur totale en francs de ces différentes monnaies.

89. La taille de la baleine peut atteindre une longueur telle que, si l'on dressait son squelette le long du portail de Notre-Dame de Paris, il dépasserait de 34 mètres les tours de cette église qui ont 66 mètres de hauteur au-dessus du sol. D'après cela, indiquez la longueur de la baleine.

90. Parmi les mines que le sol de la France contient on en compte 45 de cuivre, 60 de plomb, 105 de plomb et argent, 48 de cuivre et argent, 6 d'argent, 6 d'étain, 45 d'antimoine, 17 d'or, 6 de mercure, 14 de zinc, 28 de manganèse, 2 de chrôme, 7 de cobalt, 2 de nickel, 2 de bismuth, 10 d'arsenic. On demande à quel nombre s'élèvent ces différentes mines.

91. Si l'on ajoute 14 zéros à la suite du chiffre 5, le nombre que l'on obtient exprime (en nombre rond) le nombre de mètres carrés qui forment la surface du globe terrestre. On trouve le volume de ce globe, c'est-à-dire le nombre de mètres cubes qu'il contient, en ajoutant 21 zéros au chiffre 1; enfin on obtient son poids exprimé en kilogrammes, en ajoutant 23 zéros à la suite du nombre 48. Faites connaître le nombre que l'on obtient dans ces trois cas.

———

EXERCICES SUR LA SOUSTRACTION DES NOMBRES ENTIERS.

92.	De	428	ôter	217		**96.**	De	12729	ôter 10506
		645	—	513				26387	— 15342
		567	—	347				45060	— 23010
		789	—	455				70914	— 60500
		956	—	221				11015	— 10010
93.	De	347	ôter	105		**97.**	De	25917	ôter 614
		405	—	302				19700	— 000
		279	—	140				53125	— 3015
		550	—	230				81396	— 216
		710	—	310				30140	— 120
94.	De	2849	ôter	1825		**98.**	De	534	ôter 426
		4365	—	2112				641	— 135
		5786	—	3574				753	— 382
		6923	—	1913				917	— 220
		9565	—	3514				405	— 371
95.	De	2645	ôter	1024		**99.**	De	327	ôter 248
		3906	—	3702				261	— 173
		6729	—	1506				904	— 506
		3560	—	1560				800	— 607
		6175	—	6135				501	— 193

1*

100. De 3754 ôter 1965
          1508 — 1439
          4000 — 2153
          6010 — 5997
          9112 — 1003

101. De 20465 ôter 10576
          31070 — 29999
          72010 — 53405
          50000 — 45129
          40503 — 10608

102. De 234625 ôter 157839
          704050 — 526084
          101803 — 100957
          600101 — 274109
          800015 — 711196

103. De 115326 ôter 17548
          240302 — 20514
          310125 —   4169
          5120015 — 476008
          9004130 — 106241

PROBLÈMES

SUR LA SOUSTRACTION DES NOMBRES ENTIERS.

104. Un ballot pèse 237 kilogrammes poids brut. Il y a 42 kilogrammes d'emballage. Quel est le poids net ?

105. L'actif d'un négociant est de 11546 francs, son passif de 14058 francs. Quel est l'état de ses affaires ?

106. Une école contient 126 élèves. Combien faudrait-il en recevoir encore pour que le nombre des élèves fût de 180 ?

107. Sur une vente montant 709 francs, un marchand a payé 117 francs. A combien lui revenait sa marchandise ?

108. Quelle différence y a-t-il entre la *lieue marine* ou *géographique*, qui est de 5556 mètres, et le *mille marin*, qui est de 1852 mètres ?

109. Cent kilog. de farine donnent 130 kilog. de pain. Combien d'eau entre-t-il dans ce mélange ?

110. De 80 kilogrammes, poids moyen de 1 hectolitre de vesces, retranchez 38 kilog. Le reste exprimera le poids de 1 hectolitre d'épeautre velu. Quel est ce poids ?

111. Un soldat armé et équipé pèse 80 kilogrammes, non armé ni équipé, 65 kilog. Quel est le poids de l'équipement et de l'armement réunis ?

112. On enfonce à 43 centimètres de profondeur dans le sol un piquet long de 89 centimètres. Quelle est la longueur du piquet au-dessus du sol ?

113. En 1762, la population française était seulement de 21769163 habitants. Elle est aujourd'hui de 36039364 habitants. On demande de combien elle s'est accrue durant cette période.

114. Retranchez 36 de 53, et le reste que vous obtiendrez exprimera en kilogrammes le poids de l'aérolithe qui tomba, le 12 juin 1841, dans la commune de Triguères (Loiret).

115. L'observation a fait reconnaître que sur 4190 plantes appartenant à 27 familles différentes, il s'en trouve 1194 blanches, 923 rouges, 950 jaunes, 594 bleues. Les autres sont ou violettes, ou vertes, ou oranges, ou brunes. Combien y en a-t-il de ces quatre dernières couleurs ?

116. Entre la Sardaigne et l'Afrique française la profondeur de la Méditerranée est telle, que si l'on y transportait le *Nevado de Sorata* qui est la plus haute montagne de l'Amérique et dont l'élévation est de 6488 mètres, le sommet de cette montagne dépasserait de 3988 mètres le niveau de la mer. Faites connaître la profondeur de la mer en cet endroit.

117. Si, au poids d'un hectolitre de graines de sainfoin, qui est de 31 kilogrammes, on ajoute le poids d'un hectolitre de lentilles, qui est de 85 kilog., on a pour total un nombre qui dépasse de 37 kilog. le poids moyen d'un hectolitre de pois gris. Quel est ce dernier poids ?

118. C'est un fait d'observation que, sur 4190 plantes appartenant à 27 familles différentes, il s'en trouve 308 violettes, 153 vertes, 50 oranges, 18 brunes. Les autres sont ou blanches, ou rouges, ou jaunes, ou bleues (probl. 115). Combien y en a-t-il de ces quatre dernières couleurs ?

119. Faites connaître de combien le chêne *sec* est plus lourd que le chêne *frais*, sachant qu'à volume égal, c'est-à-dire sous le volume d'un mètre cube, le poids du premier est de 1670 kilogrammes, et le poids du second de 930 kilog. seulement.

120. La quantité de farine que donne le blé varie selon les procédés de mouture ; en moyenne, sur 100 parties de blé, il y a 3 parties de déchet, 23 parties de son ; le reste est de la farine. A ce compte, combien obtient-on de farine sur 100 de blé ?

121. Le sommet du grand mât d'un vaisseau français est élevé d'environ 50 mètres au-dessus du niveau de l'eau, et de 73 mètres au-dessus de la quille. A quelle profondeur la quille se trouve-t-elle dans l'eau ?

122. On estime à 300 mètres au plus la profondeur de la zone dans laquelle se tiennent les poissons et les divers animaux qui peuplent la mer ; de sorte qu'au delà de cette limite tout le reste du fond des mers n'est plus habité par aucun être vivant. Or, si l'on suppose à la mer une profondeur moyenne de 4000 mètres, dites quelle est la hauteur de la zone où la mer cesse d'être habitée par les poissons?

123. L'argent fond à 538 degrés de chaleur, tandis que le plomb exige 260 degrés seulement. Quelle différence y a-t-il entre les points de fusion des deux métaux ?

124. De 200000 ôtez 14800, le reste exprimera en mètres la distance à laquelle les cloches peuvent être entendues en pleine mer, par un temps calme. Quelle est cette distance ?

125. Si l'on ajoutait l'un à la suite de l'autre, l'Amazone qui est le plus long fleuve du Globe, et le Volga, le plus long fleuve d'Europe, et qui mesure 3100 kilomètres, on aurait une longueur de 8500 kilomètres. Quelle est la longueur de l'Amazone ?

126. On a reconnu que sur

1194	espèces de fleurs blanches il y a	187	espèces odoriférantes
923	—	rouges	—	84
950	—	jaunes	—	77
594	—	bleues	—	31
308	—	violettes	—	13
153	—	vertes	—	24
50	—	oranges	—	3
18	—	brunes	—	1

Cela posé, combien, sur le nombre total des espèces, y a-t-il d'espèces odoriférantes, et combien sans odeur ?

EXERCICES SUR LA MULTIPLICATION DES NOMBRES ENTIERS.

	Multiplier :				Multiplier :		
127.	426	par	2	**130.**	137	par	10000
	518		3		9406		10
	2709		4		350		100
	4853		5		6543		1000
	9674		7		110		10000
128.	5397	par	6	**131.**	278	par	39
	7920		4		1693		85
	18205		9		736		354
	86548		8		4057		928
	78632		5		7285		159
129.	268	par	10	**132.**	17515	par	4782
	719		100		34502		8875
	120		1000		78146		1927
	825		100		65038		3456
	5903		10		450913		2149

Multiplier :

133. 517 par 406
248 — 3005
876 — 51009
583 — 20307
9652 — 60003

134. 215 par 304
633 — 7008
954 — 14005
127 — 30902
8472 — 70001

135. 429 par 36
347 — 608
7832 — 40809
378 — 5003
1924 — 30075

136. 968 par 85
517 — 506
835 — 7008
3476 — 20309
983 — 40007

137. 587 par 250
143 — 400
320 — 810
260 — 500
900 — 700

Multiplier :

138. 670 par 120
700 — 530
4380 — 300
26000 — 7400
398000 — 52000

139. Faire le carré de 19
45
138
283
564

140. Faire le carré de 109
427
796
1508
6562

141. Faire le cube de 17
33
112
320
629

142. Faire le cube de 95
126
514
1203
4648

143. Faites les produits des facteurs suivants :

6027 × 9 × 68 × 1370. 126 × 48 × 97.
375 × 154 × 83. 12542 × 25 × 462 × 19.
1108 × 36 × 69.

PROBLÈMES

SUR LA MULTIPLICATION DES NOMBRES ENTIERS.

144. On donne 15 centimes par bête au tondeur de moutons. Combien lui devra-t-on pour 6 bêtes ?

145. Il faudrait deux rivières comme l'Yonne, qui a 250 kilomètres de longueur, pour faire la longueur de la Dordogne. Quelle est cette longueur ?

146. Combien faut-il payer pour 126 journées d'ouvriers à 3 francs la journée?

147. Un cheval à la prairie consomme journellement 40 kilogrammes de fourrages verts. Quelle est la consommation de 28 journées ?

148. Les bombes du plus fort calibre pèsent 15 fois plus que le boulet de 12, dont le poids est de 6 kilogrammes. Combien pèse une bombe ?

149. Un maréchal, aidé d'un manœuvre, ferre un cheval des quatre pieds en 2 heures. Quel temps faut-il au maréchal pour ferrer 9 chevaux de la même manière?

150. Sachant que le boulet de 24 pèse 12 kilogrammes, calculez la quantité de fonte qu'il faut pour fabriquer 4500 de ces boulets.

151. Combien de personnes peut-on faire entrer dans un local de 40 mètres carrés de surface, sachant que 6 personnes serrées peuvent tenir debout sur un espace d'1 mètre carré ?

152. Il faut à un soldat 4 litres d'eau par jour, pour boire, faire la soupe et se blanchir. A ce compte, combien de litres d'eau faudrait-il pour une compagnie de 55 hommes ?

153. Si l'on multiplie 15 par 20, le produit obtenu sera le nombre d'années que peut vivre un olivier. En doublant ce résultat, on obtient l'âge que le chêne peut atteindre. Quel est cet âge ?

154. On estime moyennement à 100 francs par kilomètre et par an la dépense nécessaire pour l'entretien d'un chemin vicinal. Combien doit-on dépenser par an dans la commune de B... qui a 17437 mètres de chemins vicinaux ?

155. Sachant que la lieue marine ou géographique équivaut à 5556 mètres, exprimez en mesure métrique la distance à laquelle on peut apercevoir en mer la lumière d'un phare, distance qu'on évalue à 12 lieues marines.

156. Le cheval occupe 3 mètres en longueur de la tête à la croupe ; on demande quelle longueur occuperaient, sur une route, 2670 chevaux marchant les uns à la suite des autres.

157. La France récolte en blé de quoi nourrir sa population pendant toute l'année et 17 jours en sus ; or, la consommation générale étant aujourd'hui de 552276 hectolitres par jour, on demande quel est, en hectolitres, l'excédant de la récolte sur la consommation de l'année.

158. En France, on compte une naissance par an sur 34 habitants ; à quel chiffre doit-on estimer la population de la commune de C..., où il naît 85 enfants par année ?

159. On compte, en France, 1 décès pour 41 habitants. A quel chiffre doit-on évaluer la population du village de D... où il meurt 23 individus par an ?

160. Si les rues de Paris étaient réunies à la suite les unes des autres, elles s'étendraient, sans discontinuité, de la place qu'elles occupent, jusqu'à la Rochelle qui est à 125 lieues de là. On demande quelle longueur cette étendue ferait en kilomètres, la lieue valant 4 kilomètres.

161. La vitesse du son est, à très-peu de choses près, quatre fois plus grande dans l'eau que dans l'air; sachant donc que le son parcourt 337 mètres par seconde dans l'air, à la température ordinaire, déterminez l'espace qu'il parcourra dans l'eau en 5 secondes.

162. Un hectolitre de houille pèse, en moyenne, 2 fois plus qu'un hectolitre de coke qui pèse 40 kilogrammes. Quel est le poids de la houille ?

163. On sème ordinairement 2 hectolitres de blé par hectare et le rendement moyen est de 6 fois la semence. Quelle quantité de grains doit-on récolter par hectare ?

164. D'après la statistique agricole de Royer, il existerait en France 72556862 poules, lesquelles, à raison d'une ponte moyenne de 52 œufs par tête, donneraient, chaque année, un certain nombre d'œufs. Quel est ce nombre ?

165. Voulez-vous connaître le nombre de toutes les espèces de plantes connues jusqu'à ce jour par les naturalistes, faites d'abord le carré de 20, puis multipliez ce carré par 20000. Ce dernier produit exprimera le nombre cherché.

166. Dans les entreprises de roulage on calcule ordinairement la charge des charrettes à raison de 800 à 1000 kilogrammes (en moyenne 900 kilog.) par cheval, sans y comprendre le poids de la voiture. A combien de kilogrammes doit-on estimer la charge d'une voiture, selon qu'elle est attelée de 3, 4 ou 5 chevaux?

167. On a calculé que les 3000 omnibus qui circulent sur les diverses rues de Londres transportent chacun, en moyenne, 300 personnes par jour. A ce compte, quel est, pour le nombre total des omnibus, le nombre des personnes transportées dans le courant de l'année?

168. Les presses monétaires établies à la Monnaie de Paris peuvent fabriquer jusqu'à 55 pièces de 5 francs par minute. Quel est le nombre de pièces frappées dans une journée de 10 heures et quelle somme représentent-elles en argent monnayé? On sait que l'heure équivaut à 60 minutes.

169. Selon Buffon et Cuvier, les baleines vivent 50 fois plus longtemps que le cheval qui vit ordinairement 20 ans. Combien de temps les baleines peuvent-elles vivre?

170. D'après les statistiques officielles, il y a, en France, 5 fois plus d'ânes et 30 fois plus de chevaux que de mulets dont le nombre s'élève à cent mille environ. Combien y a-t-il d'ânes et de chevaux?

171. On assure que, dans les éruptions du Vésuve, la colonne de feu qui s'élance dans les airs est 3 fois plus haute que le volcan lui-même qui a cependant 1198 mètres d'élévation au-dessus de la mer. Quelle est la hauteur de la colonne de feu?

172. Faites le carré de 400, et le chiffre que vous obtiendrez pour résultat exprimera le nombre de toutes les espèces d'animaux connues aujourd'hui.

173. On compte à peu près, en France, un jeune homme de 20 à 21 ans sur 114 habitants. Cela étant, à quel chiffre doit-on estimer la population d'une commune où l'on compte 17 jeunes gens de cet âge?

174. Le sapin vit 2 fois plus longtemps que le chêne qui vit 150 ans. Jusqu'à quel âge le sapin peut-il vivre?

175. Dans son mouvement de translation autour du Soleil, la Terre a une vitesse 60 fois plus grande que celle d'un boulet de canon dont la vitesse (1) est de

---

(1) On nomme *vitesse* l'espace décrit dans un temps quelconque, ou, pour plus de simplicité, dans l'unité de temps. Si un corps parcourt 120 mètres dans 1 minute ou 60 secondes, l'espace parcouru dans 1 seconde se trouvera, en divisant l'espace 120 mètres par le temps 60 secondes. On aura ainsi $\frac{120}{60} = 2$ mètres.

500 mètres par seconde. Cela posé, on demande le nombre de kilomètres que la Terre parcourt dans 10 secondes de temps.

176. On mettrait les unes sur les autres 24 montagnes comme le grand Saint-Bernard qui a 2491 mètres d'élévation, qu'il s'en faudrait encore de 216 mètres pour que le sommet le plus élevé arrivât à la dernière limite de l'atmosphère, c'est-à-dire de la couche d'air qui entoure notre globe. Quelle est donc l'épaisseur de cette couche?

177. L'approvisionnement des bouches à feu dans les forteresses est, en moyenne, de 900 coups par pièce. Combien de coups une place de guerre armée de 150 canons peut-elle tirer avant d'avoir épuisé ses munitions?

178. On compte un mariage par an pour 128 habitants. A quel chiffre doit-on évaluer la population d'une ville où il se fait annuellement 57 mariages?

179. L'éléphant vit 4 fois plus que les corbeaux, les perroquets, les cygnes, les chameaux et les aigles qui vivent 5 fois plus longtemps que l'ours, le chien et le loup. Or, ces trois dernières espèces pouvant vivre jusqu'à 20 ans, on demande l'âge auquel les animaux précédents peuvent arriver.

180. Dans la guerre de campagne, l'approvisionnement des bouches à feu est ordinairement fixé à 200 coups à tirer pour chacune avant d'entamer les munitions de réserve. Quel doit être, en dehors de la réserve, l'approvisionnement d'une armée qui a 20 batteries de 6 pièces?

181. Le pouls bat, en moyenne, 140 fois par minute chez les enfants nouveaux-nés, 70 fois chez l'adulte, 55 fois chez les vieillards. Combien doit-on compter de battements chez les trois individus après 5 minutes de temps?

182. La dinde pond annuellement de 20 à 25 œufs,

l'oie et la cane de 30 à 40, la poule 60 environ. En estimant au plus bas chiffre ces divers produits, quelle doit être la quantité d'œufs de toute espèce, recueillie, dans le courant de l'année, par une fermière qui entretient 15 poules, 8 canes, 3 dindes et 2 oies?

183. La vitesse du son dans l'air est, comme on l'a déjà vu, de 337 mètres par seconde. Si donc 2 vaisseaux se trouvant en pleine mer, l'un d'eux vient à tirer un coup de canon et qu'il s'écoule 11 secondes entre le moment où la lumière est aperçue et celui où le coup est entendu sur l'autre vaisseau, à quelle distance doit-on conclure que les navires sont l'un de l'autre?

184. —— Quelqu'un qui voit, de loin, un ouvrier frapper avec son marteau, s'aperçoit que le bruit du marteau n'arrive à ses oreilles que 3 secondes après chaque coup. On demande à quelle distance l'observateur et l'ouvrier sont l'un de l'autre.

185. Un savant prétend que la clarté de la Lune est 8 fois moindre que celle d'une bougie qui est 12000 fois moindre que celle du Soleil. D'après cela, combien de fois le Soleil est-il plus brillant que la Lune?

186. L'expérience a constaté que, par l'acte continu de la respiration, l'homme exhale 18 litres ou 18 décimètres cubes d'acide carbonique par heure. Quelle est la quantité de ce gaz exhalée au bout de 5 heures?

187. Faites la 4ᵉ puissance de 17.

188. Elevez au cube le nombre 16.

189. Quelle est la 6ᵉ puissance de 10 ?

190. Elevez 3 à la 8ᵉ puissance.

191. Voulez-vous connaître le nombre total des étoiles qu'on peut apercevoir avec les instruments les plus parfaits; faites la somme des 14 termes de la progression arithmétique suivante : 18, 18×3, 18×3^2,

18×3^3, 18×3^4, 18×3^5, 18×3^6, 18×3^7, 18×3^8, 18×3^9, 18×3^{10}, 18×3^{11}, 18×3^{12}, 18×3^{13}.

192. La valeur des diamants taillés s'obtient en multipliant le carré de leur poids karat par le cours commercial ou le prix courant d'un diamant de 1 karat; si donc ce prix était, par exemple, de 125 francs, la valeur d'un diamant de même eau pesant 3 karats s'obtiendrait en multipliant 3^2 par 125 et l'on trouverait 1125 francs. D'après cette règle, faites connaître la valeur d'un diamant de 14 karats, le prix courant du karat étant de 165 francs.

193. —— En supposant le prix courant du karat de 140 francs, que vaut le diamant du l'empereur du Mogol, qui pèse 279 karats?

194. Quelle différence y a-t-il entre les carrés des deux nombres consécutifs 20 et 21, 2° entre les carrés des deux nombres consécutifs 64 et 65? (1)

195. Quelle différence y a-t-il entre les cubes des deux nombres consécutifs 12 et 13, 2° entre les cubes des deux nombres 100 et 101? (Voyez note (1) du problème précédent.)

196. Si une salle carrée contient 71 carreaux sur un côté, combien en contient-elle en tout? -

197. Combien faudrait-il d'arbres pour planter une pépinière de forme carrée pouvant contenir 128 pieds d'arbres de chaque côté?

198. Combien faut-il d'hommes pour former un bataillon carré de 100 hommes de front au premier rang, de 98 hommes au deuxième rang, de 96 hommes au troisième rang, en laissant le reste vide?

---

(1) L'Algèbre démontre que la différence des carrés de deux nombres consécutifs égale toujours 2 fois le petit nombre plus 1 ; que la différence des cubes est aussi toujours égale au triple carré du petit nombre plus 2 fois ce nombre plus 1.

199. Un bec ordinaire de gaz équivaut à 10 bougies de 5 ou à 12 chandelles de 6 au demi-kilog. Combien faudrait-il de ces bougies ou de ces chandelles pour fournir la même quantité de lumière que 7 becs de gaz ?

200. Un kilog. de coke à 0,15 de cendres donne la même quantité de chaleur que 2 kilogrammes de bois ordinaire à 0,02 d'humidité. Cela étant, combien faut-il de kilogrammes de bois pour remplacer 37 kilogrammes de coke ?

201. Si deux voyageurs partant en même temps et marchant avec la même vitesse avaient à faire, l'un, le voyage de la Lune dont la distance à la Terre est de 95640 lieues, l'autre, 9 fois le tour du Globe, en suivant l'Equateur dont le contour est de 10664 lieues, lequel serait le plus tôt arrivé et quel chemin, à partir de ce moment, resterait-il à faire au second voyageur ?

202. Il est reconnu qu'un bec à gaz de la dimension adoptée par les compagnies, et qui est équivalent à 1,1 de l'éclat d'une lampe Carcel brûlant 42 grammes d'huile à l'heure, consomme par heure, terme moyen, 140 litres de gaz de houille. Cela posé, combien faut-il de litres de gaz pour éclairer un magasin pendant 5 heures de temps, au moyen de 4 becs ?

203. Il résulte d'expériences faites par des agronomes distingués qu'un sol qui produit 3 fois la semence sans aucun engrais, produit 5 fois la semence quand il est fumé avec des herbes sèches, de vieux foins, de feuilles et d'autres débris végétaux ; 7 fois par le fumier d'étable, 9 fois par la colombine, 10 fois par le fumier de cheval. Or, la semence en blé de 1 hectare étant, en moyenne, de 100 kilog., quel doit être le rendement en grains dans les cinq cas précités ?

EXERCICES SUR LA DIVISION DES NOMBRES ENTIERS.

	Diviser :				Diviser :		
204.	69	par	3	**210.**	249165	par	45
	125		5		193984		56
	208		4		806652		99
	532		7		508664		67
	684		2		685610		74
205.	336	par	6	**211.**	211591	par	457
	512		8		467686		617
	783		9		544825		589
	865		5		821792		976
	924		7		522680		895
206.	625	par	25	**212.**	4866048	par	5632
	527		31		2648107		4913
	874		19		1076625		2175
	987		47		2049112		8296
	728		14		7145188		9578
207.	3618	par	27	**213.**	57457108	par	103
	4714		18		[illegible]		579
	8487		60		60074776		7192
	9920		32		563538150		67425
	7935		15		2338651750		358469
208.	6570	par	438	**214.**	1442	par	7
	2875		125		22484		28
	8398		247		56646		54
	9653		197		371424		106
	8528		164		2192920		365
209.	44544	par	512	**215.**	415535	par	205
	50660		745		640257		457
	66044		869		1089258		543
	26564		916		7862848		112
	33915		857		15202432		304

	Diviser :				Diviser :		
216.	10320	par	86	**218.**	9840	par	80
	65000		65		8690		110
	21400		107		74400		300
	37800		126		2335500		4500
	98600		234		556800		9600
217.	416400	par	347	**219.**	80400	par	600
	2156000		539		348400		5200
	5450000		109		391000		17000
	686000		98		3625000		29000
	11360000		142		54000060		1080000

PROBLÈMES

SUR LA DIVISION DES NOMBRES ENTIERS.

220. Un bon ouvrier briquetier, bien secondé par ses aides, peut confectionner en 12 heures de travail de 9 à 10 mille briques ordinaires. Combien cela fait-il par heure ?

221. Avec 40 kilogrammes de liége de première qualité on peut fabriquer jusqu'à 7000 bouchons. Combien entre-t-il de bouchons dans un kilog. ?

222. Le saule vit 5 fois moins de temps que le hêtre qui vit jusqu'à 300 ans. Quelle est la durée de la vie du saule ?

223. Un marchand achète 148 mètres de drap qui lui coûtent 1628 fr. A combien revient le mètre ?

224. Dans l'espace de trois semaines, une mère-abeille peut pondre plus de 12000 œufs. Combien cela fait-il par jour ?

225. Si l'on divise 329 par 7, le quotient qu'on obtiendra, augmenté de 16, représente exactement le nombre des corps simples actuellement connus par les chimistes. Quel est ce nombre ?

226. Lorsqu'un fantassin marche au pas ordinaire, il fait, dans une minute, 76 pas qui équivalent à 60 mètres; quelle est, dans ce cas, la longueur du pas?

227. On a vu que dans les places fortes chaque bouche à feu est approvisionnée pour 900 coups; d'après cela, combien doit-on compter de bouches à feu dans une place de guerre dont les munitions permettent de tirer 58500 coups?

228. Dix femelles de brochets peuvent pondre 500 mille œufs dans une année. Combien cela fait-il d'œufs par femelle?

229. Voulez-vous savoir à quelle hauteur les vagues peuvent s'élever, en pleine mer, pendant la tempête? divisez 286 par 26. Le quotient exprimera, en mètres, la hauteur cherchée.

230. On mange à Paris environ 100 millions d'œufs de poule par an pour une population de 2 millions d'habitants. Combien cela fait-il pour chaque habitant?

231. Les boulets de 12 pèsent 6 kilog. et les boulets de [illegible] kilog. Combien peut-on fabriquer des [illegible] ou des autres avec 48000 kilog. de [illegible]?

232. On estime à 51 kilomètres, en moyenne, la distance qu'un bon piéton peut parcourir chaque jour, sans excéder ses forces, lorsqu'il ne porte d'autre poids que celui de son corps et de ses vêtements. En supposant donc qu'un piéton ait 816 kilomètres de chemin à faire, combien de temps emploiera-t-il pour cela?

233. Un terrassier de profession peut déblayer à la pelle et charger dans des brouettes jusqu'à 23 mètres cubes de terre par journée de 10 heures. Combien faudrait-il de journées pour déblayer de la sorte 1196 mètres cubes?

234. Voulez-vous savoir à quelle distance une personne, douée d'une très bonne vue, peut apercevoir à l'œil nu une autre personne qui marche dans le loin

tain sur un endroit élevé ? Divisez 1279030 par 46. Le quotient exprimera, en mètres, la distance cherchée.

235. Trois bœufs ou 15 moutons consomment autant de fourrage que 2 chevaux qui en consomment 30 kilog. par jour. Évaluez en kilog. la quantité journalière de fourrage nécessaire à chaque espèce de bêtes.

236. Sachant que le poids de 12 hectolitres d'avoine est, en moyenne, de 564 kilog., combien pèse 1 hectolitre de ce grain ?

237. Dans le mouvement de la population française, on compte une naissance par an sur 34 habitants ; d'après cela, combien de naissances doit-on compter dans une commune qui a 4250 habitants ?

238. La plus grande charge qu'un homme de force moyenne puisse porter à une petite distance est d'environ 145 kilog. Combien faudrait-il d'hommes de cette force pour transporter à une faible distance un bloc de pierre pesant 870 kilog. ?

239. Un mouton fournit, en moyenne, 60 rations de viande à raison de 250 grammes la ration, et le bœuf 900 rations de même poids. On demande combien il faut de moutons pour fournir une quantité de viande égale à celle que fournit le bœuf.

240. On a vu que le son parcourt dans l'air 337 mètres par seconde. Cela étant, lorsque la foudre tombe ou éclate à 3033 mètres du lieu où l'on se trouve, quel intervalle de temps y a-t-il entre l'éclair et le tonnerre ?

241. Puisque l'on compte 1 jeune homme de 20 à 21 ans sur 114 habitants, combien doit-il y avoir de jeunes gens de cet âge dans la commune de R..... qui a 5472 âmes de population ?

242. Le poids d'un hectolitre de trèfle rouge étant de 79 kilogrammes, si l'on divise ce nombre par 3, la partie exacte du quotient exprimera le poids de

1 hectolitre de graines de pimprenelle. On demande quel est ce poids?

243. D'après la statistique de Royer, il existerait en France 72556862 poules donnant, chaque année, 3 milliards 772956824 œufs. Quel est le nombre d'œufs pondus annuellement par chaque poule?

244. La ville de Londres renferme 260000 maisons logeant une population de 1924000 habitants, tandis que la ville de Paris loge ses 1727419 habitants dans 29526 maisons seulement. Calculez le nombre d'habitants que chaque maison renferme dans ces deux capitales.

245. Combien se fait-il de mariages par an dans une ville de 11776 habitants, sachant qu'on doit compter moyennement 1 mariage pour 128 habitants?

246. Si l'on divise 137 par 2, le quotient plus le reste exprimera en kilogrammes le poids d'un hectolitre de graines de lin, et le quotient seul, le poids d'un hectolitre de colza. On désire connaître ces deux résultats.

247. Dans le mouvement annuel de la population française on compte 1 décès pour 41 habitants. Combien de décès doit-on compter dans une commune de 4387 âmes de population?

248. Il arrive souvent qu'à défaut d'instruments et lorsque l'opération n'exige pas une grande précision, les distances se mesurent au *pas*. Dans ce cas, on fait en sorte que 3 pas égalent 2 mètres et l'on arrive ainsi à un résultat d'une approximation suffisante. Si donc, en mesurant de la sorte une distance, on trouve qu'elle est de 327 pas, comment doit-on l'évaluer en mètres?

249. Une masse d'eau quelconque diminue, par l'effet de l'évaporation, de 1 millimètre de hauteur, dans l'espace de 24 heures, à la température ordinaire qui est de 10°,67. Combien de temps faut-il pour qu'une tranche d'eau de 65 millimètres soit complétement évaporée?

250. On a remarqué que les voyageurs qui gravissent les Alpes et le Jura s'élèvent généralement de 400 mètres de hauteur verticale, par heure de chemin. D'après cette observation, combien faudrait-il d'heures de marche à un voyageur partant du pied de la montagne pour arriver au passage du Grand St-Bernard qui a 2491 mètres d'élévation ?

251. D'après les plus récentes déterminations de sa compacité, le Globe terrestre équivaut à un nombre de kilogrammes exprimé par 6 suivi de 24 zéros ; or, sachant qu'il faut 1000 kilog. pour faire une tonne, exprimez en tonnes le poids du Globe.

252. Le Soleil est 1 400 000 fois plus gros que la Terre ; cela posé, si l'on représente la grosseur de notre Globe par un grain de blé de grandeur moyenne, combien faudra-t-il de décalitres de blé pour représenter la grosseur du Soleil ? Il faut savoir qu'un litre de blé contient 10 mille grains et qu'un décalitre vaut 10 litres.

253. On évalue à 36 kilomètres le chemin que peut faire chaque jour un tombereau à un collier chargé d'un demi-mètre cube de matériaux ; d'un autre côté, on estime à 300 mètres le parcours qui répond au temps perdu pour la charge et la décharge du tombereau. Si donc quelqu'un voulait faire transporter des matériaux à 1200 mètres de distance, à combien de voyages par jour devrait-on estimer la tâche du tombereau ?

254. On démontre, en Mécanique, qu'un homme qui transporte 10 kilogrammes à 1 mètre de distance fait la même *quantité de travail* ou le même *travail mécanique* que s'il transportait 1 kilogramme seulement à 10 mètres. Cela posé, à quelle distance faut-il transporter un fardeau de 25 kilog. pour faire un travail équivalant à 40 kilog. transportés à 500 mètres ?

255. D'après les données du numéro précédent, combien faudrait-il transporter de kilogrammes à

1000 mètres pour produire une quantité d'action équivalente à celle de nos colporteurs qui portent 44 kilog. à 20 mille mètres dans une journée?

256. Nos colporteurs transportent jusqu'à 44 kilog. à 20 kilomètres, tandis que le cheval de roulier porte moyennement 900 kilog. jusqu'à 28 kilomètres. Cela étant, combien faudrait-il d'hommes de la force des colporteurs pour porter la charge traînée par un cheval de roulier?

257. Tout le monde a pu observer, sur plusieurs points de la côte occidentale de France, de petites collines longitudinales de sable, appelées *dunes*, qui, par l'effet du vent d'ouest venant du côté de la mer, s'éloignent peu à peu du rivage et s'avancent vers l'intérieur des terres avec un déplacement de 25 mètres par an. Or, les plus avancées de ces dunes se trouvant maintenant à 6000 mètres environ du rivage de la mer, on désire savoir le temps qu'elles ont mis à parcourir cet espace, ou, ce qui revient au même, depuis combien de temps ces dunes-là ont été formées.

258. Puisque, d'après le problème précédent, les dunes s'avancent dans l'intérieur des terres, avec une marche constante de 25 mètres par an, calculez le temps qu'il faudra à ces dunes (si aucun obstacle ne les arrête) pour arriver jusqu'à Bordeaux dont la distance aux plus rapprochées n'est plus que de 40000 mètres environ.

259. Un général d'armée qui assiège une ville a calculé que, pour pratiquer une brèche dans le rempart, il faut 19953 coups de boulets, si l'on emploie des pièces de 24; 32472 coups, si l'on se sert des pièces de 16; 44094 coups, si l'on emploie des pièces de 12. Mais l'expérience a constaté que le tir à boulets détériore si promptement les bouches à feu, que la pièce de 24 est mise hors de service après 2217 coups; celle de 16, après 2706 coups; celle de 12, après 1917 coups. Cela étant, on désire savoir le nombre de pièces qu'il faut dans chacun des trois cas supposés.

260. En supposant que l'on représente par 100 la quantité de lumière que donne la flamme d'une chandelle au moment où la mèche vient d'être bien mouchée, la lumière qui se développe après 11 minutes n'est plus représentée que par 39, et celle qui se développe après demi-heure ne l'est plus que par le nombre 16. Cela posé, combien faut-il de chandelles qui brûlent depuis 11 minutes, ou de celles qui brûlent depuis demi-heure, pour éclairer un atelier autant que le feraient deux chandelles dont la mèche vient d'être mouchée ?

261. Quand le baromètre a une hauteur de 760 millimètres, l'eau commence à bouillir à 100 degrés. Quand il n'a plus que 422^{mm},86 comme sur le sommet du Mont-Blanc, l'eau bout alors à 84°,4 seulement. Or, au bord de la mer et dans le nord de la France le baromètre se tient, en moyenne, à 760 millimètres. Par conséquent, 15°,6 correspondant à une différence de niveau de 4815 mètres qui est la hauteur du Mont-Blanc, au-dessus de la mer, nous en conclurons qu'il faut s'élever de 308 mètres environ pour que la température de l'eau bouillante baisse de 1 degré. D'après ces données, quelle doit être la température de l'eau bouillante à Barcelonnette qui se trouve à 1151 mètres au-dessus de la mer ?

PROBLÈMES

relatifs

AUX QUATRE PREMIÈRES OPÉRATIONS DE L'ARITHMÉTIQUE.

262. La Loire, dont le développement depuis sa source jusqu'à son embouchure est de 1040 kilomètres, a 180 kilom. de plus que le Rhône et 510 kilomèt. de moins que le Rhin. Quelle est la longueur de ces deux derniers fleuves ?

263. Dans l'armée française le nombre des bouches à feu est calculé à raison de 1 pièce par 500 hommes.

A ce compte, combien faut-il de pièces pour une armée de 65 mille hommes ?

264. Il est démontré par les observations et les calculs des astronomes que, terme moyen, on peut observer sur toute la Terre, en 18 ans, 70 éclipses dont 29 de Lune, 41 de Soleil. Cela étant, combien peut-il y avoir d'éclipses des deux sortes dans l'espace de 72 ans ?

265. Multipliez 14 par 3, puis ajoutez 10 au produit ; vous aurez ainsi, exprimé en kilogrammes, le poids d'un hectolitre de graines de chanvre.

266. Une machine à vapeur de deux chevaux de force peut battre, dans l'espace de 7 heures, 490 gerbes de blé de 10 à 11 kilog. Combien de gerbes la même machine peut-elle battre dans une heure de temps ?

267. La population française qui n'était, en 1784, que de 24800000 habitants, se trouvait, en 1801, de 27349003. De combien a-t-elle augmenté par année durant cette période de 17 ans ?

268. Un soldat armé et équipé occupe 9 fois moins d'espace qu'un cheval qui occupe 3 mètres carrés. A ce compte, combien peut-on placer de chevaux sur l'espace occupé par 108 soldats, et combien de soldats sur l'espace occupé par 189 chevaux ?

269. Quelle somme faudrait-il pour élever à 1200 fr. par an le traitement des 37000 instituteurs de l'empire français, traitement qui est en moyenne de 754 fr. ?

270. Une personne placée à une certaine distance d'un canon a compté 7 secondes de temps entre le moment où le feu est sorti de la pièce et celui où le son est arrivé à ses oreilles. On désire connaître la distance qu'il y avait entre la personne et la pièce de canon, sachant que le son parcourt dans l'air 337 mètres par seconde.

271. De 1806 à 1856, c'est-à-dire dans l'espace de 50 ans, la population française a passé de 29407425 à 36039364 habitants. On demande de combien d'habitants la population s'est accrue chaque année, en moyenne.

272. Multipliez 38 par 6, ajoutez 22 au produit, le résultat que vous obtiendrez exprimera en litres la quantité d'eau qu'il faut pour un bain ordinaire.

273. D'après les données du problème 261, déterminez à quelle hauteur au-dessus de la mer, se trouve la ville de Briançon où l'eau bout à 96° environ.

274. On évalue le parcours journalier d'un tombereau à deux colliers, chargé d'un mètre cube de matériaux, à 36000 mètres, en estimant à 600 mètres le parcours qui répond au temps perdu pour la charge et la décharge du tombereau. Cela posé, combien de voyages peut-on faire par jour, avec un pareil attelage, entre deux points situés à 3300 mètres l'un de l'autre ?

275. Un hectolitre de maïs pèse, moyennement, 67 kilog.; si l'on ajoute à ce poids 8 kilog., on obtient le poids d'un hectolitre de riz, tandis qu'en en retranchant 3 kilog. on obtient le poids d'un hectolitre de millet. Quel est le poids, par hectolitre, de chaque espèce de grains ?

276. Il résulte de l'observation que dans un écrit français, sur 70000 lettres on doit trouver à peu près 5000 a, le même nombre d'i, 9300 e, 4700 o et 4500 u. Le reste se partage entre les autres lettres de l'alphabet; quel est ce reste ?

277. Si l'on divise 131 par 2, le quotient plus le reste exprimera en kilogrammes le poids d'un hectolitre de sésame, et le quotient seul, le poids d'un hectolitre de navette. Faites connaître ces résultats.

278. Dans un carré planté de choux on compte 35 rangées et 42 choux à chaque rangée. Combien y a-t-il de choux dans le carré ?

279. Généralement on estime que la force du cheval est 6 à 7 fois celle de l'homme, c'est-à-dire que le cheval produit un effet 6 à 7 fois plus grand que celui que produirait un homme dans les mêmes circonstances. Cela étant, combien faut-il d'hommes pour remplacer douze chevaux ?

280. En comparant le poids qu'un cheval de force moyenne est capable de tirer, à celui qu'il peut porter, on a reconnu que le premier de ces poids est de 8 à 10 fois le second sur un chemin ordinaire ; de 150 fois sur un chemin de fer ; enfin de 1500 fois lorsque l'animal tire un bateau sur un canal privé de courant. En prenant le plus bas chiffre du premier poids, et en supposant le cheval capable de porter 120 kilog., estimez le poids qu'il peut traîner par chaque mode de traction.

281. On a vu (1) que la chaleur interne de notre Globe augmente de 1° par 30 mètres de profondeur. Cela posé, en supposant, ce qui est très-vraisemblable, que les sources thermales ou d'eau chaude doivent leur température aux couches terrestres qu'elles traversent, de quelle profondeur doit-on présumer que viennent les eaux du Grand-Puits-Carré de Vichy qui ont 48° de température ?

282. — A quelle profondeur la température du Globe est-elle égale à celle du corps humain qui est de 37° ?

283. — A quelle profondeur faudrait-il descendre dans le sein de la Terre, pour rencontrer l'eau bouillante, c'est-à-dire à la température de 100° ?

284. — A quelles profondeurs successives faudrait-il creuser un puits pour que l'eau eût, d'abord, la température des bains froids qui est de 20° à 25° ; puis celle des bains tièdes ou tempérés qui est de 25°

---

(1) Problème 573 de notre Arith. in-12.

à 30°; enfin celle des bains chauds qui est de 30° à 35°? Pour abréger les calculs, on prendra la plus haute température des trois sortes de bains.

285. —— A quelle profondeur faudrait-il pénétrer dans l'intérieur du Globe, pour obtenir la fusion du cuivre et de l'étain qui fondent l'un à 1050°, l'autre à 235°?

286. —— Quelle doit être la température des eaux d'un puits artésien creusé à 450 mètres de profondeur?

287. —— Faites connaître à quelle température doit se trouver le centre du Globe terrestre qui est à 6 millions de mètres environ de sa surface.

288. Quand on connaît la somme et la différence de deux nombres, sans connaître ces nombres, on trouve le plus grand, en prenant la moitié de la somme plus la moitié de la différence, et le plus petit, en prenant la moitié de la somme moins la moitié de la différence. Cela posé, trouvez les deux nombres dont la somme est 74 et la différence 14.

EXERCICES SUR LA LECTURE DES NOMBRES DÉCIMAUX.

289. 5,8 7,34 0,16 9,08 3,005 0,63 2,09 0,101 24,015 0,042 4,103 0,506 18,04 0,38 5,209 0,02.

290. 8,053 0,0201 9,0013 0,041 8,108 0,7325 8,0366 0,0029 1,0148 0,004 25,003 0,9052 4,0706.

291. 11,0205 0,0068 0,0003 2,5029 0,3061 6,0048 0,2602 0,0007 12,0345 0,6003 9,8055 0,1008 7,3021 0,0449.

292. 2,0304 0,05061 5,49003 0,10207 18,35006 0,24038 4,53126 0,10053 6,40709 0,003001 8,000015.

293. Écrire en toutes lettres les nombres décimaux des quatre numéros précédents.

EXERCICES SUR L'ÉCRITURE DES NOMBRES DÉCIMAUX.

294. Trois *unités* cinq *dixièmes*. — Dix-huit *centièmes*. — Cinq *unités* sept *dixièmes*. — Sept *unités* treize *centièmes*. — Quatre *centièmes*. — Neuf *unités* vingt-six *centièmes*.

295. Dix-huit *unités* quarante-deux *centièmes*. — Six cent trois *millièmes*. — Trois *unités* cinq cent vingt-un *millièmes*. — Sept *millièmes*. — Neuf *unités* quinze *millièmes*. — Cent vingt-quatre *millièmes*.

296. Trois *unités* un *millième*. — Quarante-six *millièmes*. — Onze *unités* cent huit *millièmes*. — Quatre mille sept *dix-millièmes*. — Cinq *unités* soixante-neuf *dix-millièmes*. — Huit cent deux *dix-millièmes*.

297. Dix *unités* vingt-deux *millièmes*. — Cent quatre *dix-millièmes*. — Quatorze *unités* trois mille cinq cent douze *dix-millièmes* — Quatre mille un *dix-millièmes*. — Huit *unités* dix-neuf *dix-millièmes*. — Mille cinquante-sept *dix-millièmes*.

298. Neuf *unités* dix mille cinq cent deux *cent-millièmes*. — Quatre mille huit cent trente-six *cent-millièmes*. — Cinquante-neuf *cent-millièmes*. — Trois *unités* vingt-deux mille quarante-huit *cent-millièmes*. Cent trente mille cinq cent trois *millionièmes*. — Onze *unités* six mille neuf *millionièmes*.

Rendre les nombres suivants 10, 100, 1000 fois plus grands :

299.	**300.**	**301.**
54,32	5,61	0,07
278,191	28	9,008
412	15,94	126,7
356,53	0,52	0,051
0,174	103	14,37
18,0027	64,88	0,29

Rendre les nombres suivants 10, 100, 1000, 10000 fois plus petits :

302.   508,15   303.   7,15
       1903,462   18,321
       307,53   0,203
       40   4,65
       112,6014   0,27
       27,18   5

EXERCICES SUR L'ADDITION DES NOMBRES DÉCIMAUX.

304. $6,4 + 0,4 + 0,8 + 0,25 + 9,07 + 0,846 + 4,005 + 0,051$.

305. $0,75 + 3,02 + 0,9 + 0,408 + 2,4 + 0,83 + 12,5 + 0,067$.

306. $8,054 + 0,3 + 5,79 + 0,86 + 0,012 + 23 + 106,7 + 0,905$.

307. $0,105 + 8,03 + 0,7 + 15,431 + 0,05 + 6,004 + 210,09$.

308. $11,342 + 0,28 + 0,1054 + 96,4 + 0,002 + 13,08 + 0,0105$.

309. $0,01 + 48,0012 + 0,72 + 0,307 + 120,05 + 0,1904 + 17,008$.

310. $4,5023 + 0,6 + 0,007 + 25,89 + 0,1075 + 0,7 + 406 + 0,009$.

311. $6,113 + 0,46 + 0,27048 + 30,091 + 1,83 + 0,0203 + 92,01054$.

312. $0,13005 + 53,04 + 0,0769 + 70,0034 + 406,01 + 0,02047 + 5,008$.

313. $361 + 0,20106 + 0,517 + 0,22 + 13,03705 + 0,024 + 0,00089$.

314. $0,604 + 28,005103 + 0,032 + 0,8074 + 69,46 + 0,3006 + 0,04005$.

315. $554{,}023 + 0{,}20609 + 68{,}71 + 2{,}042 + 0{,}500704$
$+ 0{,}38 + 5{,}0082.$

316. $75{,}05 + 762 + 0{,}400158 + 61{,}017 + 0{,}040502$
$+ 0{,}502 + 0{,}00034.$

317. $0{,}00083 + 0{,}0901 + 610 + 0{,}94 + 0{,}00055$
$+ 15{,}007 + 0{,}101002.$

318. $0{,}095 + 27{,}040535 + 0{,}013 + 0{,}00009$
$+ 170{,}00505 + 31 + 0{,}200406.$

EXERCICES SUR LA SOUSTRACTION DES NOMBRES DÉCIMAUX.

319. De 54,38 ôter 26,23
19,67   14,44
12,71   5,86
8,05   6,79
7,03   4,18

324. De 0,8 ôter 0,2130
6,4   0,7023
0,3001   0,25
0,83   0,1202
10   9,0045

320. De 16,543 ôter 9,432
0,307   0,281
0,168   0,034
9,401   0,798
2,005   0,917

325. De 63,0015 ôter 18,09
0,746   9,0512
2,5   0,0066
0,1401   0,062
4   0,0019

321. De 10,5 ôter 8,73
0,64   0,4
7,09   0,8
0,98   0,5
1,25   0,28

326. De 0,0175 ôter 0,01
14,86   9,00018
0,104   0,0075
0,7   0,0003
3   0,000142

322. De 0,469 ôter 0,35
5,27   2,531
0,74   0,407
12   7,25
0,51   0,006

327. De 64,102 ôter 0,00007
13,001   6,00049
0,35008   0,006
0,004   0,00055
5,01006   0,02

323. De 0,36 ôter 0,073
1   0,954
0,708   0,6
8   0,091
0,04   0,018

328. De 0,01205 ôter 0,000192
0,0547   0,00281
2,35   1,01443
0,79   0,00051
6   0,000007

EXERCICES SUR LA MULTIPLICATION DES NOMBRES DÉCIMAUX.

Multiplier :

		par				par	
329.	94,2	par	8	**335.**	21,5	par	7,302
	65,18		7		0,5003		12
	9,284		5		0,4		10,685
	113,07		9		0,37		0,09
	28,516		6		0,25		0,77
330.	14,27	par	3,4	**336.**	6,01	par	0,04
	56,8		4,39		0,324		0,5
	9,54		18,6		0,07		0,15
	11,9		17,5		4,18		6,37
	207,5		6,28		0,45		0,06
331.	0,48	par	0,6	**337.**	1,065	par	0,8
	74,3		0,45		0,2		0,351
	0,7		0,51		17,24		9,03
	0,56		12,9		0,03		0,04
	100		0,254		4,5		8,003
332.	1,05	par	0,8	**338.**	0,08	par	0,05
	108,6		0,72		9		0,6001
	0,03		4,9		10		0,01
	5,04		0,7		132		2,45043
	29		0,351		0,01		0,001
333.	47	par	0,204	**339.**	145	par	0,1702
	0,16		0,5		0,1043		0,9
	9,7		0,36		10,005		0,02
	0,09		0,7		6,4		0,9273
	82		0,001		0,56		7,231
334.	0,4	par	0,07	**340.**	4,72031	par	6,74
	0,05		0,2		0,005		0,48
	6		0,009		0,0025		0,006
	0,03		0,3		0,00006		0,005
	0,6		0,05		0,000002		0,0004

EXERCICES SUR LA DIVISION DES NOMBRES DÉCIMAUX.

Diviser :

341.	18,8	par	4,7	**345.**	42,834	par 7,08
	83,3		11,9		17,12	0,4
	184		7,36		0,044	0,016
	45,27		5,03		6,636	0,21
	375,36		3,68		0,4644	0,3
342.	61,365	par	4,091	**346.**	0,81	par 0,2
	530,64		8,04		816,51	34
	12,816		0,534		0,4495	0,062
	77,4		19,35		809,412	10,3
	278		55,6		110,22088	4,06
343.	26,145	par	6,3	**347.**	29,76	par 74,4
	1,26		0,025		0,651	3,255
	73,6		29,44		14	50
	0,558		0,09		0,504	4,8
	257,002		8,51		0,42	70
344.	0,1	par	0,04	**348.**	0,1008	par 12,6
	17,94		5,2		10	16
	0,342		0,06		0,851	23
	901,8		15		0,803	50
	93,0186		5,001		11,1	32

Évaluer le quotient de :

349.	3,8	par	5,34	à	0,1	près.
	0,248		0,01307	à	0,01	
	9,063		47	à	0,001	
	0,5402		6,13	à	0,01	
	4		128	à	0,0001	
350.	19	par	86	à	0,01	près.
	5		31	à	0,001	
	43		105	à	0,0001	
	31		7	à	0,01	
	10		64	à	0,001	
351.	5,122	par	1,14	à	0,01	près.
	0,09		0,7	à	0,0001	
	10,632		11,7	à	0,001	
	0,8		39	à	0,001	
	76		0,054	à	0,01	

Évaluer le quotient de :

352. 6,8134 par 0,078 à 0,001 près.
0,92 1,708 à 0,01
7 0,089 à 0,001
0,3018 11 à 0,0001
42,005 5,18059 à 0,001

EXERCICES SUR LA NOMENCLATURE DES NOUVELLES MESURES.

Lire les nombres suivants :

353. 113m,25 — 20a,09 — 7s,3 — 38l,14 — 109l,03 — 6kilog,305 — 6s,04 — 3l,375.

354. 28a,05 — 116k,9 — 0m,15 — 40hectol,271 — 3hectar,04 — 21kilom,268 — 13l,106.

355. 0g,751 — 36m,07 — 4s,5 — 0m,041 — 5hectar,3128 — 2hectol,0073 — 0l,036.

356. 79g,09 — 0l,004 — 9kilom,08 — 0m,042 — 219a,5 — 3406m,8 — 1275f,07 — 0kilog,13.

357. 31kilom,102 — 29kilog,406 — 0g,018 — 4kilom,057 — 0l,105 — 55hectar,0101 — 8hectol,3.

358. 0f,007 — 1kilom,095 — 3hectog,2 — 8g,091 — 16s,03 — 6hectol,028 — 0l,0006 — 1529 gr.

359. 421a,7 — 0hectol,06 — 2kilog,18 — 0a,4 — 1m,061 — 43hectol,05 — 158g,042 — 100kilom,5.

360. 2hectar,004 — 0m,0051 — 1s,07 — 6hectol,05 — 0g,2006 — 150kilom,07 — 0kilog,001 — 0hectar,0315.

361. 10hectar,09 — 21408g,32 — 105s,5 — 62hectol,4 — 10a,1 — 0m,0505 — 174kilom,8 — 0g,009.

362. 5g,106 — 400a,07 — 0l,02 — 20kilom,6 — 15hectol,03 — 0s,004 — 7hectar,018 — 0g,015 — 8kilog,026.

Écrire en chiffres les nombres suivants :

363. Neuf mètres dix-sept centimètres. — Onze ares soixante-huit centiares. — Huit décistères. — Vingt-cinq litres douze centilitres. — Deux cent trois grammes sept décigrammes. — Mille vingt-cinq francs dix centimes.

364. Trois mètres quatre centimètres. — Six ares trente-doux centiares. — Neuf stères six décistères. — Huit litres trois centilitres. — Cent trente-cinq grammes quinze milligrammes. — Onze francs sept centimes.

365. Cinq cent deux millimètres. — Quinze ares trois centiares. — Un décistère. — Cinquante-huit centilitres. — Quatre-vingt-cinq milligrammes. — Trois décimètres sept dix-millimètres.

366. Cent cinq francs deux centimes. — Sept kilogrammes quatre hectogrammes cinq grammes. — Deux décastères huit stères neuf décistères. — Treize kilomètres cent six mètres. — Neuf hectares trois ares vingt-cinq centiares. — Quatre hectolitres trente litres huit centilitres.

367. Cent deux kilogrammes trois décagrammes. — Seize hectolitres sept litres. — Vingt-trois kilomètres trente-neuf mètres. — Quatorze décalitres sept litres. — Trois hectares un are deux centiares. — Cinquante-huit kilomètres dix-sept mètres.

368. Vingt-deux hectolitres trente-six litres. — Sept kilogrammes trois décagrammes. — Vingt-un milligrammes. — Cinquante hectares vingt centiares. — Six kilomètres trois mètres huit centimètres. — Trois kilogrammes trente-un grammes.

369. Quatre kilomètres cinq cent neuf mètres. — Six cent dix-huit centilitres. — Vingt-trois millimètres sept dix-millimètres. — Quinze kilomètres vingt mètres. — Un décigramme cinq *centièmes* de milligramme. — Dix-neuf décastères.

370. Deux hectares cinq ares. — Treize grammes deux milligrammes. — Neuf décalitres seize centilitres. — Vingt-cinq décistères. — Quatre-vingt-trois mètres six décimètres neuf centimètres — Trente-sept millimètres.

371. Trente décastères six décistères. — Douze litres neuf centilitres. — Un hectare un centiare. — Six kilogrammes vingt-huit milligrammes. — Dix-neuf millilitres. — Cent deux centiares.

372. Quatre centièmes de millimètre. — Deux litres sept millilitres. — Cent dix ares cinq centiares. — Quarante-cinq décastères deux décistères. — Sept décagrammes vingt-six grammes. — Quinze décimètres six centimètres.

PROBLÈMES

SUR L'ADDITION DES NOUVELLES MESURES.

373. Le canon de 16 pèse 1120 kilog. de plus que la pièce de 12 de campagne qui pèse 880 kil. Faites connaître le poids de la première pièce.

374. Un négociant a acheté 305 kilog. de café, 73 kilog. sept hectog. de savon et 600 grammes de cochenille. Quel est le poids total de ces différentes marchandises ?

375. La taille moyenne du cheval qui est de 1^m,5 est plus petite de dix centimètres que la taille moyenne de l'homme. Faites connaître cette taille.

376. Un particulier achète quatre pièces de terre : la 1re contient 37 ares 20 centiares ; la 2e, 46 ares ; la 3e, 1 hectare 17 centiares ; enfin la 4e, 67 ares 9 centiares. Quelle est la superficie totale des quatre terres ?

377. J'ai trois tonneaux pleins de vin : l'un de 127^l,4 ; un autre de 230^l,86 ; un troisième de 315 litres. Quelle est la quantité totale de vin ?

378. Un marchand achète quatre pièces d'étoffe. La 1re a une longueur de 33^m,264 ; la 2e, de 29^m,07 ; la 3e, de 41 mètres ; la 4e, de 50^m,99. On demande la quantité totale d'étoffe.

379. Quelle est la longueur totale de cinq chemins dont le 1er a 1306 mètres ; le 2e, 4 kilomètres ; le 3e, 817^m,75 ; le 4e, 560^m,8 ; le 5e, 1137^m,19 ?

380. Quatre ouvriers ont fait : le 1er, 189^m,34 d'ouvrage ; le 2^c, 66 mètres ; le 3e, 19^m,08 ; le 4e, 107^m,5. Combien ont-ils fait, en tout, de mètres d'ouvrage ?

381. Je bois à mon déjeuner trois décilitres de vin, et à mon dîner 9 centilitres de plus qu'à mon déjeuner. Quelle est la quantité de vin que je bois journellement ?

382. Un marchand a vendu à une modiste une pièce de ruban de 15^m,16 au prix de 9^f,45 ; une autre pièce de 20 mètres, au prix de 18^f,05 ; une troisième pièce de 31^m,02, au prix de 24^f,60. Combien a-t-il vendu de mètres et pour combien d'argent ?

383. Dans les hôpitaux de France, on passe chaque jour, aux femmes malades à ration entière, 40 décagrammes de pain blanc et 36 centilitres de vin, et aux hommes malades de la même catégorie 100 grammes de pain et 12 centilitres de vin de plus qu'aux femmes. On demande quelle est la ration journalière des hommes en pain et en vin.

384. La longueur d'une route est telle que, lorsqu'on a parcouru 6709 mètres, il reste encore 3 kilomètres 41 mètres de chemin à faire. Quelle est la longueur de la route ?

385. Quelle est la longueur développée des quatre côtés d'un champ, dont l'un a 28 mètres 73 centimètres de longueur ; le 2e, 34^m,09 ; le 3e, 40 mètres ; le 4e, 39 mètres 8 centimètres ?

386. Emile achète un livre 2^f,35, une balle 63 centimes, un cerceau 1 franc vingt centimes ; il donne aux

pauvres quarante-cinq centimes, et il lui reste 1 franc 9 centimes. On demande ce qu'il avait dans sa bourse.

387. Une barre de fer longue de 3 mètres 5 millimètres s'est allongée, au soleil, de 1^{mm},4. Quelle a été la longueur de la barre, au moment où cette dilatation s'est produite?

388. Le Mont-Blanc est si élevé que, lorsqu'on est parvenu à 2500 mètres de hauteur verticale, on n'est encore qu'à 2315 mètres du sommet. Quelle est la hauteur de cette montagne?

389. Il manque 9^g,6774 au poids de la pièce de 20 francs pour qu'elle pèse autant que celle de 50 francs. Quel est le poids de cette dernière pièce, sachant que la première pèse 6^g,4516?

390. Une carafe contient 2^{décil},4 d'eau de plus qu'une autre carafe qui en contient 7^l,6. Quelle est la capacité de la première carafe?

391. Il y a de Paris à Dijon, par le chemin de fer, 315 kilomètres; de Dijon à Mâcon 126 kilom.; de Mâcon à Lyon 71; de Lyon à Avignon 230; enfin de cette dernière ville à Marseille 121 kilom. Quelle est la distance de Paris à Marseille?

392. La mer est si profonde en certains endroits que, quand la sonde est descendue à 3500 mètres, il s'en faut de 10594 mètres qu'elle touche le fond. Quelle est la profondeur de la mer sur ces points?

393. Un marchand a vendu pour 125^f,30 le lundi, et successivement pour 96^f,65, 108 francs, 72^f,05, 149^f,55, 83^f,13 dans les jours suivants. A combien s'est élevé le total de ses ventes à la fin du 6me jour?

394. Il y a, dans une cave, plusieurs tonneaux qui contiennent respectivement 287^l,9; 1 hectolitre 8 litres; 99 litres. A combien s'élèvent ces différentes quantités?

395. On ajoute 4^{kilog},05 d'eau et 15^l,007 d'eau de

vie, sur 12$^{\text{décil.}}$,8 de cidre. Combien le mélange contient-il de litres ?

396. Un domaine se compose de 3$^{\text{hectar.}}$,26 de bois,
quatre-vingt-cinq ares en pré, un hectare trente centiares en vigne, quarante-sept ares en jardin, 8 hectares cinquante-huit centiares en terres labourables ; les
chemins, les cours et les bâtiments occupent 964 mètres carrés. Quelle est la superficie totale de la propriété ?

397. Un père pèse juste autant que deux de ses enfants dont l'un pèse 24 kilog. soixante-sept décagrammes, et l'autre 45 kilog. trois cent trente-trois gram.
Quel est le poids du père ?

398. Le litre de lait pèse 4 grammes de plus qu'un
litre d'eau de mer, le litre d'eau de mer 26 grammes
de plus qu'un litre d'eau distillée, le litre d'eau distillée 8 décagrammes 5 grammes de plus qu'un litre
d'huile d'olive qui pèse 0$^{\text{kilog.}}$,915. Quel est donc 1° le
poids de chaque liquide, 2° le poids d'un mélange contenant un litre de chacun ?

399. La force des deux mains réunies est généralement plus grande, chez l'homme et chez la femme, que
la somme des forces développées par les deux mains
agissant séparément. Ainsi, tandis qu'un individu
peut développer une force de 36$^{\text{kilog.}}$,2 avec la main
droite, et une force de 31$^{\text{kilog.}}$,9 avec la main gauche,
il pourra, avec les deux mains réunies, développer un
effort supérieur de 2$^{\text{kilog.}}$,9 à la somme des deux premières. Faites connaître les résultats dans les deux cas.

400. On mêle ensemble 19 litres de pois gris qui
pèsent 18 kilog. dix grammes, 4 décalitres 1 litre 20
centilitres de haricots pesant 31$^{\text{kilog.}}$,878. On demande
le volume total ainsi que le poids de ce mélange.

401. Un marchand achète, en deux fois, savoir : la
première fois, 56$^{\text{kilog.}}$,19 de café pour 109^{f},25 plus
34^{k},08 de beurre pour 51^{f},05 et 50^{k},08 de savon pour

31f,20; la deuxième fois, 49 kilog. 7 décagrammes de beurre pour 83 francs plus 25 kilog. 9 hectog. de savon pour 18f,30 et 37 kilog. soixante gram. de café pour 65 fr. On désire savoir 1° quel est le poids ainsi que le prix total de chaque marchandise, en particulier, 2° combien ces diverses marchandises pèsent et coûtent toutes ensemble.

402. Le décimètre cube étant pris pour unité, le chêne vieux pèse 438 grammes de plus que le poirier; le poirier 5 décagrammes 6 grammes de plus que l'olivier; l'olivier 31 grammes de plus que l'érable; l'érable 1 hectogr. 58 grammes de plus que le saule qui pèse 48 décag. 7 grammes. A ce compte, quel est le poids 1° du décimètre cube de chaque espèce de bois; 2° des cinq décimètres cubes réunis.

403. Le décimètre cube étant pris pour unité, le plomb pèse 2,5 kilogrammes de plus que le cuivre; le cuivre un kilog. cinq cent cinquante-neuf grammes de plus que l'étain; l'étain 91 grammes de plus que le fer; le fer un décagramme de plus que le zinc qui pèse 7k,19. On demande le poids 1° du décimètre cube de chaque métal; 2° d'un mélange formé d'un décimètre cube de chacun.

PROBLÈMES

SUR LA SOUSTRACTION DES NOUVELLES MESURES.

404. J'achète un champ de 3 hectares 28 centiares, j'en cède 560 mètres carrés. Quelle est la surface restante?

405. Le canon de 12 de siége pèse 1190 kilog. de moins que la pièce de 24 dont le poids est de 2740 kil. Quel est le poids de la première pièce?

406. On a puisé 2743 litres d'eau dans une citerne qui en contenait 41 hectolitres. Combien reste-t-il de litres?

407. Une bouteille vide pèse 704^g,8 ; pleine de vin, elle pèse 1 kilog. cinq décag. Quel est le poids du vin ?

408. Voulez-vous connaître le poids que les grêlons peuvent atteindre ? ôtez 470 grammes de 82 décag. Le reste exprimera le poids cherché.

409. Sur cent dix-sept francs cinquante centimes que je devais, j'ai payé 83 francs quatre-vingt-cinq centimes. Combien me reste-t-il à payer ?

410. Un marchand de bois avait dans son chantier sept cent vingt-quatre stères 4 décistères de bois ; il en a vendu 209^s,81. Combien lui en reste-t-il ?

411. Sur 65 décag. de pain que je consomme chaque jour, j'en mange deux cent quarante grammes à déjeuner et le reste à dîner. A combien s'élève ce reste ?

412. Un ouvrier devait faire cent six mètres d'un certain ouvrage ; il en a fait 45^m,83. Combien lui en reste-t-il à faire ?

413. D'une pièce de drap longue de 26 mètres soixante-sept centimètres on a détaché un coupon de 19^m,08. Quelle est la longueur du coupon qui reste ?

414. Un marchand avait 13 kilogrammes 47 gram. de café, il en a vendu cinq kilog. 6 hectog. Combien lui en reste-t-il encore ?

415. Le poids brut de l'œuf d'autruche est de 1^k,375 et celui de la coquille de 314 grammes. Combien reste-t-il pour le poids du blanc et du jaune réunis ?

416. L'élève Olivier, dont la taille est de 1^m,689, dépasse de toute la tête l'élève Martin dont la taille est de un mètre quatre cent soixante-huit millimètres. Quelle est la hauteur de la tête d'Olivier ?

417. Il manque 23^s,3871 à la pièce de 5 francs d'or pour qu'elle pèse autant que la pièce de 5 fr. d'argent dont le poids est de 25 gr. Combien pèse la pièce d'or ?

418. Quelle différence y a-t-il, par kilomètre carré,

entre la population spécifique du département des Basses-Alpes qui est de 21^{habitants},52 et celle du département du Rhône qui est de 224$^{\text{habit.}}$,34 par kilomètre carré? (*Voyez* probl. 565.)

419. Le rendement des terres *non drainées*, quand on l'évalue en froment, est, en moyenne, de 12 hectolitres par hectare, et celui des terres drainées, de dix-sept cent litres. Quelle est, par hectare, l'augmentation de rendement due à l'opération du drainage?

420. Une étable à bœufs ou à vaches doit avoir 4^{m},5 de largeur d'un mur à l'autre quand elle est à simple rang, 8 mètres lorsqu'elle doit être à double rang. Or, sachant que ces animaux occupent une longueur de trois mètres de la tête à la queue, calculez l'espace qui reste dans les deux cas pour le passage des gardiens.

421. Les écuries d'une ferme doivent avoir au moins 4^{m},9 de largeur d'un mur à l'autre. Or, l'espace que les chevaux occupent en longueur étant de trois mètres, faites connaître l'espace qui reste pour le service.

422. D'après un auteur, la distance du sommet de la tête au bas du menton est de vingt centimètres chez l'homme dont la taille est de 1^{m},60. Cela étant, quelle est chez le même individu la distance des pieds au bas du menton?

423. Suivant le même auteur, l'homme de 1^{m},60 de taille, ayant les bras droits sur la tête, mesure juste deux mètres. Quelle est, dans ce cas, la hauteur des bras au-dessus de la tête?

424. Une loi récente sur les monnaies françaises fixe à 835 millièmes de fin le titre des pièces de 2 francs, 1 franc, 50 centimes et 20 centimes. Or ce titre est de 65 millièmes inférieur au précédent; quel était donc ce titre?

425. A la température de *zéro* le mètre cube de fumée pèse 1$^{\text{kilog.}}$,35, tandis que le mètre cube d'air pèse 1 kilog. 298 gr. Lequel des deux fluides est le plus léger et de combien?

426. Le plus long rayon du Globe terrestre ou le rayon de l'Équateur a pour grandeur 6377398^m,4 (ou 1594 lieues de 4 kilom. en nombre rond) ; le plus court ou le rayon du Pôle est de 6356079^m,9 (1589 lieues). On demande quelle est la différence des deux rayons, ou, ce qui est la même chose, l'aplatissement de notre Globe.

427. Les expériences les plus nombreuses et les plus décisives ont constaté que l'air atmosphérique qui entoure notre Globe et dans lequel nous vivons contient, sur cent parties en volume, 20,81 parties de gaz oxygène ; les parties restantes sont formées de gaz azote. Indiquez le nombre de ces parties.

428. Il est reconnu qu'un kilog. de viande ne donne que cinq cents grammes de bouilli ; tandis qu'un kilog. de la même viande fournit six cent soixante-dix grammes de rôti. Combien y a-t-il à gagner à faire usage du rôti, lorsqu'on ne tient pas compte du bouillon ?

429. Voulez-vous connaître l'épaisseur que doit avoir la glace sur les rivières pour supporter la cavalerie et l'artillerie de campagne ? Ôtez 0^m,95 de un mètre sept centimètres ; le reste donnera l'épaisseur cherchée.

430. La ration journalière de viande pour les malades à ration entière est fixée dans les hôpitaux français à 480 grammes de viande crue, représentant 240 grammes de viande cuite dont 12 décagrammes à l'état de rôti et le reste à l'état de viande bouillie. Quel est le poids de la viande bouillie ?

431. Cent kilog. de bon blé donnent 76 kilog. de farine avec laquelle on obtient cent kilog. de pain cuit. Quelle quantité d'eau doit-il rester dans le pain après la cuisson ?

432. Sous le rapport de la force des mains, la femme est généralement beaucoup plus faible que l'homme. Ainsi, tandis qu'une femme de 25 ans développe à peine, avec les deux mains, une force de 50 kilog., il est facile à un homme du même âge de développer un effort de quatre-vingt-huit kilog. sept hectog. Ces données établies, quelle différence trouve-t-on entre les deux forces ?

433. Si la Loire avait cinq cent dix mille mètres de plus, son parcours serait aussi long que celui du Rhin, qui est de 1550 kil. Quelle est la longueur de la Loire ?

434. Chez l'homme et la femme la main droite est toujours plus forte que la main gauche ; ainsi, tandis que pour un individu de dix ans, vingt ans, trente ans, la force de la main gauche est représentée par $8^k,4$, $37^k,2$, $41^k,3$, la force de la main droite est représentée par $9^k,8$, $39^k,5$, $44^k,7$. Cela posé, évaluez la différence qu'il y a entre les forces de chaque main à ces trois différents âges.

435. Si, à côté d'une pièce de 2 francs, dont le diamètre est de 27 millimètres, on place une pièce de 1 franc, les deux pièces ainsi posées forment exactement une longueur de 5 centimètres. Quel est le diamètre de la dernière pièce ?

436. Un élève qui s'est pesé dans l'air et dont le poids s'est trouvé de 38 kilogrammes, a la fantaisie de se peser dans l'eau, mais cette fois son poids n'est plus que de $2^k,4$. On demande quelle perte l'élève éprouve dans l'eau, ou, en d'autres termes, quel est le poids de l'eau déplacée ? (1)

PROBLÈMES

SUR LA MULTIPLICATION DES NOUVELLES MESURES.

437. Un fer à cheval pèse, en moyenne, $0^k,6$. Combien pèseront 4 fers ?

438. On sème environ 36 décalitres d'avoine par

---

(1) Cette expérience est une application du Principe d'Archimède, sur lequel on trouvera plus loin plusieurs problèmes intéressants.

hectare. Dites ce qu'il faudrait de ce grain pour ensemencer une surface de 21^h,005.

439. Chez un cheval bien conformé, 3 *fois la longueur géométrale de la tête* égalent la *hauteur entière* de l'animal, mesurée de la nuque au sol, pourvu que la tête soit bien placée. D'après ces données, quelle doit être la hauteur entière d'un cheval bien conformé dont la tête a 60 centimètres de longueur ?

440. Un hectolitre de blé, 1re qualité, pèse en moyenne 81 kilog. Quel sera le poids de 14^h,35 du même blé ?

441. Si l'on transportait au milieu et au fond du détroit de Gibraltar l'église de St-Paul-de-Londres, le sommet de la coupole viendrait affleurer la surface de l'eau ; or, sachant que la profondeur du détroit sur ce point est de 68 brasses françaises, et que la brasse équivaut à 1^m,624 de nos nouvelles mesures, faites connaître, en mètres, la profondeur du détroit, ou, ce qui revient au même, la hauteur de la coupole de St-Paul.

442. Il est reconnu que pour ensemencer convenablement les terres de médiocre qualité, qui sont les plus communes, on doit répandre, terme moyen, 100 kilog. de blé par hectare. Quelle qualité de semence faut-il pour 9^h,45 ?

443. Puisque un bœuf fournit, moyennement, 900 rations de viande à raison de 250 grammes la ration, quel est, en somme, le poids de la viande dépecée ?

444. Quelle distance faut-il pour qu'on puisse placer en droite ligne, les uns à la suite des autres, 156 boulets de 16, dont le diamètre est de 130^{mm},3 ?

445. Le prix du bronze étant supposé de 2^f,50 le kilog., à combien revient, pour la matière seulement, chaque pièce de canon de 24 qui pèse 2740 kilog. ?

446. Sachant que le pied anglais équivaut à 0^m,30479449, exprimez, en mesures métriques, la taille des Lapons, qui est de 5 pieds anglais.

447. La loi qui a fixé les dimensions des mesures de capacité veut que les *petites mesures* destinées aux liquides autres que l'huile et le lait aient une profondeur *double* du diamètre. Quelle doit être la profondeur du litre dont le diamètre est de 86 millimètres ?

448. Au pas ordinaire l'homme parcourt un kilomètre en 13 minutes. Quel temps faut-il à un bon marcheur pour faire 10 lieues métriques (40 kilom.) sans s'arrêter ?

449. Le poids moyen d'un hectolitre d'orge est de 64 kilogrammes. Quel sera le poids d'un chargement de 17ʰ,57 ?

450. Si l'on rangeait sur une seule ligne les 60000 voitures publiques et particulières qui circulent dans Paris, elles occuperaient un espace d'environ 75 lieues de 4 kilom. Combien cela fait-il de kilomètres ?

451. Sachant que le fil de fer des télégraphes électriques, dont la grosseur est de 4 millimètres, pèse 0ᵏ,154 par mètre courant, on désire savoir ce que pèse un kilomètre d'un pareil fil.

452. La hauteur du corps humain étant à peu près 75 fois le diamètre de la pupille ou prunelle de l'œil, déterminez la taille d'un individu dont la pupille aurait 23 millimètres de diamètre.

453. Le pied allemand valant 0ᵐ,2896, exprimez en mesures métriques les dimensions des éléphants qui existaient dans les premiers temps de la création, et dont quelques-uns avaient 30 pieds de haut sur 60 pieds de longueur.

454. Le mûrier dont la feuille, comme on sait, sert de nourriture au ver à soie, peut, à l'âge de 20 ans, produire 40 kilog. de feuilles ; parvenu au plus haut point de son accroissement, il peut donner jusqu'à 100 kilog. de feuilles. On demande quel rendement en feuilles on doit obtenir de 27 mûriers dont 19 sont du premier âge et les 8 autres du second âge.

455. On estime au prix de 15 centimes, tous frais faits, le mètre courant d'un fossé creusé à 1 mètre de profondeur ; si donc on ajoute à ce prix 0^f,075, prix de revient d'un mètre courant de tuyaux de drainage, il est évident qu'on aura ainsi, à très-peu de choses près, le prix du drainage, par mètre courant, lequel sera par conséquent de 0^f,225. Cela posé, on désire savoir ce qu'on dépensera pour le drainage de 1 hectare de terrain qui exigerait 950 mètres de tranchée.

456. Le poids qu'un cordage neuf peut supporter avant de se rompre se calcule en multipliant par 4 le carré du diamètre du cordage exprimé en millimètres ; le produit ainsi exprimé représentant des kilogrammes. Ainsi le diamètre d'une corde étant de 25 millimètres, son poids de rupture sera exprimé par $4 \times \overline{25}^2 = 2500$ kilog. D'après ces données, calculez le poids que peut supporter, avant de se rompre, un câble de 0^m,041 de diamètre.

457. On a remarqué que les plus grosses sangsues comme les sangsues de moyenne grosseur peuvent absorber jusqu'à 4 grammes de sang. Exprimez en grammes la quantité de sang que perd un malade auquel on applique 25 bonnes sangsues.

458. Sachant que le mille géographique équivaut à 1852 mètres, exprimez, en mesures métriques, l'espace que le Danube parcourt depuis Donauschingen jusqu'à la mer, espace qui est de 379 milles géographiques.

459. La longueur totale des intestins chez l'homme est 6 fois la longueur de son corps ; or, la taille moyenne de l'homme étant de 1^m,6, quelle est, pour les individus de cette taille, la longueur correspondante des intestins ?

460. Un hectare semé pour graines de lin produit communément 12 hectolitr. ; chaque hectolitre, quand la graine est bonne, rend 15 litres d'huile. Combien l'hectare produit-il de litres d'huile ?

461. Faites connaître le poids d'un œuf de poule de moyenne grosseur, sachant qu'à très-peu de choses près, le jaune pèse 3 fois et le blanc 5 fois autant que la coquille dont le poids est de 5^g,5.

462. Dans une maison à quatre étages on arrive au 1er par 20 marches d'escalier; au 2e étage par 19 marches; au 3e étage par 18 marches; au 4e étage par 17 marches. Quelle est la hauteur de chaque étage au-dessus du sol, les marches ayant chacune 18 centimètres de hauteur?

463. Puisque, d'après le problème 408 de notre Arith. in-12, un kilog. d'eau de mer contient 25 gr. de sel de cuisine, quelle quantité de sel trouvera-t-on dans 1000 kilog. d'eau de mer?

464. Sachant que le shilling anglais vaut 1 fr. 16 de notre monnaie française, calculez à combien se montent 12 journées d'ouvriers maçons à 4 shillings, et 15 journées d'ouvriers charpentiers à 5 shillings.

465. Si l'on mêle 200 kilog. de bon guano du Pérou qui se vend 28^f,50 les 100 kilog., avec 200 kilog. de plâtre réduit en poudre qui revient à 2^f,50 les 100 kilog., on obtient un engrais excellent et qui suffit pour la fumure complète d'un hectare. A combien revient cette fumure?

466. Chaque habitant, en France, consomme moyennement 6^k,5 de sel par an. A ce compte, quelle est, pour cet objet seulement, la dépense d'une famille de 5 personnes, le sel coûtant 15 centimes le kilog.?

467. Deux piétons partis d'un même point et allant en sens contraire sur la même route, sont arrivés à leur destination après 3 heures de marche, à raison de 5 kilomètres par heure. A quelle distance les deux piétons étaient-ils l'un de l'autre au moment de leur arrivée?

468. Les expériences pratiques les plus concluantes démontrent que 400 kilog. de bon guano du Pérou suffisent pour la fumure complète d'un hectare de terrain. En estimant donc à 28^f,50 les 100 kilog. le prix de cet engrais, à combien revient la fumure de l'hectare ?

469. Un soldat occupe dans le rang 50 centimètres, dans la file 32 centimètres sans le sac. Quelle est la longueur qu'occupent 200 soldats rangés suivant l'une ou l'autre manière ?

470. Quel est le poids de 15 double-décalitres 48 litres d'orge, sachant que le poids moyen de ce grain est de 64 kilog. par hectolitre ?

471. On estime à 2 millions 500 mille hectares la partie du territoire de la France, plantée en vigne, et à 20 hectolitres le rendement moyen en vin de l'hectare. Calculez le nombre d'hectolitres de vin récoltés chaque année.

472. Entre l'Ile-d'Aix et Rochefort, la marée a une vitesse égale à la grande vitesse des chemins de fer qui est de 14 mètres par seconde. Exprimez en kilomètres le chemin que la marée peut faire en une heure.

473. Déterminez le poids d'un hectolitre de féveroles, sachant que la graine de panais qui pèse 4 fois moins pèse 2 hectogrammes par litre.

474. Une terre semée en blé rend, en paille, 2 à 3 fois le poids du grain. Sachant donc qu'un are rend 12 litres de blé et que l'hectolitre de ce grain pèse moyennement 75 kilog., déterminez la quantité de paille que rend un hectare de terrain.

475. La quantité d'orge ordinairement employée en semaille pour 1 hectare, est de 75 kilog. dans les bons terrains, et de 130 kilog. dans les terres de faible qualité; faites connaître ce qu'il faudrait répandre de ce grain pour 5 hectares 15 centiares de bon terrain, et un hectare 57 ares de terrain médiocre.

476. Il est démontré par l'expérience que le gaz d'huile éclaire 3 fois et demi plus que le gaz de houille. Cela étant, combien faut-il de litres de ce dernier gaz pour 100 litres du premier ?

477. L'ensemencement du maïs (blé de Turquie) se fait à raison de 3 hectolitres par hectare, celui de blé sarrasin, à raison de 1 hectolitre pour la même surface. On demande quelle quantité de ce dernier blé il faut pour une superficie de $4^h,25$ et combien de maïs pour 3 hectares 1 are sept centiares.

478. Un kilog. soixante-dix grammes de charbon de bois produisent autant de chaleur que 1 kilog. de houille moyenne. Quelle quantité de charbon faut-il pour remplacer 100 kilog. de houille ?

479. Un kilog. de houille moyenne échauffe autant que $1^k,25$ de coke à 0,15 de cendres. Si donc on voulait remplacer la houille par le coke, combien faudrait-il de kilog. de ce dernier combustible pour $46^k,9$ du premier ?

480. Un kilog. de coke à 0,15 de cendres donne la même quantité de chaleur que $2^k,14$ de bois ordinaire à 0,2 d'humidité. Cela posé, combien faut-il de kilog. de bois pour remplacer $15^k,4$ de coke ?

481. Un kilog. de charbon de bois produit la même quantité de chaleur que $1^k,17$ de coke à 0,15 de cendres. Calculez combien il faudrait de kilog. de coke pour remplacer $83^k,04$ de charbon de bois.

482. Un kilog. de houille moyenne échauffe autant que $2^k,68$ de bois ordinaire à 0,2 d'humidité. Combien faut-il de kilog. de bois pour remplacer 154 kilog. de houille ?

483. Un kilog. de charbon de bois produit, en brûlant, autant de chaleur que $2^k,5$ de bois ordinaire à 0,2 d'eau. Combien faut-il de kilog. de bois pour remplacer comme combustible 30 kilog. de charbon ?

484. Il faut aux porcs, en hiver, 4 kilog., et en été, 5 kilog. d'eau pour 1 kilog. de substance sèche.

Combien de litres d'eau faudrait-il donner, dans l'une et l'autre saison, à un porc dont la ration journalière serait de 6 kilog. 700 grammes en substance sèche ?

485. Il faut aux bêtes à laine, en hiver, 1 kilog. 38 et en été, 2 kilog. d'eau pour un kilogramme de fourrage sec. Quelle quantité d'eau faut-il, par jour, dans les deux saisons, à 50 moutons dont la ration est de 2 kil. de foin sec ?

486. Il faut aux bœufs de trait, en hiver, 2 kilog. 24, et en été, 2ᵏ,31 d'eau pour 1 kilog. de substance sèche. Quelle est, pour chaque saison, la quantité d'eau nécessaire à un bœuf qui consomme 20 kilog. de substances sèches ?

487. Il faut aux vaches qui ne sortent pas de l'étable 2 kilog. 52 ou 2ˡ,52 d'eau, en été, pour 1 kilog. de foin sec. Quelle est la quantité d'eau nécessaire à trois vaches dont chacune consomme 10 kilog. de foin sec ?

488. Quand on sème du maïs pour graine, on met 2 litres de semence par are pour un semis en ligne, 7ˡ,5 pour un semis à la volée. Quand on sème pour fourrage, il faut, au moins, 10 litres de grains pour la même surface. Cela posé, quelle quantité de semence faut-il, dans les trois cas, pour une terre de 45ᵃ,18 ?

489. La vitesse de propagation de la marée en rivière est plus ou moins grande suivant les circonstances locales qui l'accélèrent ou la retardent. Ainsi, tandis que cette vitesse est de 6ᵐ,52 par seconde entre St-Nazaire et Nantes, elle est de 7ᵐ,22 du Havre à Rouen, et de 7ᵐ,4 de Blaye à Bordeaux. On demande combien de kilomètres par heure la marée peut parcourir avec ces trois différentes vitesses.

490. A diamètre égal, une tringle d'étain fondu supporte 2,47 fois autant de poids qu'une tringle de plomb laminé. On veut savoir le poids que peut supporter un fil d'étain de 1ᵐᵐ de diamètre, si un fil de plomb de même dimension supporte 1ᵏ,35.

3*

491. Deux kilog. de houille par heure suffisent, dans les jours les plus froids de l'hiver, pour chauffer une école de 50 élèves ; or, le prix de la houille étant, en moyenne, de 0f,056 le kil., on demande à combien peut s'élever, au bout de trois mois d'hiver, la dépense de chauffage que l'on suppose d'ailleurs être de 10 heures par jour.

492. La pâte préparée pour faire du pain éprouve un déchet à la cuisson ; ainsi, pour avoir des pains du poids de 10 kilog. il faut enfourner 10k,7 de pâte ;

$$5 \text{ kilog.} \quad = \quad 5,2 \quad =$$
$$1 \text{ kilog.} \quad = \quad 1,125 \quad =$$

D'après ces données, quelle quantité de pâte faudrait-il enfourner pour avoir 60 pains de 1 kilog., 14 pains de 5 kilog., 3 pains de 10 kilog. ?

493. A Paris et dans le nord de la France, la consommation de la houille, dans les jours les plus froids de l'hiver, n'excède pas 3 kilog. par heure pour une salle de 100 élèves ; 4 kilog. pour une salle renfermant 150 élèves ; 5, 6 et 7 kilog. pour des classes de 200, 250, 300 élèves. Or, le chauffage étant de 10 heures par jour, et le prix de la houille de 0f,056, en moyenne, le kilog., à combien s'élève, au bout de 3 mois d'hiver, le chauffage de ces différentes classes ?

494. La France contient environ 36 millions d'hectares de terres labourables sur lesquels 8600000 seulement sont ensemencés annuellement en froment, seigle et méteil, pour produire, à raison de 12 hectolitres par hectare, 103200000 hectolitres. La consommation de chaque individu étant, en moyenne, de 2hectol.,5 et la population française de 36039364 habitants, on demande ce qui doit rester de la récolte, après le prélèvement de la consommation et des 15000000 hectol. de semence pour la récolte suivante.

495. Pour chaque degré de chaleur, depuis zéro (0°) jusqu'à l'eau bouillante :

L'eau se dilate en *volume* de 0,000435 = $\frac{1}{2300}$,
L'acool — de 0,001111 = $\frac{1}{900}$,
L'air et tous les autres gaz de 0,003660 = $\frac{1}{278}$.
Cela étant, que devient, à la température de 23° (23 degrés), le volume d'un mètre cube d'eau prise à zéro ?

496. — Si l'on fait chauffer jusqu'à 64° de chaleur de l'eau prise à 18° et contenue exactement dans un vase de 12 litres, quelle sera la quantité de liquide qui sortira du vase par l'effet de la dilatation ?

497. — Quelle sera la dilatation ou l'augmentation de volume de 2l,5 d'air, en passant de 14° à 25° ?

498. La dilatation linéaire du fer étant de 0,000011821 par degré de chaleur depuis zéro (0°) jusqu'à l'eau bouillante (100°), exprimez en millimètres quel sera, à la température de 33°, l'allongement d'une barre de fer ayant 10 mètres de longueur à 0°.

499. — Les fils de fer des télégraphes électriques étant ajoutés par bouts de mille mètres, on désire savoir de combien chaque bout peut s'allonger dans une journée où la température de l'air, commençant à 25° s'élèverait jusqu'à 56°.

500. — Faites connaître l'allongement qu'une chaleur de 60° peut produire sur les rails des chemins de fer, lesquels ont 5 mètres de longueur, pris à 0°.

501. — Connaissant, par les données des trois problèmes précédents, la quantité dont peuvent s'allonger les rails des chemins de fer, qui ont 5 mètres de long, s'il s'agissait de construire une voie ferrée en Egypte, au Caire, par exemple, où la chaleur du Soleil s'élève à l'ombre jusqu'à 54 degrés, quel espace faudrait-il laisser à chaque joint d'assemblage, pour que la dilatation des rails se fît sans obstacle ? Les rails sont supposés pris à 0°.

502. — Il résulte des quatre problèmes précédents qu'il faut ménager, à chaque jonction des rails, dans

la construction des chemins de fer, un intervalle suffisant pour laisser un libre jeu aux effets de la dilatation. Sans cette précaution, c'est-à-dire si les rails étaient continus et en contact immédiat, quel serait l'allongement d'un chemin de fer de 50 kilomètres, les rails étant pris à 0°, et se trouvant ensuite exposés à la température de 60° que le Soleil produit dans certains pays ?

PROBLÈMES

SUR LA DIVISION DES NOUVELLES MESURES.

503. Quel est le débit, par minute, d'une fontaine qui donne 320 litres d'eau à l'heure ?

504. On emploie communément 180 kilog. de seigle pour ensemencer 1 hectare de terrain. Quelle étendue pourrait-on ensemencer avec 37^1,9 du même grain ?

505. Estimez en milles marins la longueur du câble électrique qui joint l'Angleterre à Terre-Neuve, longueur égale à 3796000 mètres. Le mille marin vaut 1852 mètres.

506. Il faut environ 240 kilog. de pommes pour obtenir 1 hectolitre de gros cidre ou cidre pur. Combien faut-il de kilog. de pommes pour 1 litre de cette boisson ?

507. Puisque l'hectolitre d'avoine pèse moyennement 47 kilog. (probl. 236), combien d'hectolitres doit-on compter dans un chargement de 940 kilog. d'avoine ?

508. Un bon ouvrier tond jusqu'à 20 moutons ou brebis par jour, et reçoit 30 francs pour 100 toisons. Combien cela fait-il pour chaque bête ?

509. Il faut 100 kilog. de blé pour ensemencer 1 hectare de terrain de médiocre qualité. Quelle étendue peut-on ensemencer avec 375 kilog. de ce grain ?

510. Quel est le poids d'un cocon de ver à soie, sachant qu'il faut 500 cocons pour faire 1 kilog. en moyenne ?

511. En estimant à 1ᵐ,45 l'espace que chaque cheval occupe en largeur dans une écurie, combien pourrait-on placer de chevaux, côte à côte et sur un seul rang, dans une écurie de 24 mètres de long ?

512. L'hectolitre de blé, première qualité, pesant 81 kilog., quelle quantité pourrait-on en placer sur un plancher capable de supporter une charge de 5000 kil.?

513. Exprimez en lieues de 4 kilomètres la distance à laquelle se trouve du Soleil la planète Saturne, la plus éloignée de notre système, distance qui est de 460 millions de myriamètres.

514. Le moût de raisin contient environ un quart de son poids de sucre. Quelle quantité de cette substance y a-t-il dans 37ˡ,43 de moût ?

515. Puisque le mûrier produit 40 kilog. de feuilles, à l'âge de 20 ans (probl. 454), combien faudrait-il planter de ces arbres pour pouvoir, à 20 ans de là, recueillir 1320 kilog. de feuilles, la plantation réussissant ?

516. La statistique démontre qu'en France on consomme deux fois plus de sel que de sucre; or, la consommation de chaque individu étant de 6ᵏ,5 de sel, on demande à combien s'élève celle du sucre.

517. Le volume d'eau débité par un ruisseau est tel qu'il peut, à chaque minute, remplir un baquet de 12 litres. Quel est le débit du ruisseau, par seconde ?

518. Un hectolitre de graines du vulpin des prés pèse exactement 7 fois moins que pareil volume de graines de luzerne, lequel pèse 77 kilog. Quel est le poids d'un hectolitre de la première graine ?

519. Quand on dit, en termés de marine, que deux navires sont à 6 encablures l'un de l'autre, cela veut dire qu'il y a 1169m,424 de distance d'un navire à l'autre. Quelle est, en mesures métriques, la valeur d'une encablure ?

520. Cinquante kilog. de pain sont salés convenablement lorsqu'ils contiennent 1 kilog. de sel. Combien entre-t-il de sel dans le pain de 1 kilog. ?

521. Un chameau peut faire jusqu'à 200 kilom. en un seul jour ou 1200 kilom. en 8 jours sans boire ni manger. Quelle est la vitesse de marche de l'animal dans ces deux cas ?

522. Le gallon, mesure anglaise de capacité pour les liquides, équivaut à 4l,543. Combien faut-il de gallons pour un hectolitre ?

523. La plus grande vitesse qu'on ait obtenue dans les courses d'hommes pour une distance de 4000 mètres, a été de 4m,58 par seconde. On demande le temps que le coureur a dû mettre pour exécuter cette course.

524. Puisqu'il faut 3 hectolitres de maïs pour un hectare de terrain (probl. 477), quelle étendue pourrait-on ensemencer avec 7h,1 du même grain ?

525. Un œuf d'autruche qui pèse 1k,375 équivaut, en poids, à 27 œufs de poule, de moyenne grosseur. Combien pèse l'œuf de poule ?

526. Certaines eaux minérales contiennent jusqu'à 20 pour 100 de leur poids de sel. Combien 1 kilog. de ces eaux-là peut-il produire de kilog. de sel ?

527. La consommation du lait dans la ville de Paris étant estimée à raison de 300 mille litres par jour, on désire savoir combien il faut de vaches laitières pour produire cette quantité de liquide, sachant d'ailleurs qu'une vache bien nourrie et bien portante peut donner 18 litres de lait par jour.

528. Dans une maison dont le 5e étage est à 17m,6 au-dessus du pavé, on veut construire un escalier

dont les marches n'aient que 16 centimètres de hauteur.; quel sera le nombre des marches ?

529. Dans l'espace de 1,800 ans le Delta du Rhône s'est accru de 3 lieues communes. Sachant que ces lieues-là équivalent à 4445 mètres, estimez en kilomètres l'accroissement annuel du Delta.

530. La fumée s'élève, dans les cheminées, avec une vitesse moyenne de $4^m,5$ par seconde, calculez le temps qu'une colonne de fumée emploie à parcourir une cheminée de $17^m,2$ de hauteur.

531. La toison des gros moutons pèse, en moyenne, $5^k,5$; combien faut-il de ces bêtes pour produire 100 kilog. de laine ?

532. Voulez-vous connaître le poids d'un cheval de force moyenne, divisez 1615 par 7 ; le quotient plus le reste exprimera en kilogrammes le poids en question.

533. Les oscillations du pendule (fig. 16, probl. 1412) sont isochrones, c'est-à-dire qu'elles conservent sensiblement la même durée, quoique l'amplitude aille sans cesse en diminuant. Ce principe établi, si l'on fait osciller un pendule pendant 17 minutes et qu'au bout de ce temps on ait compté 356 oscillations, quelle sera la durée d'une oscillation ?

534. Dans une minute de temps, le cheval fait $85^m,8$ de chemin au pas, $190^m,2$ au trot, et 378^m au galop. Quel temps met-il à faire un kilomètre, dans ces trois cas ?

535. Le karat ou le poids qui sert à peser les diamants et les pierres précieuses équivaut à $205^{millig.},5$. Estimez en karats le poids du diamant d'Agrah, le plus gros des diamants connus et qui pèse 133 grammes.

536. Il faut 4 millions de grains de blé pour le semis d'un hectare. Combien, pour un pareil semis, faut-il de décalitres de blé d'Odessa, sachant que le litre contient 13480 grains.

537. Lorsque l'on verse de l'eau ou tout autre liquide dans un litre déjà rempli d'une graine sphérique, comme des pois ou du millet, la quantité de ce liquide qui peut se loger dans le vide que les graines laissent entre elles s'élève à $\frac{1}{4}$ de litre. Cela posé, faites connaître, en fraction décimale, quelle est la portion du litre réellement occupée par les graines.

538. L'expérience démontre qu'en mesurant 10 litres de millet dans le litre, on a 5 décilitres de moins que si on les avait mesurés, tout d'un coup, dans le décalitre. Cela étant, combien perd-on, à chaque mesure, en se servant du litre ?

539. Sachant que le lit de la Loire a un mètre de pente par 3000 mètres de longueur, exprimez, en millimètres, ce qu'est une pente semblable, par rapport à une table de marbre ayant un mètre de long.

540. On sait qu'un boulet de 12 parcourt 500 mètres par seconde à sa sortie du canon (probl. 175). Cette vitesse correspond à 5000 mètres en 10 secondes, à 3000 mètres ou 7 $\frac{1}{2}$ lieues de 4 kilom. par minute, à 18000 kilom. ou 450 lieues par heure. Cela posé, quel temps faudrait-il à un semblable boulet qui conserverait toute sa vitesse initiale, pour franchir les 152 millions de kilom. qui mesurent la distance moyenne de la Terre au Soleil ?

541. Un moulin ordinaire en bon état peut moudre, en 24 heures, 45 sacs de blé de 100 kilog. Dans le même temps, un bon moulin à bras, mû par deux hommes, peut moudre 440 kilog. de blé. On demande le nombre d'hommes qu'il faut pour remplacer le travail d'un moulin ordinaire.

542. Dans une construction où la disposition du local ne permet pas de donner plus de 15 marches à l'escalier, quelle hauteur faudra-t-il donner à ces marches, si l'étage auquel on veut arriver est à 3^m,45 au-dessus du sol ?

543. En temps de paix, la ration de fourrage des chevaux dans l'armée française est de 5 kil. de foin, 3^k,6 d'avoine ; celle des mulets, de 4 kilog. de foin et 3 kilog. d'avoine. On demande combien on peut faire de rations de cheval ou de mulet, avec 567 kilogr. d'avoine et 634 kilog. de foin.

544. Douze hectolitres de houille mesurés comble équivalent à 15 hectol. mesurés ras. Quelle différence y a-t-il, par hectolitre, entre les deux manières de mesurer ?

545. Un fil de fer de 1 millimètre de diamètre supporte 41^{kilog},84. Combien faudrait-il de fils semblables réunis en faisceau, pour soutenir une forte meule de moulin qui pèse ordinairement 3000 kilog. ?

546. On veut remplacer une barre de cuivre fondu par une barre de cuivre laminé ; mais à section égale la première supporte un poids de 21 kilog., tandis que la seconde ne peut supporter que 13^k,39. On demande quelle sera, dans ce cas, la section relative à donner à la barre de cuivre laminé.

547. Tandis qu'un fil de fer de 1 millimètre de diamètre supporte un poids de 41^k,84, un fil de cuivre jaune de même dimension supporte seulement 12^k,61. Cela étant, combien faut-il de fils de ce dernier métal pour représenter la force du premier ?

548. Cent degrés du thermomètre centigrade valent 80 degrés du thermomètre Réaumur. Combien 1 degré Réaumur vaut-il de degrés centigrades, et combien 1 degré centigrade vaut-il de degrés Réaumur ?

549. Dans les colléges de l'Etat, on donne aux élèves pour boisson un volume de vin mêlé à 3 volumes d'eau. Combien y a-t-il de décilitres de vin dans un litre de ce mélange ?

550. Il faut, en moyenne, 15 litres de lait pour faire un demi-kilog. de beurre, et 100 kilog. de lait frais pour faire 11 kilog. de fromage gras. Quelles quantités de lait faut-il pour faire un kilog. de fromage ou un kilog. de beurre ?

551. En supposant la vitesse ordinaire du Rhône, entre Lyon et Avignon, égale à celle de 2^m,6 par seconde, que le fleuve possède à Beaucaire, on demande le temps qu'il faut, à une barque abandonnée au courant de l'eau, pour franchir la distance de 235^k,5 qui sépare les deux premières villes.

552. On sait que le mètre cube d'eau pèse 1000 kil. Sachant, d'un autre côté, que le mètre cube d'air pèse 1^k,293, calculez combien de fois l'air est plus léger que l'eau.

553. Du temps de S. Louis, en 1249, Damiette était un port de mer. Maintenant (1867) cette ville se trouve à 8 mille mètres environ du rivage, séparée de la mer par les atterrissements du Nil. Pour qu'un pareil dépôt de limon ait pu se former dans l'espace de 617 ans, de combien de mètres a-t-il dû s'accroître chaque année ?

554. La lumière franchit l'espace avec une vitesse de 30831^k,643 par seconde. Si donc le Soleil venait à s'éteindre subitement, quel temps faudrait-il pour qu'on s'en aperçût sur la Terre, dont la distance moyenne à cet astre est de 152 millions de kilom. ?

555. En botanique, on appelle *arbre (arbor)*, celui qui dépasse 5 fois la taille de l'homme ; *arbuscula*, celui qui ne la dépasse pas 5 fois ; *arbuste ou arbrisseau (frutex)*, celui qui ne l'atteint pas 3 fois. Sachant donc que la taille moyenne de l'homme est de 1^m,6, comment doit-on classer ou désigner trois végétaux dont l'un a 4^m,7 de hauteur ; le second, 6^m,4 ; le troisième, 9 mètres ?

556. L'orge d'hiver rend moyennement 30 hectolitres par hectare ; or, sachant que la quantité de semence employée pour cette surface est de 250 à 380 litres, dites combien de fois cette espèce de grains rend la quantité de semence.

557. On sème le seigle à raison de 225 litres en moyenne par hectare, et le rendement en grains est de 10 fois la semence. Quelle quantité de grains devra-t-on récolter sur une terre de 1 are de superficie ?

558. Il ne faut à l'électricité et à la lumière que $\frac{1}{10}$ de seconde pour faire le tour du Globe terrestre qui est de 10015 lieues de 4 kilomètres. Quel temps faudrait-il à l'un ou à l'autre de ces fluides pour aller de la Terre à la Lune dont la distance moyenne est de 96000 lieues ?

559. Le flot met à peu près 4 heures pour remonter la Seine, depuis Quillebœuf jusqu'à Rouen dont la distance est d'environ 86 kilomètres. Quelle est, entre ces deux villes, la vitesse par heure de la marée montante ?

560. Au trot des malles-poste, un cheval parcourt $4^m,44$ par seconde ; combien de temps doit-il mettre pour faire un kilomètre ?

561. La vitesse des chevaux aux courses du Champ-de-Mars étant de $15^m,6$ par seconde, on demande en combien de temps un cheval allant de la sorte peut parcourir un kilomètre.

562. Le cheval, au galop, fait 100 pas et parcourt 378 mètres dans une minute. On demande quelle est, dans ce cas, la longueur du pas de l'animal et sa vitesse par seconde.

563. Lorsque le cheval marche au trot, il fait 158 pas et parcourt $190^m,2$ dans une minute. Quelle est, dans ce cas, la longueur du pas de l'animal et sa vitesse par seconde ?

564. Lorsque le cheval marche au pas, il fait 107 pas et parcourt $85^m,8$ dans une minute. Quelle est, dans ce cas, la longueur du pas du cheval et sa vitesse par seconde ?

565. Si l'on divise la population d'un département, d'un canton, par leur superficie évaluée en kilomètres carrés, le quotient que l'on obtient exprime ce qu'on appelle la *population spécifique* de ce département, de ce canton, ou, ce qui revient au même, le nombre d'habitants qui correspond à 1 kilom. carré. Partant de ces données, quelle est la population spécifique du Calvados qui compte 478397 habitants, et dont la superficie est de 5520kilom. car.,72?

566. Si l'on divise la population de la France qui est de 36039364 habitants par les 530278kilom. car.,91 qui forment sa superficie, le résultat 67963 (en nombre rond 68) que l'on trouve au quotient exprime le nombre d'habitants qui correspond à 1 kilomètre carré, ce qui veut dire qu'en France il y a, moyennement, 68 habitants par kilomètre carré. Partant de là, combien d'habitants y a-t-il par kilomètre dans le département de la Mayenne dont la population est de 373841 habitants et la superficie de 5170kilom. car.,63 ?

567. Sachant que 1 litre d'eau de mer pèse 1k,026, combien de litres du même liquide faudra-t-il pour représenter exactement le poids de 1 kilog. ?

568. La vitesse des pigeons-voyageurs de l'Amérique étant, par heure, de 25 lieues de poste, on désire savoir dans combien de temps ces oiseaux peuvent se rendre de Marseille à Bruxelles dont la distance est de 925 kilomètres. La lieue de poste vaut 3898 mètres.

569. Lorsqu'un fantassin marche au pas accéléré, il fait, dans une minute de temps, 100 pas équivalant à 66 mètres, et 120 pas équivalant à 81 mètres lorsqu'il marche au pas de charge. Dans quel cas le pas est le plus long et de combien ?

570. Les eaux de la Seine à Paris ayant une vitesse moyenne de 0m,65 par seconde, quel temps mettent-elles pour franchir la distance de 247123 mètres qui sépare cette ville de celle de Rouen. On suppose la vitesse constante entre ces deux points.

571. Combien peut-on placer de chevaux côte à côte, sur un seul rang, dans une écurie de 33m,35 de lon-

gueur, sachant que l'espacement des chevaux doit être de 1^m,45 ?

572. Le canon obusier de 12 coûte à l'État 1550 fr. (valeur de matière seulement), le prix du bronze étant de 2^f,50 le kilog. Déterminez le poids du canon.

573. La ductilité de l'or est si grande qu'on peut, avec 32 grammes de ce métal, recouvrir un fil d'argent de 440 mille mètres de longueur. Faites connaître la quantité d'or contenue dans un mètre linéaire de ce fil.

574. Deux cents kilog. de feuilles de mûriers suffisent pour élever un décagramme de graines ou œufs de ver à soie. Quelle quantité de ces graines peut-on élever, dans un domaine où l'on récolte annuellement 8000 kilog. de feuilles ?

575. On a vu qu'il faut 30 litres de lait, terme moyen, pour obtenir 1 kilog. de beurre, ce qui fait 33^{gr},3 de beurre par litre de lait ; or, comme une bonne vache donne environ 64 kilog. de beurre par an, combien de lait donne-t-elle ?

576. D'après le probl. 514, le moût de raisin contient environ $\frac{1}{4}$ de son poids de sucre. Cela étant, si, par l'évaporation on fait réduire 25 kilog. de moût à 18 kilog., quelle sera la quantité de sucre contenue dans ces 18 kilog. ?

577. Quel temps faudrait-il pour faire le tour de la Terre, en suivant l'Équateur qui a 40 millions de mètres, à un homme qui marcherait toujours au pas de course, dans sa plus grande vitesse, c'est-à-dire à raison de 16^{kilom},488 par heure ?

578. On plonge dans de l'eau chaude une tige d'étain de 1 mètre de long, prise à 20°, et peu d'instants après la tige s'est allongée de 1 millimètre. Faites connaître la température de l'eau, sachant d'ailleurs que l'étain se dilate de 0,00002173 pour chaque degré de chaleur depuis 0° jusqu'à 100°.

579. Dans les meilleures machines à vapeur, à

haute pression, on brûle au moins 3 kilog. de houille par heure pour une force de cheval, et 4 kilog. dans les machines à basse pression, en les supposant toujours bien construites. Admettant donc cette proportion, calculez la force, en cheval-vapeur, d'une machine à basse pression brûlant 35 kilog. de houille par heure, et la force d'une machine à haute pression qui brûlerait 70 kilog. dans le même temps.

580. L'expérience enseigne qu'à mesure qu'on s'élève dans l'air, on trouve une température de plus en plus basse et qui, dans nos climats, baisse généralement de 1° pour 150 mètres d'élévation. Cela posé, quelle température doit-on rencontrer au sommet d'une montagne haute de 3500 mètres, si, au même moment, la température du pied est de 10° par exemple?

581. Une personne qui veut acheter du pain a calculé qu'avec 1f,05 il peut avoir 3 kilog. de la première qualité, tandis qu'avec 7 centimes de plus il aurait 4 kilog. de la seconde. A quels prix faut-il que les deux qualités se vendent pour que ce calcul soit exact?

582. On veut donner 38 aubes à une roue hydraulique de 21m,9 de circonférence. A quelle distance les aubes seront-elles les unes des autres, en comptant de centre à centre?

583. Quand on dit qu'un plan est à l'échelle de 1 pour 10 ou au 10e; de 1 pour 100 ou au 100e; de 1 pour 1000 ou au 1000e, etc., cela signifie que 1 mètre mesuré sur le papier représente 10 mètres, ou 100 mètres, ou 1000 mètres, etc., sur le terrain, et réciproquement. Cela posé, si l'on voulait lever un plan au 10e, ou, ce qui est la même chose, à l'échelle de 1 pour 10, par quelle longueur réelle faudrait-il représenter sur le papier 1 mètre pris ou mesuré sur le terrain? (1)

---

(1) On appelle *échelle de proportion* ou *de réduction* ou simplement *échelle*, une ligne droite divisée en parties égales, qui indique dans quelles proportions les objets représentés sur le papier se trouvent avec les mêmes objets représentés dans leurs grandeurs natu-

584. — Par quelle longueur 1 mètre mesuré sur le terrain se trouve-t-il représenté sur un plan qui est à l'échelle de 1 pour 100 ?

585. — Si l'échelle d'un plan est au 1000ᵉ ou de 1 pour 1000, par quelle longueur 1 mètre pris sur le terrain doit-il être représenté sur le plan ?

586. — L'échelle dont on fait usage dans le cadastre et les Eaux-et-Forêts, est de 1 mètre pour 2500 mètres, ce qui veut dire que la longueur de 1 mètre mesuré sur les plans représente 2500 mètres sur le terrain, et réciproquement. Cela posé, exprimez par quelles longueurs sont représentées sur les feuilles des plans cadastraux les distances de 1, 10, 100, 1000, 500 mètres mesurés sur le terrain.

587. — Sur le dessin d'une statue réduite au 20ᵉ de sa grandeur réelle on trouve, de la tête aux pieds, une distance de 14 centimètres. Faites connaître la grandeur réelle de la statue, et à quelle échelle le dessin a été fait.

588. Cent parties d'eau ordinaire dissolvent 37 parties de sel de cuisine, de sorte

Fig. 1. Echelle de 1 millimètre par mètre.

---

relles. C'est dans ce sens que l'on dit d'un plan quelconque qu'il est à l'échelle de 1 pour 10 ou au 10ᵉ; de 1 pour 100 ou au 100ᵉ; de 1 pour 1000 ou au 1000ᵉ, etc., pour indiquer que 1 mètre (ou toute autre unité de mesure), pris sur le papier, représente 10 mètres, ou 100 mètres, ou 1000 mètres sur le terrain. Quoique les divisions de l'échelle puissent être prises à volonté, elles sont ordinairement égales à une subdivision du mètre. Une échelle très-adoptée est celle de 1 millimètre par mètre (fig. 1).

qu'une dissolution *saturée* en renferme 27 pour 100. Cela étant, quelle quantité de sel faut-il pour saturer 1 litre d'eau, et, réciproquement, quelle quantité d'eau pour dissoudre à saturation 1 kilog. de sel ?

EXERCICES SUR LA LECTURE ET L'ÉCRITURE DES NOMBRES QUI EXPRIMENT DES SURFACES.

Lire les nombres suivants :

889. 2m. c.,15 — 5a,02 — 7kilom.,8 — 9m. c.,48 — 8a,05.

890. 6kilom.,208 — 5m. c.,04 — 3hectar.,06 — 2kilom.,07 — 0m. c.,38.

891. 5hectar.,3127 — 0kilom. car.,041 — 19a,3 — 4m. c.,6 — 3kilom. car.,261.

892. 0m. c.,05 — 6hectar.,0101 — 8kil. car.,05 — 4m. car.,736 — 9hectar.,7.

893. 0kilom. car.,053 — 7m. c.,061 — 0a,8 — 5m. c.,002 — 10kilom. car.,5.

894. 0m. car.,306 — 2hectar.,009 — 8m. car.,043 — 0k. car.,13 — 0m. car.,001.

895. 1hectar.,0316 — 9kilom. car.,102 — 0m. car.,004 — 0hectar.,08 — 5m. car.,2426.

896. 4kilom. car.,007 — 9ar.,1 — 0m. car.,8007 — 1k. car.,002 — 0hectar.,1005.

897. 1m. car.,4003 — 7kilom. car.,036 — 8hectar.,015 — 0m. car.,2005 — 0kilom. car.,0028.

898. 0ar.,07 — 3m. car.,0019 — 29kil. car.,01 — 5hectar.,002 — 0m. car.,0037.

899. 4kilom. car.,95 — 2m. car.,5006 — 0hectar.,0205 — 0m. car.,46203 — 1m. car.,000207.

Écrire en chiffres les nombres suivants :

600. Trois ares six centiares. — Quatre mètres carrés douze décimètres carrés. — Huit kilomètres carrés sept cent mille mètres carrés. — Cinq mètres carrés dix-neuf décimètres carrés. — Six ares trois centiares.

601. Sept mètres carrés un décimètre carré. — Trois kilomètres carrés cent six mille mètres carrés. — Six hectares deux ares. — Cinq kilomètres carrés trente mille mètres carrés. — Dix-huit décimètres carrés.

602. Deux hectares quarante-un ares douze centiares. — Un kilomètre carré trente-quatre mille mètres carrés. — Onze ares soixante centiares. — Neuf mètres carrés vingt décimètres carrés. — Sept kilomètres carrés cent neuf mille mètres carrés.

603. Trois décimètres carrés. — Quatre hectares quatre ares un centiare. — Huit kilomètres carrés cinquante mille mètres carrés. — Deux mètres carrés seize décimètres carrés trente centimètres carrés. — Six hectares quatre-vingts ares.

604. Deux kilomètres carrés trente-cinq mille mètres carrés. — Neuf mètres carrés huit décimètres carrés dix centimètres carrés. — Quarante centiares. — Cinq mètres carrés soixante centimètres carrés. — Quatre kilomètres carrés deux cent mille mètres carrés.

605. Cinquante décimètres carrés dix centimètres carrés. — Trois hectares vingt ares quarante centiares. — Cinquante centimètres carrés. — Six ares. — Sept mètres carrés quarante-trois décimètres carrés deux centimètres carrés.

606. Deux hectares trois ares vingt-cinq centiares. — Cinq kilomètres carrés deux cent sept mille mètres carrés. — Quarante centimètres carrés. — Sept ares. — Quatre mètres carrés douze décimètres carrés seize centimètres carrés.

607. Six kilomètres carrés cinq mille mètres carrés.
— Huit ares vingt centiares. — Quarante décimètres
carrés trois centimètres carrés. — Un kilomètre carré
mille mètres carrés. — Dix ares deux centiares.

608. Un mètre carré trente décimètres carrés quatorze centimètres carrés. — Trois kilomètres carrés
vingt-huit mille mètres carrés. — Deux hectares un are
cinquante centiares. — Cinquante décimètres carrés
un centimètre carré. — Sept kilomètres carrés seize
mille mètres carrés.

609. Quatre mètres carrés vingt-cinq centimètres
carrés. — Trois centiares. — Quinze kilomètres carrés
quarante mille mètres carrés. — Six hectares neuf
centiares. — Quatre-vingt-un centimètres carrés.

610. Un are deux centiares. — Neuf kilomètres carrés quatre cent trente mille mètres carrés. — Un mètre
carré soixante décimètres carrés quatre centimètres
carrés. — Un décimètre carré vingt millimètres carrés.
— Trois mètres carrés quarante centimètres carrés
cinq millimètres carrés.

PROBLÈMES SUR LES SURFACES.

611. Il est entré 16000 carreaux dans le carrelage
d'une salle. Sachant qu'il faut 80 carreaux par mètre
carré et que le mètre revient à 3f,4, faites connaître
ce qu'on a dépensé pour ce travail.

612. Un carreau hexagone présente une surface de
2500 millimètres carrés. Combien faudrait-il de carreaux semblables pour paver un vestibule de 27m. cár.,5
de surface ?

613. Le semis qu'exige une bonne culture est de
4 grains de blé par décimètre carré. Combien faut-il
de grains pour un hectare de terrain ?

614. Quelle différence y a-t-il 1° entre le *dixième* du mètre carré et le *décimètre carré*, 2° entre le *centième* du mètre carré et le *centimètre carré*, 3° entre le *millième* du mètre carré et le *millimètre carré* ?

615. Quelle est la surface des essuie-mains, qui ont ordinairement 0m,9 de longueur sur 0m,8 de largeur?

616. Combien y a-t-il de décimètres et de centimètres carrés dans la surface d'une vitre qui a 49 centimètres de hauteur sur 375 millimètres de largeur ?

617. Quelle est, en hectares, ares ou centiares, la superficie d'un champ de forme rectangulaire dont les côtés sont 89m,3 et 134 mètres ?

618. La porte d'une école a 2m,35 de hauteur, 1m,28 de largeur ; quelle est sa surface en mètres carrés et centimètres carrés ?

619. Combien y a-t-il de décimètres carrés et de centimètres carrés dans la surface des ardoises flamandes qui ont 27 centimètres sur 16 ?

620. Quelle est, en centimètres carrés, la surface des ardoises (carré fin, modèle d'Angers) qui ont 30 centimètres de longueur et 22 centimètres de largeur ?

621. Pour qu'une école de moyenne grandeur puisse être convenablement aérée et éclairée, il faut que les fenêtres aient 1m,35 de largeur sur deux mètres 60 décimètres de hauteur. Cela posé, quelle est la surface qui correspond à ces dimensions ?

622. Quelle surface peut-on couvrir avec un rouleau de papier de tenture dont la longueur est toujours de 8 mètres et la largeur ordinaire de 50 centimètres ?

623. Exprimez en décimètres carrés et centimètres carrés la surface d'un rectangle qui a 48 centimètres de longueur sur 37 centimètres de largeur.

624. Quelle est la surface d'un carré de 3 mètres 820 millimètres de côté ?

625. Quelle est la superficie d'une cour ayant 25 mètres de long sur 15 de large ?

626. La longueur des serviettes de table ou de toilette varie entre 0m,84 et 0m,9 , et leur largeur entre 0m,6 et 0m,75. Quelle est leur surface dans les deux cas ?

627. Quelle est la plus grande de deux prairies dont l'une est un rectangle ayant 48 mètres de base, 27 mètres de hauteur, et la seconde, un carré de 36 mètres de côté ?

628. On a dallé un vestibule de 28 mètres carrés de superficie, en employant des dalles carrées de 65 centimètres de côté. Combien est-il entré de dalles dans cet ouvrage ?

629. Combien faut-il d'ardoises (grandes communes) qui ont 27 centimètres sur 19, pour couvrir un mètre carré ?

630. On veut planchéier une salle de 12m,65 de longueur sur 7m,2 de largeur, en employant des planches de 4 mètres de long sur 0m,28 de large ; combien faudra-t-il de ces planches ?

631. Combien de carreaux de 25 centimètres de côté faudrait-il pour carreler une école de 6m,82 de longueur sur 5m,03 de largeur ?

632. Combien faut-il de carreaux ayant 20 centimètres de côté pour carreler un grenier de 9m,6 sur 6m,48 ?

633. Combien de mètres carrés de toit peut-on couvrir avec 1000 ardoises (petites communes), qui ont 24 centimètres de long sur 11 centimètres de large ?

634. Quelle est la base d'un rectangle dont la hauteur égale 8m,8 et la surface 136 mètres carrés ?

635. Le plancher d'une salle d'études a 8 mètres 13 centimètres de long et 56 mètres carrés de surface. Quelle est la largeur du plancher ?

636. Pour les lits qui ont 1ᵐ,15 à 1ᵐ,3 de largeur, il faut, par paire de draps, 19 à 20 mètres carrés d'étoffe (fil ou coton) ayant 1ᵐ,20 de largeur. Quelle longueur d'étoffe faut-il acheter pour chaque paire de draps ?

637. Une salle ayant la forme d'un carré long a 43 mètres carrés de surface ; l'un de ses côtés a 7ᵐ,82 de largeur ; quelle est la longueur de l'autre côté ?

638. Quelqu'un veut créer un jardin rectangulaire qui ait 2000 mètres carrés de surface et 68 mètres de longueur. Quelle sera la largeur du jardin ?

639. On veut construire une cour de récréation pour 100 élèves à raison de 2ᵐ·ᶜᵃʳ,5 par élève. On veut, de plus, que cette cour ait 20ᵐ,75 de largeur ; la longueur restant indifférente. Quelle sera cette longueur ?

640. Toute bergerie doit avoir une étendue telle qu'il y ait 1 mètre carré pour chaque mouton, et 0ᵐ·ᶜᵃʳ,75 pour les agneaux. Si donc on voulait construire pour 150 brebis et 50 agneaux une bergerie rectangulaire de 8 mètres de largeur, quelle longueur faudrait-il lui donner ?

641. Une cloison haute de 4 mètres et de 5ᵐ,5 de longueur a été faite avec des briques posées de champ, de 24 centimètres de longueur sur 12 centimètres de largeur. Déterminez le nombre de briques employées.

642. Combien faudrait-il de rouleaux de papier peint, qui ont ordinairement 8 mètres sur 0ᵐ,5, pour couvrir les 4 murs d'une salle ayant 7ᵐ,45 de long, sur 4ᵐ,98 de large, 3ᵐ,65 de hauteur ?

643. La superficie du territoire français est de 530278ᵏⁱˡᵒᵐ·ᶜᵃʳ,91 ; or, le kilomètre carré ou le carré de 1000 mètres de côté renfermant 1 million de mètres carrés, exprimez en hectares, 1° la surface du kilomètre carré ; 2° la superficie totale du territoire.

644. Que faudrait-il payer, à raison de 0ᶠ,75 le mètre carré, pour la peinture des quatre murs et du plafond d'une salle d'école rectangulaire dont la longueur est de 8^m,64, la largeur 5^m,2 et la hauteur 3^m,35 ? On ne tiendra pas compte des portes ni des fenêtres.

645. Les baraques destinées au campement des troupes ont 4^m,6 de largeur sur 6^m,6 de longueur, pour 20 hommes ; 4^m,6 sur 5^m,3 pour 16 hommes ; 2^m,6 sur 5^m,3 pour 8 hommes. D'après ces données, quel est l'espace occupé par chaque homme et quel nombre de baraques faut-il pour loger 3000 hommes dans chacun des trois systèmes ?

646. D'après les règlements, les salles destinées aux exercices des enfants dans les salles d'asile doivent avoir la forme d'un rectangle ou carré long d'au moins 4^m de largeur sur 10 de longueur pour 50 enfants ; d'au moins 6 mètres de largeur sur 12 de longueur pour 100 enfants, et d'au moins 8 mètres de largeur sur 16 à 20 mètres (en moyenne 18 mètres) pour 200 à 250 enfants (en moyenne 225). On demande le nombre de décimètres carrés que chaque enfant doit occuper dans ces trois cas.

PROBLÈMES

SUR LA LECTURE ET L'ÉCRITURE DES NOMBRES QUI EXPRIMENT DES VOLUMES.

Lire les nombres suivants :

647. 2m. cub.,327 — 5m. cub.,048 — 0m. cub.,413 — 6m. cub.,005.

648. 0m. cub.,006 — 3m. cub.,81 — 0m. cub.,05 — 0m. cub.,1.

649. 4m. cub.,156273 — 0m. cub.,300714 — 2m. cub.,088003 — 0m. cub.,200047.

650. 0m. cub.,0904 — 9m. cub.,00536 — 0m. cub.,20008.

651. 1m. cub.,633450217 — 0m. cub.,050032681 — 0m. cub.,000009036.

652. 0m. cub.,00300029 — 3m. c.,0000524 — 0m. c.,0080007
— 0m. cub.,0000065.

653. 14décim. cub.,561 — 7décim. cub.,013 — 0déc. cub.,819
— 5décim. cub.,006.

654. 0décim. cub.,012 — 1décim. cub.,18 — 0décim. cub.,04
— 10décim. oub.,5.

655. 8décim. cub.,615352 — 0décim. cub.,700015 —
4décim. cub.,068001.

656. 0déc. cub.,400087 — 0déc. cub.,0509 — 8déc. cub.,00356
— 0décim. cub.,70002.

Ecrire les nombres suivants :

657. Trois mètres cubes quatre cent six décimètres
cubes.

658. Huit mètres cubes cinq cent vingt-un décimètres
cubes.

659. Sept cent dix-neuf décimètres cubes.

660. Un mètre cube trente trois décimètres cubes.

661. Quatre mètres cubes cinq décimètres cubes.

662. Cinq mètres cubes soixante décimètres cubes.

663. Huit cent trente décimètres cubes.

664. Deux mètres cubes cent vingt décimètres cubes.

665. Neuf mètres cubes six cent quatorze décimètres
cubes soixante-trois centimètres cubes.

666. Huit cent trois décimètres cubes deux cent cinq
centimètres cubes.

667. Cinq mètres cubes soixante-un décimètres cubes
sept centimètres cubes.

668. Neuf cent décimètres cubes trente-six centimètres
cubes.

669. Sept mètres cubes trente-trois décimètres cubes deux centimètres cubes quatre millimètres cubes.

670. Un décimètre cube huit cent trois centimètres cubes.

671. Vingt-quatre centimètres cubes.

672. Trois décimètres cubes six centimètres cubes.

673. Quatre cent vingt centimètres cubes.

674. Huit décimètres cubes cent treize centimètres cubes cinq cent quarante-sept millimèt. cubes.

675. Deux cent centimètres cubes neuf cent un millimètres cubes.

676. Quatre décimètres cubes cinq centimètres cubes six millimètres cubes.

677. Quarante-deux centimètres cubes quarante-deux millimètres cubes.

PROBLÈMES SUR LES VOLUMES.

678. Quelle différence y a-t-il 1° entre un décimètre cube et un dixième de mètre cube, 2° entre un centimètre cube et un centième de mètre cube, 3° entre un millimètre cube et un millième de mètre cube ?

679. Quel est le volume d'un cube de 1^m,67 d'arête ?

680. Combien y a-t-il de mètres cubes ou de décimètres cubes dans une poutre équarrie de 7 mètres de long, 0^m,28 de large, et 0^m,36 de hauteur ou d'épaisseur ?

681. Quel est, en décimètres cubes, le volume intérieur ou la capacité d'une caisse dont les trois dimensions sont égales à 0^m,65 de côté ?

682. Exprimez, en décimètres, centimètres et millimètres cubes, le volume d'un bloc de pierre de forme rectangulaire ayant 0ᵐ,83 de longueur, 0ᵐ,51 de largeur, 0ᵐ,34 de hauteur.

683. Pour que le local où l'on couche ou dans lequel on séjourne habituellement se trouve dans des proportions convenables et de bonnes conditions hygiéniques, il faut qu'il ait 5 mètres de longueur et de largeur sur 3 à 4 mètres de hauteur, soit, en moyenne, 3ᵐ,5. D'après cela, quel est le volume intérieur ou la capacité d'une chambre établie dans ces proportions ?

684. Combien y a-t-il de mètres cubes d'air dans une salle d'école qui a 9 mètres de long, 5ᵐ,4 de largeur, sur 4ᵐ,15 de hauteur ?

685. Pour qu'une école se trouve dans des proportions convenables et de bonnes conditions hygiéniques, il faut que la salle de classe présente, par élève, 1 mètre carré de surface et une hauteur de 4 mètres. En conséquence, estimez le nombre de mètres cubes d'air que peut renfermer une classe destinée à 35 élèves, et construite suivant les données qui précèdent.

686. Combien coûterait, à raison de 4ᶠ,5 le mètre cube, la construction d'un mur ayant 15 mètres de long, 3ᵐ,75 de hauteur, 0ᵐ,5 d'épaisseur ?

687. L'homme adulte, dans son état ordinaire, respire en général vingt fois par minute ; or, comme à chaque inspiration il aspire et exhale une quantité d'air qu'on évalue à 655 centimètres cubes, on demande le nombre de litres de ce fluide qui entrent dans les poumons, par minute, par heure et par jour.

688. Deux ouvriers mineurs ont creusé en un jour une fosse de 3 mètres de longueur, 2ᵐ,5 de largeur, sur 2 mètres de profondeur. Ils ont reçu pour ce travail 11ᶠ,75 ; à combien revient le mètre cube ?

689. L'Arche de Noë avait 309 coudées de long, 50 coudées de large et 30 de haut. En estimant à 525 millimètres la valeur de l'ancienne coudée, calculez en

mesures métriques le volume intérieur ou la capacité de l'Arche.

690. Dix-huit litres de bon charbon de terre fournissent 3 mètres cubes et demi de gaz d'éclairage, et suffisent pour donner, pendant 40 heures, une lumière égale à celle d'un bon quinquet. D'après cela, combien faut-il de litres de charbon ou de gaz pour entretenir la même lumière pendant une heure seulement ?

691. Combien faut-il de planches en bois de 4 mètres de longueur sur 0m,28 de largeur et 0m,04 d'épaisseur, pour former un mètre cube ?

692. De nombreuses expériences ont démontré qu'il faut 10 mètres cubes d'air pour brûler complétement un kilog. de bois, et 20 mètres cubes pour brûler un kilog. de houille. Cela posé, quelle est, en poids, la quantité de ces deux combustibles qu'on peut brûler avec l'air contenu dans une salle de 5 mètres de long, 4 mètres de large, sur 3m,5 de hauteur ?

693. On veut recouvrir d'une couche de gravier de 10 centimètres d'épaisseur une allée de 16 mètres de largeur sur 356 mètres de longueur. Combien faudra-t-il de mètres cubes de gravier ?

694. Quel est le troisième côté d'un parallélipipède, son volume étant 65 mètres cubes et ses deux autres côtés 4m,58 et 6 mètres ?

695. Un fermier veut construire une fosse qui ait 8m,4 de longueur, 1m,55 de profondeur, et qui puisse contenir 20 mètres cubes de fumier. Quelle sera la largeur de la fosse ?

696. Je veux un tombereau qui contienne exactement un mètre cube de matériaux, mais qui n'ait que 2 mètres de longueur sur 0m,89 de largeur. Quelle hauteur faut-il donner à la caisse ?

697. On veut construire un bassin de forme rectangulaire qui puisse contenir 6500 litres d'eau, avec une base de 1ᵐ,83 de côté. Quelle sera la hauteur ou la profondeur du bassin ?

698. Une poutre équarrie qui a 21 centimètres de largeur et d'épaisseur cube 1ᵐ·ᶜᵘᵇ,4. Quelle est sa longueur à un centimètre près ?

699. Le débit moyen du Rhin à Bâle étant de 1100 mètres cubes par seconde, la largeur du fleuve de 350 mètres et la vitesse de ses eaux de 1ᵐ,9 par seconde, faites connaître la profondeur du fleuve en cet endroit.

700. On estime à 28 mètres cubes, en moyenne, la quantité d'air nécessaire à un cheval tenu dans une écurie. Or, comme on accorde à chaque cheval un espace de 7 mètres superficiels, ou 4 mètres de longueur sur 1ᵐ,75 de largeur, quelle hauteur faut-il donner au plancher pour que le local ainsi circonscrit renferme 28 mètres cubes d'air ?

701. Il est reconnu qu'à la température ordinaire de nos contrées, qui est de 10°,67, 1 mètre carré d'une surface liquide laisse évaporer une tranche d'eau de 1 millimètre d'épaisseur par 24 heures. A ce compte, combien 1 kilomètre carré de la surface de la mer perd-il chaque jour de mètres cubes ou de litres d'eau par l'effet de l'évaporation ?

702. Sachant que le blé pèse 75 kilog. l'hectolitre, en moyenne, on désire connaître le poids que supporte, par mètre carré, un plancher ayant 6 mètres de long, 4 mètres de large, et couvert d'une couche de blé de 40 centimètres d'épaisseur.

703. Combien de mètres cubes ou de litres faut-il qu'une pluie répande sur 1 hectare de terrain pour que le sol reçoive une couche d'eau de 10 centimètres d'épaisseur ?

704. Il tombe annuellement, dans nos contrées, sur toute la surface du sol, une quantité de pluie capable de couvrir cette surface à une hauteur de 50 à

60 centimètres, soit, en moyenne, 55 centimètres. Cela étant, si l'on recueillait dans un réservoir quelconque, une citerne par exemple, l'eau pluviale qui tombe chaque année sur une toiture de 120 mètres carrés de surface horizontale, quelle serait, en litres, le volume d'eau recueilli au bout de l'année ?

705. On évalue à $0^m,865$ la tranche de liquide qui s'évapore, chaque année, dans certaines parties de la France, sur une masse d'eau exposée à l'air libre. Supposant donc qu'un étang de 40 hectares d'étendue soit alimenté par une source, combien doit-elle débiter par jour pour pouvoir maintenir l'eau de l'étang au même niveau, ou, ce qui revient au même, pour compenser la déperdition résultant de l'évaporation ?

706. Puisque, d'après le probl. 186, l'homme exhale 18 décimètres cubes d'acide carbonique par heure, et qu'il suffit de 4 pour cent de ce gaz pour vicier un volume d'air déterminé, calculez quelle capacité, au *minimum*, il faut donner à une école, pour que 50 élèves puissent y séjourner sans danger pour la santé pendant la durée d'une classe, c'est-à-dire pendant 4 heures ?

707. Un bon ouvrier terrassier peut, dans une journée de 10 heures, fouiller et charger sur brouettes 15 mètres cubes de terre végétale. Un bon rouleur peut aussi, dans le même temps, transporter une égale quantité de terre à 30 mètres de distance, à l'aide d'une brouette chargée chaque fois de $\frac{3}{100}$ de mètre cube. Cela posé, pour que les deux ouvriers ne s'attendent pas, c'est-à-dire pour qu'il n'y ait pas perte de temps, quel est le chemin que le rouleur doit faire par minute ?

PROBLÈMES

SUR LES RAPPORTS DES DIVERSES MESURES DU SYSTÈME MÉTRIQUE.

Rapports du mètre avec le diamètre des monnaies.

708. Vingt-deux pièces de 5 francs en argent, plus une pièce de 50 centimes, rangées en droite ligne sur le bord d'une table, font exactement la longueur de la table ; quelle est cette longueur?

709. Combien faut-il de pièces de 2 fr. pour qu'en les plaçant bout à bout à la suite de 19 pièces de 5 fr., en argent, on puisse faire exactement la longueur du mètre?

710. Quelle longueur obtiendrait-on, si l'on marquait en ligne droite, sur une règle, 32 fois le diamètre d'une pièce de 10 centimes, plus 2 fois le diamètre d'une pièce de 2 centimes ?

711. Combien faut-il de pièces de 2 francs, pour qu'en les mettant bout à bout à la suite de 20 pièces de 1 franc, on puisse obtenir la longueur exacte du mètre ?

712. Quelle longueur obtient-on lorsqu'on retranche 4 fois le diamètre de la pièce de 5 centimes, de 10 fois le diamètre de la pièce de 2 centimes ?

713. Quelle longueur obtient-on en retranchant le diamètre de la pièce de 2 centimes, du diamètre de la pièce de 10 centimes ?

714. Quelle longueur doit-on trouver lorsqu'on retranche le diamètre de la pièce de 5 francs, en or, du diamètre de la pièce de 50 centimes ?

715. Quelle différence trouve-t-on, en comparant diamètre à diamètre :
1° la pièce de 5 fr. (argent) avec la pièce de 100 fr.
2°   —   10 cent.   —   50 fr.

3° la pièce de 20 fr. avec la pièce de 10 fr.
4°   —   1 fr.   —   20 fr.
5°   —   10 fr.   —   5 fr. (or)
6°   —   5 fr. (or)   —   1 cent.
7°   —   2 fr.   —   5 cent.
8°   —   5 cent.   —   1 fr.
9°   —   2 cent.   —   50 cent.

716. Faites connaître la différence qu'il y a d'un diamètre à l'autre, entre :

1° la pièce de 50 francs et la pièce de 5 centimes.
2°   —   20 fr.   —   50 cent.
3°   —   1 fr.   —   2 cent.
4°   —   2 cent.   —   5 fr. (or).
5°   —   10 cent.   —   2 fr.
6°   —   50 cent.   —   1 cent.

717. En comparant diamètre à diamètre :

1° la pièce de 20 francs et la pièce de 5 francs (or),
2°   —   5 cent.   —   20 fr.
3°   —   1 fr.   —   10 fr.
4°   —   10 fr.   —   1 cent.
5°   —   2 fr.   —   1 fr.

on trouve une égale longueur dans tous les cas ; faites connaître cette longueur.

718. Quels résultats obtient-on en comparant diamètre à diamètre ?

1° la pièce de 100 francs et la pièce de 10 centimes.
2°   —   50 fr.   —   1 fr.
3°   —   1 fr.   —   50 cent.
4°   —   2 cent.   —   1 cent.
5°   —   10 cent.   —   5 cent.
6°   —   5 cent.   —   2 cent.

719. Déterminez la longueur qu'on obtient en retranchant :

1° le diam. de la pièce de 20 f. de celui de la p. de 2 f.
2°   —   1 cent.   —   20 f.
3°   —   10 fr.   —   5 c.
4°   —   5 fr. (or)   —   1 f.

720. Quelle différence y a-t-il entre :

1° le diam. de la pièce de 100ᶠ et celui de la p. de 50 f.
2°   —   50 fr.   —   20 f.
3°   —   5 fr. (argent)   —   10 c.
4°   —   10 cent.   —   1 f.
5°   —   5 cent.   —   50 c.
6°   —   2 fr.   —   2 c.

721. On veut connaître les résultats qu'on obtient en retranchant :

1° le diam. de la pièce de 2ᶠ du diam. de la p. de 100 f.
2°   —   2 cent.   —   50 f.
3°   —   10 fr.   —   2 f.
4°   —   1 cent.   —   1 f.

722. Quelles longueurs obtient-on lorsqu'on retranche :

1° le diam. de la p. de 10ᶠ du diam. de la p. de 50 f.
2°   —   50 fr.   —   5 f. (arg.)
3°   —   20 fr.   —   10 cent.
4°   —   50 cent.   —   2 fr.

723. Quelles longueurs obtient-on en plaçant bout à bout, en ligne droite, 1° nos cinq différentes pièces d'or, 2° nos 5 pièces d'argent, 3° nos 4 pièces de bronze ?

PROBLÈMES

SUR LES RAPPORTS DU POIDS DES MONNAIES AVEC LEUR VALEUR.

724. Quel poids forme-t-on 1° avec la pièce de 1 centime., 2° avec la pièce de 20 centimes ?

725. Quel poids forme-t-on 1° avec 5 pièces de 2 centimes; 2° avec une pièce de 10 cent., 3° 10 pièces de 20 centimes , 4° 4 pièces de 50 centimes; 5° 2 pièces de 1 franc , 6° 1 pièce de 2 francs ?

726. Quel poids forme-t-on ?

1° avec 10 pièces de 10 centimes.
2° — 4 pièces de 5 francs (argent).
3° — 1 pièce de 10 cent. + 18 pièces de 5 cent.
4° — 2 — + 16 —
5° — 3 — + 14 —
6° — 4 — + 12 —
7° — 5 — + 10 —
8° — 6 — + 8 —
9° — 7 — + 6 —
10° — 8 — + 4 —
11° — 9 — + 2 —
12° — 5 — + 2 pièces de 5 fr.
13° — 5 pièces de 5 cent. + 3 —
14° — 10 pièces de 50 cent. + 3 —

727. Quel poids forme-t-on ?

1° avec 100 pièces de 10 centimes.
2° — 100 pièces de 2 francs.
3° — 40 pièces de 5 francs.
4° — 100 pièces de 5 cent. + 20 pièces de 5 fr.
5° — 50 — + 30 pièces de 5 fr.
6° — 180 — + 10 pièces de 10 c.
7° — 160 — + 20 —
8° — 140 — + 30 —
9° — 120 — + 40 —
10° — 100 — + 50 —
11° — 80 — + 60 —
12° — 60 — + 70 —
13° — 40 — + 80 —
14° — 20 — + 90 —

728. Combien faut-il de pièces de 5 centimes pour représenter le poids de 1 hectogramme ?

729. Parmi les diamants renommés par leur grosseur et leur éclat, le plus beau, sinon par son poids, du moins par sa forme régulière et sa parfaite limpidité, est le *régent* qui surmonte la couronne impériale de France. Ce diamant pèse autant qu'une pièce de 5 francs (argent) et trois pièces de 1 centime réunies. Quel est le poids de ce diamant ?

730. Combien pèsent ensemble 11 pièces de 5 francs (argent), 17 pièces de 2 francs, 14 pièces de 10 centimes, 9 pièces de 0f,50 ?

731. Si l'on voulait former un poids équivalant à 345 grammes avec des pièces de 1 franc, combien faudrait-il de ces pièces ?

732. Combien faut-il de pièces de 50 centimes pour former un poids équivalant à 85 grammes ?

733. Combien faut-il mettre de pièces de 10 centimes dans le plateau d'une balance pour faire équilibre à un kilogramme placé dans l'autre plateau ?

734. Quelle est la somme d'argent qui pèse 14 kil. ?

735. Quelle est la somme d'or qui pèse 483ᵍ,84 ?

736. Un porte-monnaie qui pèse à vide 29 grammes pèse 203ᵍ,1932 quand il est plein de pièces de 10 fr. Combien, dans ce cas, contient-il de pièces ?

737. Quel est le nombre de pièces de 5 francs contenues dans un million d'argent monnayé, et quel est le poids de cette somme ?

738. Quel est le nombre de pièces de 10 francs contenues dans un million d'or monnayé, et quel est le poids de cette somme ?

739. Quel est le poids de 1200 fr. en argent et en or ?

740. Quelle somme contient, en monnaie de bronze, un sac qui pèse 7ᵏ,85, si le sac vide pèse 265 gram. ?

741. Quel poids obtient-on en pesant ensemble 1° nos cinq pièces d'or, 2° nos cinq pièces d'argent, 3° nos quatre pièces de bronze ?

742. Combien le franc contient-il de grammes d'argent fin ?

743. Quel est le poids total du cuivre contenu dans 9 pièces de 2 fr. ?

744. Faites connaître, en poids, la quantité d'étain contenue dans une somme de 6ᶠ,5 en monnaie de bronze.

745. Combien y a-t-il, en poids, d'argent fin et de cuivre dans une somme de 27 francs en argent ?

746. Que vaut 1 gramme d'argent monnayé ?

747. Que vaut 1 gr. d'argent fin à 1000 *millièmes* ?

748. Que vaut 1 kilogramme d'argent monnayé ?

749. Que vaut 1 kilog. d'argent fin à 1000 *millièmes* ?

750. Que vaut 1 gramme d'or monnayé ?

751. Que vaut 1 gramme d'or fin à 1000 *millièmes* ?

752. Que vaut 1 kilogramme d'or monnayé ?

753. Que vaut 1 kilog. d'or fin à 1000 *millièmes* ?

754. Combien faut-il de kilog. d'argent pour 1 kilog. d'or ?

755. Connaissant la quantité de fin (1) que contiennent les monnaies françaises, déterminez le rapport de valeur de l'or à l'argent monnayés.

---

(1) A l'occasion d'une convention monétaire conclue entre la France, la Belgique, l'Italie et la Suisse, le Gouvernement français a été obligé de modifier le titre des pièces de 2 francs, 1 franc, 50 centimes et 20 centimes.

Par une loi du 26 juin 1866, la fabrication de ces pièces a été ordonnée au titre de 835 millièmes de fin, au lieu du titre uniforme de 900 millièmes que toutes les pièces avaient auparavant et auquel restent soumises les autres monnaies d'or et d'argent.

Cette modification, imposée par une impérieuse nécessité, n'altère pas cependant l'essence de notre système monétaire dans ses rapports avec le système général des poids et mesures.

756. A poids égal l'or vaut 15 $\frac{1}{2}$ fois plus que l'argent. D'après cela, déterminez le poids de nos 5 pièces d'or.

757. Puisque, d'après le problème précédent, à poids égal, l'or vaut 15 $\frac{1}{2}$ fois plus que l'argent, il en résulte qu'une somme en or pèse 15,5 fois moins que la même somme en argent. Cela étant, combien pèse 1345 francs en or, et combien valent 521 grammes de monnaie d'or ?

758. Quelle somme d'argent monnayé peut-on fabriquer, en pièces de 2 francs, avec un lingot d'argent fin pesant 4$^{kilog.}$,725, et quel est le poids de cuivre qui doit y être allié dans les deux cas ?

759. Quelle est la valeur numéraire du cuivre contenu dans chacune de nos cinq pièces d'argent ?

760. Quelle est la valeur numéraire du cuivre contenu dans chacune de nos cinq pièces d'or ?

761. Pour les pièces d'or, la tolérance de poids (1) en *fort* et en *faible*, ou, ce qui est la même chose, en *plus* et en *moins*, est de

32$^{millig.}$	,26	pour les pièces de	100 francs.
16	,13	—	50
12	,90	—	20
6	,45	—	10
4	,84	—	5

Cela étant, quel est le poids le plus fort et le plus faible que puisse avoir chacune de ces pièces ?

762. Pour les pièces d'argent, la tolérance de poids en fort et en faible est de

75$^{millig.}$	pour la pièce de	5 francs.
50	—	2 francs.

---

(1) Dans la fabrication des monnaies, on appelle *tolérance de poids* la différence que la loi tolère, en plus et en moins, par rapport au *poids droit*.

25$^{\text{millig.}}$ pour la pièce de 1 franc.
17,5   —   50 centimes.
10   —   20 centimes.

Quel est le poids le plus fort et le poids le plus faible que puisse avoir chacune de ces pièces ?

763. Pour les pièces de bronze, la tolérance de poids en fort et en faible est de

0^{g},100 pour les pièces de 10 centimes.
0 ,050   —   5 centimes.
0 ,030   —   2 centimes.
0 ,015   —   1 centime.

Quel est le poids le plus fort et le plus faible que puisse avoir chacune de ces pièces ?

764. Combien, dans chaque espèce de pièces, celles qui ont le poids le plus fort valent-elles plus que les autres. Il s'agit ici de la valeur intrinsèque et non de la valeur légale qui est la même dans les pièces de même nom, quelle que soit la différence des poids.

PROBLÈMES

SUR LES RAPPORTS DU POIDS DE L'EAU AVEC LES MESURES DE CAPACITÉ OU DE VOLUME.

765. Quel est le poids de 25 litres d'eau ? (1)

766. Quel est le poids d'un centimètre cube d'une pierre qui pèse 3 fois plus que l'eau ?

767. Si une carafe pleine d'eau pèse 2$^{\text{kilog.}}$,05, abstraction faite de son poids, combien de litres de liquide doit-elle contenir ?

768. Combien faut-il de pièces de 10 centimes pour faire équilibre à 1 litre d'eau pure ?

---

(1) Il s'agit ici de l'eau distillée ou de l'eau de pluie. Mais comme son poids diffère très-peu du poids de l'eau ordinaire, on prend indifféremment l'un pour l'autre, dans les opérations qui n'exigent pas une grande approximation.

769. Quel est , en mètres ou décimètres cubes , le volume d'une masse d'eau pesant 486$^{kilog.}$,3 ?

770. Une bouteille vide pèse 533 grammes et tient 3^l,4. Quel serait son poids si on la remplissait d'eau ?

771. Un flacon plein d'eau pèse 950 grammes , vide il pèse 183 grammes. Quel est le poids de l'eau et son volume en centimètres cubes ?

772. Quel est le poids de 2 litres $\frac{4}{4}$ d'acide sulfurique concentré qui pèse 1,841 fois autant que l'eau?

773. On pèse un arrosoir plein d'eau et l'on trouve son poids égal à 9^k,8. Cela fait, on vide l'arrosoir que l'on pèse seul, et son poids n'est plus, cette fois, que de 1^k,257. Combien de litres ce vase peut-il contenir ?

774. Quelle est la quantité d'eau qui pèse autant que 519 francs en argent monnayé ?

775. Que vaut une somme d'argent qui pèse autant que 1 litre 64 centilitres d'eau ?

776. Si l'on versait 25 litres d'eau dans un bassin dont le fond horizontal aurait 1 mètre carré de surface , quelle serait l'épaisseur de la tranche d'eau ?

777. On trouve dans tous les ouvrages de Physique ou de Chimie une table des *densités* , ou mieux des *pesanteurs spécifiques* des principaux corps solides , liquides ou gazeux qui existent dans la nature. La connaissance de ces poids est utile dans une multitude de circonstances , par exemple , toutes les fois qu'on a besoin d'avoir le poids d'un corps et qu'on ne peut se procurer facilement que son volume ; tel est le cas d'une colonne, d'une pyramide , d'un bloc ou d'un corps quelconque, qu'il est impossible de peser directement. Dans ce cas, pour avoir le poids demandé , il suffit de connaître le volume du corps et son poids spécifique , en observant que l'eau est toujours le terme de comparaison quand il s'agit des corps solides , ou liquides , et que les gaz et les vapeurs infiniment plus légers que l'eau sont comparés à l'air atmosphérique.

Supposons donc qu'on désire savoir ce que pèse 1 décimètre cube de cuivre ; on cherchera dans la table le poids spécifique de ce métal qui se trouvera de 8,788 ; ce qui veut dire que le cuivre pèse 8,788 fois un pareil volume d'eau ; or, comme le décimètre cube ou le litre d'eau pèse 1 kilog., le décimètre cube de cuivre pèsera 8,788 fois 1 kilog. ou 8ᵏ,788.

Veut-on savoir également ce que pèse 1 décimètre cube de vapeur d'eau, on trouvera dans la table que sa pesanteur spécifique est 0,6235 ; ce qui veut dire que la vapeur d'eau pèse 0,6235 fois un pareil volume d'air. Le décimètre cube ou le litre d'air pèse 1ᵍ,293187 ou plus simplement 1ᵍ,293 ; donc le décimètre cube ou le litre de vapeur d'eau pèsera 0,6235 fois 1ᵍ,293 = 0ᵍ,808...

Il résulte aussi de ce qui précède que pour un corps quelconque on obtiendra :

1° *Son poids, en multipliant son volume par sa densité* ;

2° *Son volume, en divisant son poids par sa densité* ;

3° *Sa densité, en divisant son poids par son volume.*

D'après ces données, combien pèse un lingot d'or de 23 centimètres cubes, sachant que l'or est 19,2581 fois plus lourd que l'eau ?

778. — Quel est le poids de 2 litres de mercure, métal 13,598 fois plus pesant que l'eau ?

779. — Le platine pur, qui est le plus lourd des métaux et de tous les corps connus, pèse, à volume égal, 19,5 fois autant que l'eau. On demande ce que pèse un morceau de platine de 3 décimètres cubes.

780. — Quel serait le poids d'une colonne en marbre de Paros dont le volume serait 1ᵐ·ᶜᵘᵇ·,125, sachant que la pesanteur spécifique de cette substance est 2,8376 ?

781. — Deux tonneaux de 120 litres chacun sont pleins, l'un de vin de Bourgogne, l'autre d'alcool absolu. On désire connaître le poids de chacun des deux liquides, sachant que la densité de l'alcool est 0,792 et celle du vin de Bourgogne 0,991.

782. — L'obélisque de Louqsor placé sur la Place de la Concorde, à Paris, est formé d'un seul bloc de granit cubant 84 mètres cubes. Pourriez-vous dire ce que pèse ce monolithe, sachant que la substance dont il est composé est 2,75 fois plus pesante que l'eau ?

783. — Une laitière apporte au marché 6 litres de lait, qu'elle vend, et rapporte 1 décalitre d'huile d'olive. Quelle était la charge de la laitière en allant et en retournant ? Il faut savoir que la densité du lait est 1,03 et celle de l'huile 0,915.

784. — Un voiturier s'est engagé de transporter, à raison de 3 francs les 100 kilog., une meule de moulin cubant 0$^{m. cub.}$,784. On demande ce que coûtera ce transport, sachant que la densité de la pierre meulière est 2,484.

785. — Combien pèse une poutre de bois de sapin qui a 4^m,35 de long, 27 centimètres de largeur et 18 centimètres d'épaisseur, sachant que ce bois pèse à peu près les 0,54 du poids de l'eau ?

786. — Quel est le poids d'une planche de noyer, de 3 mètres de long, 42 centimètres de largeur, 6 centimètres d'épaisseur, sachant que le noyer pèse les 0,92 du poids de l'eau ?

787. — Faites connaître le poids de 34^l,2 d'oxygène, sachant que ce gaz est 1,106 fois plus lourd que l'air atmosphérique qui pèse 1^g,293 par décimètre cube.

788. — Déterminez le poids de 1 mètre cube d'hydrogène, sachant que sa densité est 0,0691.

789. — Quand l'huile d'olive, dont la densité est 0,915, revient à 1^f,80 le kilog., à combien revient le litre ?

790. — Dans une ville où le marbre travaillé paye un droit d'entrée de 4 francs par mètre cube, que doit-on payer pour un bloc pesant 783 kilog., sachant que la densité du marbre en question est 2,8376 ?

791. — Quelle capacité faut-il donner rigoureusement à un tonneau dans lequel on veut transporter 115 kilog. d'eau de mer dont la densité est 1,026 ?

792. — On demande le volume d'un bloc d'étain pesant 15^k,8, sachant que la densité de ce métal est 7,291.

793. — Quel est le volume d'un verre à boire en cristal, pesant 186 grammes, sachant que cette substance pèse 3,33 plus que l'eau ?

794. — Quel est le volume de 100 grammes de zinc, dont la densité est 6,861 ?

795. — Une statuette en fonte dont la densité est 7,207 pèse 623 grammes. Que pèserait-elle si elle était en argent dont la densité est 10,4743 ?

796. — Trente grammes d'or battu et réduit en feuilles fournissent 40 mètres de surface. Quelle est l'épaisseur de ces feuilles, sachant qu'à poids égal le volume de l'or est 19,26 fois plus petit que celui de l'eau ?

797. — Quelle est la densité d'une brique dure très-cuite pesant 1^k,404 et ayant 25 centimètres de long, 12 de large, 3 d'épaisseur ?

798. — Une ardoise ayant 30 centimètres de long, 25 de large, et 5 millimètres d'épaisseur, pèse 528^g,5. Quelle est donc la densité de cette substance ?

799. — Un décimètre cube d'une certaine pierre à bâtir pèse 1^k,8. Quelle est la densité de cette pierre ?

800. — Une masse d'eau contenue dans un vase de forme quelconque exerce sur les parois de ce vase et sur les corps qui y sont plongés, des pressions qui sont proportionnelles à la surface de la paroi ou de la portion de paroi que l'on considère, à la hauteur et à la densité du liquide (1). Ces pressions sont égales au poids d'une colonne d'eau qui aurait pour base la paroi et pour hauteur la hauteur verticale de ce liquide au-dessus de son centre de gravité (2). Ces prin-

---

(1) Le principe est vrai, quelles que soient les parois du vase, c'est-à-dire qu'elles soient cylindriques, verticales, ou qu'elles aillent en s'élargissant ou en se rétrécissant.

Si l'on a un vase plein d'eau et qu'on divise, par la pensée, la masse liquide en couches très-minces, aussi minces qu'on voudra, on concevra sans peine que la seconde couche du liquide soit pressée par tout le poids de la première ; que la troisième supporte la charge de la seconde plus le poids de cette dernière ; qu'enfin la quatrième supporte la troisième plus sa double charge, et ainsi de suite. Or, ce qui a lieu pour la colonne entière renfermée dans le vase, a lieu pour les filets verticaux dont on peut la regarder comme formée, tout comme cela aurait lieu pour une série de briques empilées verticalement les unes au-dessus des autres.

Un tube plein d'eau dont la section aurait 1 décimètre carré de surface, contiendrait 10 kilog. d'eau s'il avait 1 mètre de hauteur (voir notre Arith. in-12, page 145, fig. 6). De là cette approximation qu'il est bon de retenir, que la pression de l'eau, soit sur le fond d'un vase, soit sur les corps qui y sont plongés, est d'environ 10 kilog. par décimètre carré de la surface, pour chaque mètre d'enfoncement, et par conséquent de 1 kilog. par décimètre carré pour chaque décimètre d'enfoncement. Si l'on prend le *centimètre* pour unité de mesure, la pression se trouve naturellement exprimée en *grammes*.

(2) Il faut consulter les ouvrages de Physique ou de Mécanique pour bien comprendre ce qu'on entend par *centre de gravité*. Mais il nous suffit ici d'indiquer que dans les surfaces régulières, les seules dont nous ayons à nous occuper, le centre de gravité n'est autre chose que le *centre de figure*. Ainsi le centre de gravité des parallélogrammes ABCD (fig. 2 et 3), considérés comme une surface matérielle homogène, est à l'intersection O de ses diagona-

Fig. 2.   Fig. 3.   Fig. 4.   Fig. 5.

5

cipes posés, on demande quelle est, au fond d'un lac de 83 mètres de profondeur, la pression exercée par l'eau sur chaque décimètre carré.

801. — Calculez la pression qu'exerce le liquide sur le fond d'un bassin entièrement rempli d'eau et ayant 3 mètres de longueur, 2 mètres de largeur, 1^m,5 de profondeur.

802. — Quel effort faut-il déployer pour soulever une soupape de 1 décimètre carré de surface, et placée au fond d'un réservoir à 1^m,8 au-dessous du niveau de l'eau ?

803. — Dans certains endroits la mer a jusqu'à 10 mille mètres de profondeur. Là chaque décimètre carré supporterait une pression de 100000 kilog., si l'eau de mer avait le même poids que l'eau ordinaire; mais comme la première pèse environ 26 grammes, par décimètre cube, de plus que la seconde, on demande le poids que le fond de la mer supporte par décimètre carré, à la profondeur indiquée.

804. — Exprimez en kilogrammes la force nécessaire pour soutenir contre la poussée de l'eau une vanne rectangulaire de 0^m,75 de largeur et ayant une charge d'eau de 1^m,43 au-dessus de son centre de gravité ou 2^m,86 au-dessus du seuil (1).

805. — Un particulier qui veut construire un bas-

---

les AC, BD, ou bien au milieu de la ligne qui coupe en deux parties égales deux quelconques de leurs côtés parallèles. Le centre de gravité de tout triangle ABG (fig. 4) se trouve sur la ligne AD qui joint le sommet au milieu de la base et au $\frac{1}{3}$ de cette ligne, à partir de la base. Le centre de gravité du cercle (fig. 5) est évidemment au centre de cette figure, etc.

(1) La surface mouillée d'une vanne ayant la forme d'un parallélogramme rectangulaire, son centre de gravité se trouve à égale distance du fond et du niveau de l'eau. Par conséquent, on obtiendra la pression de l'eau en multipliant la surface mouillée par la hauteur du liquide au-dessus du centre de gravité.

sin, au moyen de quatre murs rectangulaires de 15 mètres de longueur, désire connaître la pression totale que les murs auront à supporter lorsque l'eau aura 2^m,3 de hauteur dans le bassin.

806. — Si l'on a un tonneau plein d'eau de 1 mètre de hauteur (fig. 6), et qu'après avoir fixé, sur sa partie supérieure, un tube étroit de 1 centimètre de section et de 12 mètres d'élévation, on verse dans ce tube 1 kilog. d'eau, c'est-à-dire le volume qu'absorbe sa faible capacité, ce petit volume liquide suffira pour écarter les douves, faire jaillir le liquide par toutes les fentes, et même pour faire éclater le tonneau. D'après ces données, exprimez la pression que l'eau exerce, dans ce cas, sur les douves dont nous supposerons la surface totale égale à 2 mètres carrés, et le centre de gravité situé à 50 centimètres au-dessous de l'extrémité inférieure du tube (1).

---

(1) On fait cette expérience curieuse à peu de frais, en se servant d'un tube en plomb (fig. 6.) Quelque extraordinaire que paraisse un tel fait, la surprise cesse si l'on réfléchit que la hauteur du tube étant de 12 mètres et sa section de 1 centimètre carré, l'eau introduite dans ce tube pressera chaque centimètre de la surface intérieure du tonneau avec une force égale à 1^{kil}.,2 (note 1 du probl. 800). Or, cette force de pression est bien supérieure à celle à laquelle un tonneau ordinaire peut résister. On voit par là qu'avec une très-petite quantité d'eau on peut produire un effort aussi considérable qu'on voudra, en disposant sur une très-large base un tuyau très-long que l'on remplit de liquide, ce tuyau n'eût-il que quelques millimètres de diamètre. On concevra tout aussi bien que si, dans notre exemple, on remplaçait le tube par un piston chargé de 1^k,2, tout se passerait de la même manière. C'est le principe de la presse hydraulique, espèce de pompe foulante, avec laquelle un homme produit facilement des pressions de 50 mille kilog. (Voir, pour la description de cette machine, tous les traités de Physique ou de Mécanique.)

Fig. 6.

807. — On peut assez généralement estimer à 1m. car.,75, en moyenne, la surface totale du corps humain. Cela étant, exprimez en kilog. la compression qu'éprouve, dans tous les sens, l'homme qui plonge dans l'eau à 7 mètres de profondeur.

808. — Lorsqu'on descend dans une eau profonde un flacon à parois planes, vide et parfaitement bouché, il est rare qu'il parvienne à 20 mètres de profondeur sans être brisé par la pression du liquide. Supposons donc placé dans ces conditions un flacon formé de 4 parois latérales de 15 centimètres de hauteur sur 8 centimètres de largeur, quelle est, en kilogrammes, la charge d'eau capable de briser le flacon?

809. — Si l'on attache un poids à une bouteille vide et bouchée, pour la faire descendre à une certaine profondeur dans l'eau, le bouchon ne tarde pas à s'enfoncer du dehors au dedans, de quelque manière qu'on ait disposé la bouteille, et soit que le goulot ait été tourné vers le haut, vers le bas ou de côté. Or, en supposant qu'il faille une pression de 25 kilog. sur la tête du bouchon pour l'enfoncer dans la bouteille, calculez à quelle profondeur la pression du liquide devra produire cet effet, pour un bouchon dont la tête aurait 4 centimètres carrés de surface.

810. PRINCIPE D'ARCHIMÈDE. Tout corps plongé dans un liquide est soumis à l'action de deux forces opposées : la pesanteur qui tend à l'abaisser, et la poussée du liquide qui tend à le soulever avec un effort égal au poids même du liquide que déplace le corps.

Le poids de celui-ci est donc détruit en totalité ou en partie par la poussée du liquide, d'où il résulte *qu'un corps plongé dans un liquide perd une partie de son poids égale au poids du liquide déplacé* (1).

---

(1) La démonstration de ce principe s'applique non-seulement à tous les liquides, mais aussi à l'air et aux gaz, puisqu'ils sont pesants et soumis aux lois des pressions comme les liquides ; c'est pour

D'après ce principe, quel sera , dans l'eau, le poids d'un décimètre cube d'étain pur qui pèse 7^{kilog}.,291 dans l'air ?

811. — On pèse une fois dans l'air , une fois dans l'eau , un bloc de cuivre de 5 décimètres cubes. Faites connaître le poids qu'on obtient dans les deux cas , sachant que le cuivre pèse 8^{kilog}.,85 par décimètre cube.

812. — On veut retirer du fond d'une rivière un bloc de pierre de 210 décimètres cubes et pesant 560 kilog. dans l'air. En supposant qu'un homme ordinaire soulève 70 kilog., combien faudra-t-il d'hommes de même force pour manœuvrer le bloc , premièrement dans l'eau , secondement hors de l'eau ?

---

cela que le Principe d'Archimède s'énonce quelquefois en substituant au mot *liquide* le mot général de *fluide* qui convient, à la fois, aux gaz, aux vapeurs et aux liquides.

Lorsqu'un corps est plongé dans un fluide, il peut arriver trois cas.

1er CAS. Le corps est plus dense que le fluide ; dans ce cas , le poids du corps est plus grand que le poids du fluide déplacé , et ce corps tombe avec une force égale à leur différence.

2e CAS. Le corps plongé a le même poids que le fluide déplacé ; alors le poids du corps plongé étant égal à la poussée du fluide , le corps reste en équilibre au milieu de la masse fluide. L'ambre, la cire, le caoutchouc, la colophane, le corps humain, peuvent ainsi rester suspendus au milieu de l'eau ordinaire.

3e CAS. Le corps plongé pèse moins que le fluide déplacé ; dans ce cas, la poussée du fluide qui agit sur le corps de bas en haut étant plus grande que son poids, le corps remonte et flotte à la surface du fluide ; c'est le cas du bois , du liége, etc. , par rapport à l'eau, des ballons gonflés d'air chaud par rapport à l'air ordinaire.

On voit par là que la condition d'équilibre d'un corps qui flotte à la surface de l'eau , est que son poids soit égal à celui du liquide qu'il déplace. Ainsi 1 kilog. de matière prise dans un corps qui flotte sur l'eau déplace tout juste 1 kilog. d'eau, que ce corps ait d'ailleurs la légèreté du liége ou la pesanteur du bois le plus dense. Par la même raison, un bateau du poids de 50 mille kilog. déplace toujours 50 mètres cubes (voir probl. 820).

813. —— Un morceau d'ambre de 1 centimètre cube pèse exactement 1 gramme. Quel sera le poids de cette substance pesée dans l'eau ?

814. —— Déterminez le volume d'une statuette en marbre dont le poids est : dans l'air, de $5^k,4$; dans l'eau, de $3^k,7$? (1)

815. —— Un homme se pèse dans l'air et trouve son poids égal à 56 kilog. Il se pèse ensuite dans l'eau, et cette fois son poids n'est plus que de $3^k,47$. Quel est, dans ce cas, le volume du corps de l'homme ? (2)

816. —— Une masse de liége qui flotte sur l'eau déplace 1 décimètre cube ou 1 litre de ce liquide. Déterminez le poids du liége.

817. —— Calculez le volume d'eau déplacé par un plateau de bois qui flotte sur l'eau et qui pèse 134 kil. dans l'air.

818. —— Un nageur voudrait savoir quelle quantité de liége serait nécessaire pour le faire flotter, sans effort, à la surface de l'eau. On suppose que le corps du nageur déplace 60 litres d'eau, et l'on sait d'ailleurs que le corps humain pèse $1^k,066$ par décimètre cube, tandis qu'à volume égal le liége ne pèse que $0^k,24$.

---

(1) On voit par là que le Principe d'Archimède donne le moyen d'obtenir le volume d'un corps de la forme la plus irrégulière, lorsque ce corps n'est pas soluble dans l'eau.

(2) Il existe un autre moyen plus simple et plus commode pour déterminer le volume d'un corps quelconque. Il consiste à plonger ce corps dans un vase entièrement rempli d'eau. L'eau qui s'échappe du vase et qu'on a soin de recueillir dans un second vase, représente évidemment le volume du corps plongé. Il suffira donc de peser ou de mesurer cette eau pour avoir exactement le volume du corps plongé ; autant de kilog. on obtiendra par le pesage, ou de litres par le mesurage, autant de décimètres cubes on aura pour le volume cherché.

Supposons qu'entièrement plongée dans une baignoire, une personne déplace $74^k,5$ ou $74^l,5$ d'eau, le volume de cette personne sera évidemment de 74 décim. cub.,5.

819. — D'après le Principe d'Archimède , *un corps qui flotte sur un liquide plonge d'une quantité égale à son poids* ; déterminez le poids ou le *tonnage* d'un navire qui s'enfonce dans l'eau de manière à occuper la place de 537 mètres cubes.

820. — Quelle différence y a-t-il entre le volume d'eau déplacé par un navire dont la coque est en fer et le poids de 200000 kilog., et le volume d'eau déplacé par un navire en bois de même force et de même poids que le premier ? (1)

821. — On sait que le corps humain pèse $1^k,066$ et l'air $0^k,0013$ par décimètre cube. Cela étant, quelle est la quantité d'air pur que doit renfermer une vessie ou un gilet de sauvetage (2), pour qu'à l'aide d'un de ces appareils, une personne puisse se maintenir sans effort à la surface de l'eau, la tête hors du liquide. On suppose le poids de l'appareil tout à fait nul et le poids

---

(1) Un navire a toujours le même *tirant d'eau*, c'est-à-dire s'enfonce toujours à la même profondeur, quelles que soient les matières qui forment son chargement, pourvu que leur poids soit toujours le même ; or, comme ce poids plus celui du navire équivalent au poids du volume d'eau déplacé (probl. 810), il est facile d'obtenir la charge d'un navire en jaugeant ce volume d'eau. Chaque mètre cube équivaut à 1000 kilog. ou à un *tonneau*, d'où le mot de *tonnage* pour désigner la charge ou le port des navires.

(2) Le gilet de sauvetage n'est autre chose qu'une sorte de plastron de toile imperméable ou de caoutchouc que l'on remplit d'air à l'aide d'un robinet d'insufflation placé à la portée du nageur. Ce simple appareil, peu coûteux et nullement embarrassant, puisqu'il laisse aux membres leur entière liberté, suffit pour maintenir hors de l'eau, jusqu'à l'arrivée des secours, les personnes qu'un accident y a fait tomber. On peut juger par là de l'utilité de cet appareil pour les personnes exposées aux dangers de la navigation. Les bateliers chinois, qui sur les grandes rivières de ce pays forment une immense population, préservent leurs enfants contre les dangers d'une chute dans l'eau en suspendant au cou de leurs petits garçons une balle creuse de quelque matière légère qui les retient à la surface de l'eau lorsqu'ils y tombent ; de sorte qu'on repêche, en quelque sorte, les enfants comme ici on les ramasse.

de la personne égal à 55 kilog. dont 4 kilog. pour le poids de la tête.

822. — Déterminez le poids que peut enlever un ballon de 600 mètres-cubes à moitié rempli d'hydrogène pur, sachant qu'un litre d'air pèse 1ᵍ,3 et que le poids de l'hydrogène est, à volume égal, les 0,069 du poids de l'air. On suppose le poids du ballon et de tous ses accessoires égal à 150 kilog. On ne tiendra pas compte de la pression barométrique, ni de la température (1).

---

(1) De même que tout corps plus léger que l'eau, tel que le bois, le liège, une vessie remplie d'air, introduit dans le fond de l'eau, s'élève à la surface, de même, dans la masse d'air atmosphérique, l'air échauffé, l'hydrogène devront s'élever, à cause de leur légèreté spécifique, et la force ascensionnelle de ces gaz sera d'autant plus grande que la différence entre leur poids et celui de l'air déplacé sera elle-même plus grande.

Pour calculer la force ascensionnelle d'un ballon, ou, ce qui revient au même, le poids qu'il peut enlever, on le suppose parfaitement sphérique, et l'on calcule son volume en multipliant par 4,189 son rayon élevé à la troisième puissance. Soit donc un ballon rempli de gaz d'éclairage et d'un diamètre de 10 mètres. S'il était parfaitement gonflé, son volume serait de $5^3 \times 4{,}189 = 524$ mètres cubes ; mais comme, en général, au moment du départ le ballon n'est qu'à moitié gonflé, il faudra prendre pour volume la moitié de 524, soit 262 mètres cubes. Tel est donc le volume d'air déplacé au moment où l'ascension commence ; or, un litre d'air pesant 1ᵍ,3, 1 mètre cube pèse 1ᵏ,3 et 262 mètres cubes d'air pèsent 340 ᵏ. C'est la poussée qui tend à soulever le ballon ; mais, pour avoir la force ascensionnelle, il faut retrancher le poids du gaz renfermé dans le ballon, plus le poids du ballon qui se compose de l'enveloppe pesant environ 100 kil., et des accessoires, tels que filets, nacelle, parachute, lest, etc., pesant environ 50 kil. Or, le poids du gaz contenu dans le ballon est $262 \times 0^k{,}98 = 25^k{,}7$; ajoutant à ce poids celui de l'appareil égal à 150 kil., le poids à retrancher de 340 kil. est 175ᵏ,7 ; il reste donc 164ᵏ,3 pour la force d'ascension. Comme il suffit que cette force soit de 4 à 5 kilog. pour que la vitesse du ballon ne soit pas trop grande, on voit que le ballon peut enlever 160 kil., c'est-à-dire deux à trois personnes de poids moyen.

823. — Toutes les conditions du problème 822 restant les mêmes, on demande le poids que le ballon pourrait enlever si, au lieu d'être gonflé d'hydrogène pur, il l'était avec du gaz d'éclairage qui pèse 0ᵍ,98 par litre, ou d'air échauffé à 200 degrés qui pèse, par litre aussi, 0ᵍ,8.

824. — On sait que certaines provisions de bouche, notamment les olives, se conservent dans l'eau ordinaire salée à un degré convenable. Pour déterminer ce degré, les ménagères emploient la *méthode de l'œuf*, c'est-à-dire qu'elles plongent dans la dissolution un œuf de poule qui reste au fond tant que le liquide n'est pas suffisamment salé, et qui remonte à la surface dès que la dissolution est amenée au degré convenable. Cela posé, et sachant que la pesanteur spécifique de l'œuf frais est de 1,076 par rapport à celle de l'eau qui est 1, calculez à quelle densité il faut amener la dissolution saline, pour que l'œuf puisse flotter à la surface, moitié dedans, moitié dehors.

PROBLÈMES

SUR LA MESURE DU TEMPS.

Indépendamment des mesures qui font partie de notre système métrique, il en existe deux autres sortes qui ne sont pas soumises à la division décimale, mais que l'on doit rattacher à notre système des poids et mesures, parce qu'elles sont d'un usage général.

Ce sont les mesures de *temps* ou de *durée*, et les mesures du *cercle* ou de la *circonférence*.

Au moment où le système métrique fut décrété, ces deux espèces de mesures furent soumises aux divisions décimales ; mais bientôt, par des motifs qu'il *est* inutile de donner ici, on fut contraint de revenir aux anciennes divisions qui sont encore en usage aujourd'hui.

De là la nécessité absolue d'exposer la théorie des nombres complexes. Malheureusement, au lieu de bor-

5*

ner cette étude aux deux espèces d'unités dont il vient d'être question, les auteurs se croient obligés, à l'exemple les uns des autres, d'exposer toute l'ancienne théorie, et c'est ainsi qu'ils ont dénaturé et compliqué un enseignement si simple en lui-même.

Si les professeurs chargés du soin de faire adopter les mesures métriques dans nos écoles, veulent réussir, il faut, suivant la parole d'un maitre de la science, qu'ils abandonnent complétement les anciennes mesures avec leurs interminables réductions, par cette considération que si, dans le principe, les hommes occupés d'industrie ont eu besoin de ces comparaisons, il n'en est pas de même des élèves qui, aujourd'hui, sont dispensés de revenir sur des dates aussi anciennes.

Quant aux conversions dont on peut encore avoir besoin, soit pour la traduction des anciens actes, soit pour les relations commerciales avec les peuples étrangers, il suffira de consulter l'Annuaire du Bureau des Longitudes. Ce petit livre, qui ne coûte que un franc, contient des tables de conversion des anciens poids et mesures de France, des tables sur la valeur, en mesure métrique, des poids, mesures et monnaies des pays étrangers, qui répondent à tous les besoins de la pratique.

PROBLÈMES

SUR L'ADDITION DES MESURES DE TEMPS.

825. Additionnez : 2 ans 8 mois 21 jours, 9 mois 17 jours, 11 mois 13 jours.

826. Ajoutez les intervalles de temps suivants : 7^h 32^m $25^s,9$ — 6^h 59^m $58^s,8$ — 3^h 34^m $39^s,7$.

827. Additionnez : 3^h 35^m 8^s — 5^h 42^m 54^s — 2^h 58^m 47^s — 7^h 53^m 57^s.

828. Un marin a fait trois voyages sur mer. Le premier a duré 2 ans 8 mois 16 jours ; le deuxième,

4 ans 6 mois 27 jours ; le troisième, 9 mois. On demande quel temps ont exigé ces trois voyages.

829. Quelle est la durée exacte de l'année, sachant que le printemps dure 92 jours 20 heures 59 minutes ; l'été, 93^j 14^h 13^m ; l'automne, 89^j 18^h 35^m ; l'hiver, 89^j 2^m ?

830. Combien de jours y a-t-il du 3 août 1860 au 19 avril 1862 ?

831. Combien d'heures y a-t-il, 1° du dimanche à 11 heures du soir, au mercredi suivant à 7 heures du matin ; 2° du lundi à 5 heures du matin, au jeudi d'après à 8 heures du soir ?

832. Un train de chemin de fer parti à 11^h 20^m a mis : d'abord 38^m 40^s pour aller à la 1re station, puis 24^m 17^s pour atteindre la seconde station ; enfin 1^h 10^m pour toucher au débarcadère. A quelle heure le train est-il arrivé à destination ?

833. Une éclipse de lune a commencé à 2^h 34^m 25^s du matin et a duré 1^h 47^m 32^s ; à quelle heure a-t-elle fini ?

834. Une montre retarde de 13 minutes sur une autre montre qui retarde elle-même de 9 minutes sur l'heure vraie. On demande de combien il faut avancer la longue aiguille de la première montre pour qu'elle marque exactement l'heure.

835. L'année civile des Russes commence le 13 janvier, c'est-à-dire 12 jours après la nôtre qui commence le 1er janvier. Cela étant, quels sont les jours de l'année russe qui correspondent aux 15 juillet, 4 octobre, 16 novembre de notre calendrier ?

836. On sait que les sept jours de la semaine reviennent l'un après l'autre, d'une manière continue et invariable, de sorte que dans un mois quelconque les 1er, 8, 15, 22, 29 répondent à des jours de même nom ; d'où il résulte que, connaissant l'*initial* du mois (jour qui commence le mois) on peut connaître immédiatement 4 autres dates, et par suite tous les jours du mois. Cela posé, lorsqu'un mois quelconque *commence* par un mardi, quels sont les jours qui répondent aux 13, 19 et 23 de ce mois ?

837. Suivant l'Écriture Sainte, Jésus-Christ est né 4004 ans après la création du Monde. Quel sera l'âge du Monde en 1884 ?

838. Il faut ajouter 753 ans à notre millésime pour avoir l'année correspondante datant de la fondation de Rome. Quelle sera, en 1879, l'année de la fondation de cette ville ?

839. On a le millésime d'une année quelconque des Olympiades en ajoutant 776 au millésime de notre année. On demande quelle sera, en 1881, l'année correspondante datant des Olympiades.

840. En ajoutant 747 ans au millésime de notre année on obtient l'année correspondante de l'ère de Nabonassar. Quelle a été, en 1838, l'année de cette ère ?

841. S'il est vrai, comme il paraît, que l'invention et l'usage des cartes géographiques remontent au temps de Sésostris, c'est-à-dire vers 1570 avant Jésus-Christ, peut-on dire le temps qui s'est écoulé depuis cette époque jusqu'à l'année 1860 ?

842. En quelle année aura 36 ans une personne qui est née en 1859 ?

843. Un individu est né en 1840. Quand aura-t-il 65 ans ?

844. En quelle année est mort un homme de 56 ans, né en 1808 ?

845. Le Déluge arriva l'an 2356 avant Jésus-Christ ; combien y aura-t-il d'années en 1987 ?

846. En quelle année mourut Charlemagne, né en 742 et décédé à l'âge de 72 ans ?

PROBLÈMES

SUR LA SOUSTRACTION DES MESURES DE TEMPS.

847. Retranchez 2 ans 29 jours de 7 ans 5 mois 18 jours.

848. Soustrayez 45 jours 7 heures de 53 jours.

849. Quelle différence y a-t-il entre 5 ans 8 mois 13 jours et 4 ans 11 mois 17 jours ?

850. Que reste-il de 8 heures 45 minutes 36 secondes, quand on retranche 5 heures 32 minutes 27 secondes ?

851. Que faut-il ajouter à $3^h 52^m 48^s$ pour avoir $7^h 25^m 39^s$?

852. Une éclipse a commencé à 4 heures 54 minutes 8 secondes et a fini à $6^h 46^m 15^s,6$. Quelle a été la durée de l'éclipse ?

853. On sait que la durée du jour varie avec les lieux et les saisons. Cela étant, lorsque le soleil reste levé 18 heures 30 minutes dans la journée, comme à St-Pétersbourg, quelle est la durée de la nuit ?

854. Une personne née le 8 juillet 1804 est morte le 13 septembre 1839. Quel âge avait-elle au moment de sa mort ? (On ne tiendra pas compte des années bissextiles.)

855. Dans l'intérieur de la France, sur les 365 jours de l'année, il y a moyennement 147 jours de pluie. Combien y a-t-il de jours où il ne pleut pas ?

856. Pendant sa course annuelle, le Soleil reste 186 jours consécutifs sans se coucher au pôle nord, sans se lever au pôle sud. Combien de jours cet astre reste-t-il sans se coucher au pôle sud, sans se lever au pôle nord ?

857. Parmi les 12 mois dont l'année se compose,

on en compte quatre de 30 jours et un de 28 jours. Tous les autres sont de 31 jours. Combien y en a-t-il de ce nombre ?

858. Le nombre des jours écoulés entre le 1er janvier et le 25 juin étant de 176, combien reste-t-il de jours à courir du 25 juin à la fin de l'année ?

859. Puisque, d'après le problème 835, l'année civile des Russes retarde de 12 jours sur la nôtre, quel est le quantième des Russes, quand nous comptons le 17 mars, le 3 août, le 9 octobre ?

860. Julien, qui est âgé de 15 ans, a 9 ans de plus que son frère Benoît. Quel est l'âge de Benoît ?

861. La durée moyenne de la vie humaine qui n'était que de 28 ans 9 mois avant la Révolution, est maintenant de 35 ans 5 mois environ. De combien d'années et de mois la vie moyenne a-t-elle augmenté entre ces deux époques ?

862. Il y a 137 jours compris entre le 10 mai et le 24 septembre, et 98 jours entre le 24 septembre et la fin de l'année. Combien s'est-il écoulé de jours entre le commencement de l'année et le 10 mai ?

863. Lorsque la sonnerie d'une pendule n'est pas d'accord avec les aiguilles, et qu'elle frappe, par exemple, 2 heures quand il en est 9 aux aiguilles, quelle doit être l'heure marquée par les aiguilles quand la sonnerie frappe 4 heures ?

864. A quel âge mourut saint Louis, né en 1215 et décédé en 1270 ?

865. En 1564 mourut Michel-Ange, âgé de 90 ans. En quelle année était-il né ?

866. On demande à quel âge était arrivé le célèbre paysan irlandais Thomas Parr, qui naquit en 1483 et mourut en 1635.

867. Un enfant est né en 1862 ; quel âge aura-t-il en 1879 ?

868. César était mort depuis 43 ans lorsque naquit notre Seigneur Jésus-Christ, et le Christ est mort 76 ans après César. Quel était l'âge de Jésus-Christ, quand il mourut ?

869. Un écolier est entré en pension le 21 octobre 1859 et en est sorti le 20 août 1864. Combien de temps y est-il resté ?

870. Combien de temps s'est-il écoulé entre l'invention du jeu des cartes qui date de 1392, et l'invention des échecs qui remonte, dit-on, au cinquième siècle ?

871. Quand nous serons arrivés au 1er janvier 1900, quel temps se sera-t-il écoulé depuis la naissance de Jésus-Christ ? Y aura-t-il 1900 ans ou 1899 seulement ?

PROBLÈMES

SUR LA MULTIPLICATION DES MESURES DE TEMPS.

872. Combien y a-t-il de secondes en 5 heures 35 minutes ?

873. Réduisez $9^j,53$ en heures, minutes et secondes.

874. Combien y a-t-il de secondes dans 5 années ?

875. Combien y a-t-il d'heures en 11 ans 20 jours ?

876. Réduisez 3 ans 19 jours 21 heures 16 minutes en minutes.

877. Combien y a-t-il 1° de minutes, 2° de secondes dans les 24 heures du jour sidéral ?

878. Combien y a-t-il de minutes et de secondes dans $23^h 56^m 4^s,091$ qui est la durée d'un jour sidéral en temps moyen ?

879. L'année tropique vaut 365 jours 5 heures 48 minutes 51,6 secondes. Combien contient-elle de secondes ?

880. Exprimez en jours, heures, minutes et secondes, la durée de l'année tropique $365^j,242264$.

881. Exprimez en fraction décimale du jour la durée de l'année tropique 365^j 5^h 48^m 51^s,6.

882. Combien s'est-il écoulé de jours, d'heures et de minutes du 1er janvier 1853 au 1er janvier 1865 ?

883. Un train de chemin de fer parcourt 750 mètres par minute ; quel chemin doit-il faire en 2 heures 41 minutes ?

884. Certaines étoiles sont à une distance tellement prodigieuse que, si ces étoiles étaient des astres nouvellement formés, il aurait fallu 2000 ans pour que leur premier rayon arrivât jusqu'à nous ; or, sachant que la lumière parcourt 315000 kilom. par seconde, calculez la distance qui sépare ces étoiles de la Terre.

885. Pour faire un kilomètre de chemin, un cavalier met 2 minutes 45 secondes. Combien de temps mettra-t-il pour faire 267^{kilom},78 ?

886. Quatre charrues semblables marchant 12 heures par jour et en même temps, ont labouré une pièce de terre en 1 jour 8 heures 55 minutes. Combien de temps eût-il fallu à une seule charrue pour faire le même travail ?

887. Etant donné l'intervalle de temps : 5^h 18^m 45^s, trouver un intervalle de temps 7 fois plus considérable.

888. Une machine fonctionne 9 heures 24 minutes 8 secondes par jour. Quel temps aura-t-elle fonctionné au bout de 12 jours ?

889. Un ouvrier travaille 25 jours 11 heures 45 minutes par mois. Quel temps aura-t-il consacré au travail au bout de 5 ans 4 mois ?

890. Une maison produit 872^f,20 de loyer par an. Combien aura-t-elle produit au bout de 3 ans 7 mois 19 jours ?

891. Sachant qu'un homme respire environ 20 fois par minute, soit 1200 fois par heure, combien de fois respire-t-il dans 5 heures 21 minutes 49 secondes ?

PROBLÈMES

SUR LA DIVISION DES MESURES DE TEMPS.

892. Réduisez en jours, heures et minutes, 62875 minutes.

893. Combien y a-t-il d'heures, de minutes, de secondes, dans 18904 secondes ?

894. Décomposez en jours, heures, minutes et secondes, le temps suivant : 3586159 secondes.

895. Réduisez en jours, heures, minutes et secondes, 2146054 secondes.

896. Trouvez le nombre d'années, de mois et de jours contenus dans 1355 jours.

897. Trouvez le nombre de mois, de jours et d'heures contenus dans 1136 heures.

898. L'œuf de poule éclot ordinairement après 504 heures d'incubation ; l'œuf de dinde, après 696 heures ; celui de cane, après 672 heures ; enfin l'œuf d'oie, après 648 heures. Exprimez en jours de 24 heures ces différentes durées.

899. Etant donné l'intervalle de temps $87^h 51^m 3^s,2$, on demande de trouver un intervalle de temps 9 fois plus petit.

900. Partagez 62 jours en 25 parties égales.

901. Trouvez combien il y a de jours, d'heures et de minutes dans $\frac{65}{9}$ de jour.

902. Un ouvrier fait 52 mètres d'ouvrage en 170 heures 44 minutes ; quel temps met-il à faire 1 mètre ?

903. Un ouvrier a mis 21 jours 9 heures 27 minutes pour faire un certain ouvrage ; quel temps faudrait-il à 6 ouvriers pour exécuter le même ouvrage ?

904. Un train de chemin de fer fait, en moyenne,

45 kilomètres à l'heure. Combien mettra-t-il de temps à parcourir 532 kilom. ?

905. Un domestique a touché 2540 francs de gages, pour 3 ans 5 mois 21 jours. Combien gagnait-il par an ?

906. Combien de temps faudrait-il à un homme marchant jour et nuit, au pas de route de 4 kilom. à l'heure, pour faire le tour de la Terre, en suivant l'Équateur qui a 40 millions de mètres ?

907. Calculez en jours, heures, minutes et secondes, la durée de l'année civile moyenne.

908. Sont des années *bissextiles* ou de 366 jours, celles dont le millésime ou les deux derniers chiffres à droite du millésime sont exactement divisibles par 4. Les autres sont *communes* ou de 365 jours seulement. Cela posé, quelles ont été les années communes et les années bissextiles parmi les années suivantes : 1616, 1780, 1852, 1849 ?

909. Puisque, d'après le problème précédent, une année est bissextile quand les deux chiffres à droite du millésime sont exactement divisibles par 4, faites connaître quelles seront les années bissextiles de 1880 à 1885 inclusivement.

910. Puisque, d'après notre manière de compter le temps, sur 4 années civiles consécutives il y en a 3 de 365 jours et 1 de 366 jours, combien de jours doit-on trouver de 1867 à 1879 ?

911. Parmi les années séculaires, sont bissextiles celles dont les deux chiffres à gauche sont exactement divisibles par 4 ; quelles sont les années communes et les années bissextiles des années séculaires : 1600, 1700, 1800, 1900, 2000, 2100 ?

912. La comète de Halley, dont les retours ont lieu tous les 76 ans, a été vue, la dernière fois, en 1835. Peut-on savoir si cette comète a pu être vue du temps de Jésus-Christ, et quel âge avait en ce moment le Fils de Dieu ?

913. Puisque, d'après le problème précédent, la comète de Halley, qui a été vue la dernière fois en 1835, réapparaît tous les 76 ans, peut-on prédire combien de fois cet astre se montrera dans le courant du 20e siècle, et en quelles années auront lieu les retours ?

PROBLÈMES

SUR LES MESURES DU CERCLE.

Un cercle (fig. 7) est une surface plane terminée par une courbe dont tous les points sont à la même distance d'un point intérieur qu'on appelle *centre*. Cette courbe terminatrice est ce qu'on appelle la *circonférence* du cercle. Une partie de cette courbe s'appelle un *arc*.

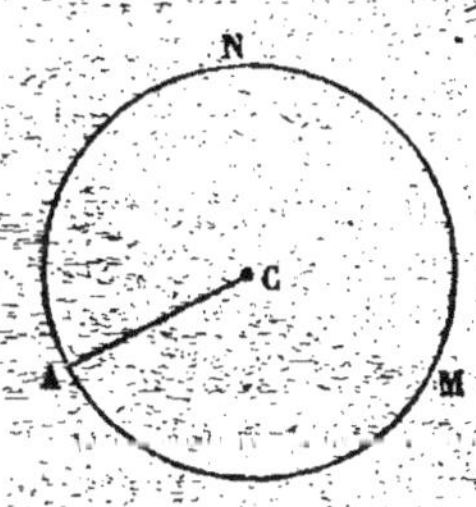

La ligne qui va du centre à un point quelconque de la circonférence d'un cercle s'appelle *rayon*. Cette ligne, prolongée jusqu'au point opposé de la circonférence, prend le nom de *diamètre*. Un diamètre est donc égal à deux rayons.

Fig. 7.

Deux lignes droites qui se rencontrent forment un *angle* (fig. 8 et 9). Le point de réunion des deux lignes s'appelle le *sommet* ; les deux droites sont les *côtés* de l'angle.

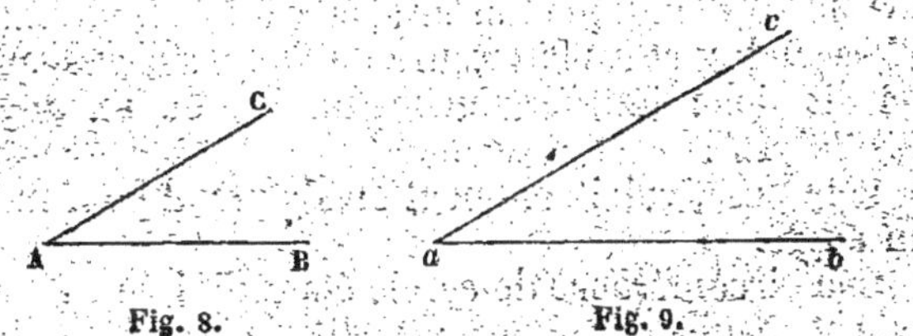

Fig. 8.   Fig. 9.

L'angle reste évidemment le même, quelle que soit la longueur que l'on donne à ses côtés.

Les angles et les arcs étant susceptibles d'augmentation et de diminution, il faut savoir les mesurer ; or, bien qu'au premier abord ces deux quantités paraissent n'avoir aucune relation, elles possèdent pourtant des propriétés communes au moyen desquelles on peut les mesurer l'une par l'autre. Ainsi on démontre, en Géométrie, que *la mesure d'un angle est l'arc de cercle compris entre ses côtés et décrit de son sommet comme centre avec un rayon arbitraire.* Mais, pour rendre cette mesure facile et tout à fait indépendante du rayon, on est convenu de diviser la circonférence de tout cercle en un même nombre de parties égales ; alors la mesure des angles et des arcs n'est plus exprimée par la longueur d'un arc, mais par le nombre de parties que contiendra cet arc. Cettte mesure est donc un nombre abstrait qui se prête aux opérations ordinaires de l'arithmétique.

Le mode de division le plus généralement employé consiste à partager toute circonférence, grande ou petite, en 360 parties égales appelées *degrés*. Le degré se divise en 60 parties appelées *minutes*. La minute se divise en 60 parties appelées *secondes*. Les quantités plus petites que la seconde s'expriment en fractions décimales de la seconde.

Les degrés sont désignés par un petit zéro placé à droite et un peu au-dessus du chiffre qui indique de combien de degrés on entend parler. Les minutes sont indiquées par un petit trait placé de même, et les secondes par deux traits semblables et contigus. Ainsi 28° 36′ 42″ indique un arc de 28 degrés 36 minutes 42 secondes, et est la mesure de l'angle correspondant. On dit donc indifféremment un arc ou un angle de 28° 36′ 42″.

Cela posé, voici comment on s'y prend pour mesurer un angle.

Une circonférence de cercle étant divisée en 360 degrés et chaque degré portant, s'il y a lieu, une division de 60 minutes, on place le sommet de l'angle qu'on veut mesurer, au centre de la circonférence, et l'on applique l'un des côtés sur le rayon du cercle qui aboutit à la division zéro. On cherche ensuite à quel point de ce cercle l'autre côté de l'angle prolongé, si c'est nécessaire, va correspondre ; si ce dernier côté rencontre la division 1 du cercle, le premier côté coïncidant avec 0, l'angle est de 1°. Si, tout restant dans le même état, le second côté correspond à la division 2, 3, 10, 50..., l'angle est de 2°, 3°, 10°, 50°, et ainsi de suite. Si le second côté ne correspond pas exactement à l'une des grandes divisions du cercle, l'angle se composera d'un nombre rond de degrés et de minutes indiquées par la subdivision du degré en 60 parties, auquel le second côté aboutira. Ainsi on aura, par exemple, 3° 3', 3° 35', 3° 40' ou 3° 41', suivant les cas.

Il est évident que les angles ainsi mesurés seront les mêmes, quel que soit le rayon de la circonférence du cercle divisé à laquelle on les compare.

Dans la pratique, pour prendre la mesure des angles et des arcs, on se sert principalement du *rapporteur* et du *graphomètre*. (Voir la description de ces instruments dans les ouvrages spéciaux).

PROBLÈMES

SUR L'ADDITION DES MESURES DU CERCLE.

914. Quelle est la somme de trois angles exprimés en degrés, minutes et secondes, dont les valeurs sont les suivantes : 34° 18' 25", 17° 41' 6", 72° 7' 14" ?

915. Additionnez les quatre arcs suivants : 106° 5' 41", 9° 18", 24° 15', 8' 15".

916. Si à 17",2 on ajoute 31' 46",1 , on obtient l'angle sous lequel nous voyons le Soleil, ou, ce qui est la même chose, le diamètre apparent du Soleil, vu de la Terre. Trouvez cet angle.

917. Ajoutez ensemble l'angle de 23° 15' 37", l'angle de 8° 23", l'angle de 13° 44' ; le résultat que vous obtiendrez ou la somme des trois angles donnés exprimera l'angle sous lequel les bombes et les jets d'eau lancés obliquement atteignent la plus grande distance.

918. Une très-faible pente suffit, sur les chemins de fer, pour que les wagons courent sur les rails, par l'effet seul de leur poids, sans le secours d'aucun moteur. La pente ou l'angle sous lequel ce mouvement commence à se produire est égal à la somme des deux petits angles suivants : 2′ 15″, 3′ 29″. Quel est donc l'angle en question ?

919. La terre ordinaire bien séchée et pulvérisée se dispose toujours de la même manière, c'est-à-dire suivant un talus qui forme avec la ligne horizontale un angle invariable. Voulez-vous connaître cet angle ? additionnez les trois angles suivants, leur somme exprimera l'angle cherché : 11° 27′ 30″, 5° 48″, 28° 31′ 42″

920. Un voyageur a parcouru 26° 41′ 25″ de longitude (1) et le lieu d'où il est parti est à 12° 30′ 12″ du

---

(1) La Terre étant supposée sphérique, supposition qui ne s'écarte pas beaucoup de la vérité, si l'on imagine qu'on coupe sa surface par une série de plans menés par l'axe autour duquel s'effectue la rotation diurne, on obtient autant de grands cercles que l'on veut. Ces grands cercles PAP′, PBP′, PCP′, PDP′ (fig. 10) sont les *méridiens* de tous les points de la Terre. Si l'on part d'un certain méridien, par exemple, de celui qui passe par l'Observatoire de Paris, et qu'on mesure l'angle que fait le méridien d'un autre lieu situé à l'ouest, avec ce méridien originaire, cet angle est la *longitude* de ce lieu. On l'exprime en degrés, minutes et secondes de degré, en ayant soin d'ajouter la lettre O à l'expression de la valeur numérique obtenue. Si le lieu est situé à l'Est, on opère de la même manière, en ajoutant la lettre E à la

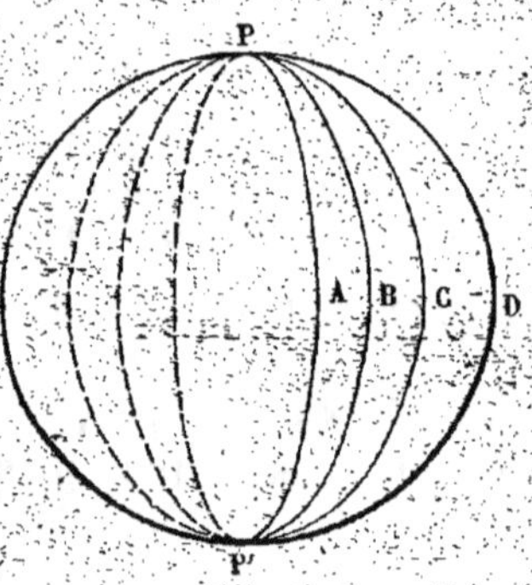

Fig. 10.

méridien de Paris. On demande à quelle distance il est de ce méridien, en supposant qu'il s'en soit toujours éloigné.

921. On compte 36° 47' 20" de l'Equateur terrestre à Alger, 12° 2' 53" d'Alger à Paris, 41° 9' 47" de Paris au Pôle nord. Quelle est donc, en degrés, la distance de l'Equateur au Pôle nord suivant le méridien de Paris, le même, à peu près, que celui d'Alger ?

922. La longitude de Nantes est de 3° 27' 43" plus à l'ouest que celle d'Orléans qui est de 0°,25' 35" Déterminez la longitude de Nantes par rapport au méridien de Paris.

923. Quelle est la différence de longitude entre Limoges qui est à 1° 4' 48" O. du méridien de Paris, et Metz qui se trouve à 3° 50' 23" E. du même méridien?

924. Quelle est la latitude de Paris, sachant que celle de Perpignan est de 42° 41' 55" et que Paris est à 6° 8' 18" plus au nord ? (1)

PROBLÈMES

SUR LA SOUSTRACTION DES MESURES DU CERCLE.

925. Soit à soustraire 3° 17' 49" de 14° 18' 20".

---

valeur de l'angle. Les longitudes se comptent généralement de 0° à 180° de chaque côté de l'origine O. Quelquefois on les compte dans un seul sens à l'Est, de 0° à 360°.

Les différents peuples n'ont pas adopté le même méridien comme point de départ des longitudes. En France on compte les longitudes à partir du méridien de l'Observatoire de Paris ; en Angleterre on les compte tantôt à partir du méridien de l'Observatoire de Greenwich, tantôt à partir de celui de l'église de St-Paul de Londres ; en Allemagne, en Russie, etc., on a pris des points de départ différents.

(1) La Terre étant toujours supposée sphérique, si l'on imagine

926. De quatre-vingt cinq degrés 25 secondes retranchez soixante-quatre degrés 48 minutes, et faites connaître le reste.

927. Si de 32′ 3″,3 on retranche 31′ 46″,1, on obtient l'angle sous lequel la Terre est vue du Soleil ; trouvez cet angle.

928. L'*angle droit* ou de 90° est l'unité d'angle, comme le *quadrant* ou l'arc de 90° est l'unité d'arc. Le quart de 360° = 90° est donc la commune mesure de ces unités ; c'est pourquoi l'angle droit, le quadrant ou l'arc de 90° désignent la même chose et sont des expressions qu'on emploie l'une pour l'autre. Cela posé, on appelle *complément* d'un angle ou d'un arc le nombre de degrés qu'il faut ajouter à un angle ou à un arc donné pour avoir nn angle droit ou un quadrant. D'après ces données, quel est le complément d'un angle ou d'un arc de 37° 25′ 48″ ?

929. On appelle *supplément* d'un angle ou d'un arc le nombre de degrés qu'il faut ajouter à un angle ou à

---

qu'on la coupe par une série de plans perpendiculaires à l'axe des pôles (fig. 11), on a pour intersection avec la surface une série de plans qu'on appelle des *parallèles.* Si on mesure la distance d'un parallèle à l'Equateur en la comptant sur un méridien, on a la *latitude* de tous les lieux situés sur ce parallèle. Les latitudes s'évaluent en degrés, minutes et secondes, depuis 0° jusqu'à 90°, et elles sont boréales ou australes, selon que le lieu que l'on cherche à définir se trouve sur l'hémisphère boréal ou sur l'hémisphère austral. La latitude d'un lieu est la même chose que la hauteur du pôle vu de ce lieu au-dessus de l'horizon.

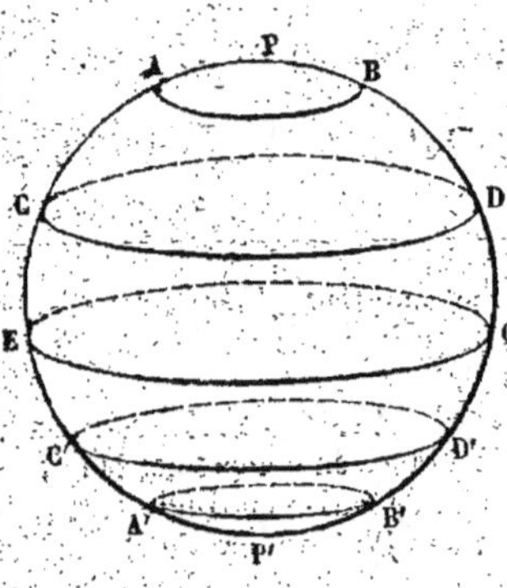

Fig. 11.

un arc donné pour avoir deux angles droits ou une demi-circonférence (arc de 180°). Cela posé, quel est le supplément d'un angle ou d'un arc de 56° 31′ 15″ ?

930. On démontre en Géométrie que dans tout triangle là somme des trois angles vaut 180°; or, si deux de ces angles valent ensemble 67° 38′ 13″, quelle est la valeur du troisième ?

931. En Géographie on appelle *tropiques* deux petits cercles CD, C′D′ (fig. 11, page 120) parallèles à l'Equateur terrestre EQ, qui en sont éloignés de 23° 27′ 57″; *cercles polaires*, deux petits cercles AB, A′B′ parallèles aux tropiques et à l'Equateur, éloignés des pôles du Globe de 23° 27′ 57″. Cela posé, faites connaître l'arc ou la partie de la circonférence terrestre compris entre ces deux sortes de cercles, sachant que la distance des pôles à l'Equateur est de 90 degrés.

932. Dans les grands jours il y a, pour tous les pays situés en deçà du 68ᵉ degré de latitude, deux instants précis, l'un le matin, l'autre après midi, où l'ombre des arbres, des édifices, d'un objet quelconque est égale à la hauteur de ces objets. Ces deux instants sont ceux où les rayons du Soleil font un certain angle avec l'horizon. Voulez-vous connaître cet angle ? retranchez 38° de 83°. Le reste sera l'angle cherché. (1) .

---

(1) On voit par cet exemple que l'ombre offre un moyen facile pour la mesure des hauteurs inaccessibles, telles que la cime d'un arbre (fig. 12), le sommet d'une tour (fig. 13), d'un clocher, etc., dont la base seulement est d'un accès facile.

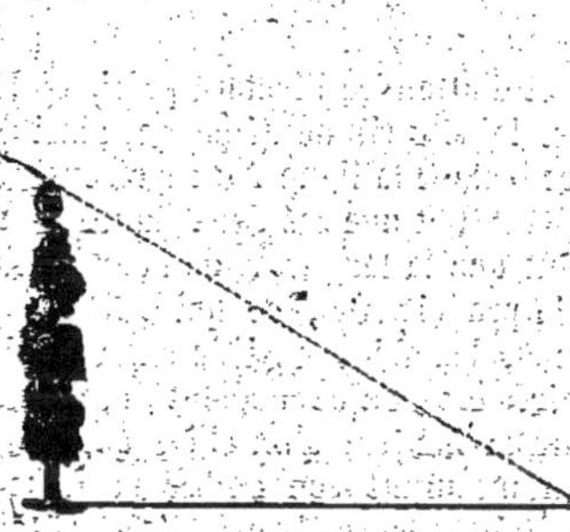

Fig. 12.

On peut également, par la mesure de l'ombre, déterminer une hauteur quelconque *sans calcul*, à l'aide d'un équerre

6

933. Si de 113 on retranche 83 , le résultat que l'on obtient exprime exactement en degrés terrestres ou géographiques la latitude où se trouve la grande Pyramide d'Egypte. Quelle est cette latitude ?

934. On connaîtra la latitude de Poitiers , en retran-

---

dont les deux côtés AB , AC (fig. 13), adjacents à l'angle droit, sont égaux entre eux. Il suffit , pour cela , de placer l'instrument

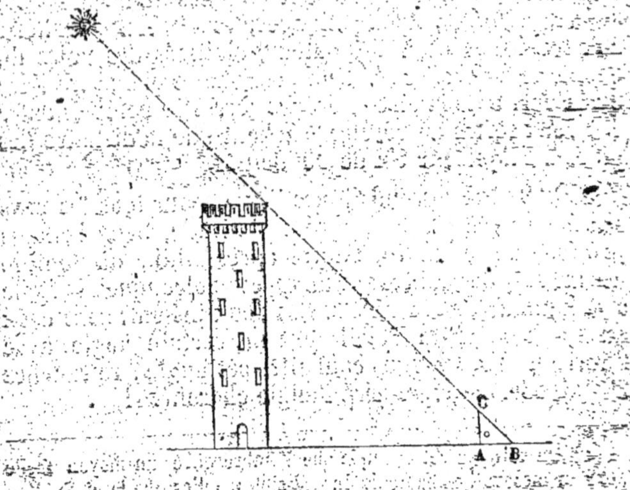

Fig. 13.

sur un plan horizontal et d'attendre l'instant précis où les rayons du Soleil viennent affleurer le côté CB de l'équerre, ainsi que l'indique la figure. Comme à cet instant la ligne AB représente évidemment la ligne d'ombre du côté AC et que ces deux lignes sont égales entre elles , on en conclut que la longueur de l'ombre est égale à la hauteur de l'objet qui la produit. Or , ce qui a lieu pour l'équerre a lieu également pour tous les objets environnants , puisque l'inclinaison des rayons solaires est , en ce moment , la même pour tous. Conséquemment on aura la hauteur d'un objet quelconque , d'une tour , par exemple , en mesurant son ombre au même instant où les rayons solaires viendront affleurer le grand côté CB de l'équerre.

chant 2° 51′ 34″ de la latitude de Rouen, qui est de 49° 26′ 29″. La différence sera la latitude cherchée.

935. La latitude de Douai est de 50° 22′ 15″; quelle est celle de Narbonne qui est à 7° 11′ 7″ plus au sud ?

936. La latitude de Brest est de 48° 23′ 32″; celle de Madrid, de 40° 24′ 57″. On demande la différence de latitude de ces deux villes.

937. Quelle est la différence de longitude entre Cambrai et Besançon, la première de ces villes se trouvant à 0° 53′ 29″ E. et la seconde à 3° 41′ 56″ E. du méridien de Paris ?

938. La ville de Turin est de 1° 29′ 44″ plus à l'ouest que Milan dont la longitude est de 6° 50′ 56″. Quelle est la longitude de Turin, par rapport au méridien de Paris ?

PROBLÈMES

SUR LA MULTIPLICATION DES MESURES DU CERCLE.

939. Combien y a-t-il de secondes dans 11° 40′ ?

940. Réduisez 7° 21 en minutes et secondes.

941. Combien la circonférence de cercle contient-elle de minutes ?

942. Réduisez 125° 37′ en secondes.

943. Combien la circonférence de cercle contient-elle de secondes ?

944. Combien un degré vaut-il de secondes ?

945. Combien un quart de cercle vaut-il de degrés, de minutes, de secondes de degré ?

946. Combien l'arc de 57° 15′ 45″ contient-il de secondes ?

947. Combien y a-t-il de *lieues marines* ou *géographiques* de 20 au degré dans le tour de la Terre ?

948. Combien y a-t-il de *lieues communes* de 25 au degré dans le contour du Globe terrestre ?

949. Combien y a-t-il de *milles marins* ou *géographiques* de 60 au degré dans le tour de la Terre ?

950. Etant donné un angle de 41° 18' 39", trouvez un angle 8 fois plus grand.

951. Un astre parcourt, chaque jour, un arc de 9° 10' 36"; trouver la grandeur de l'arc qu'il parcourt en 23 jours.

952. Multipliez l'arc de 6° 14' 53" par $22^{\text{mètres}},47$ et donnez le résultat.

953. Multipliez 15° par $5^\text{h} 14^\text{m} 20^\text{s}$ et 15 minutes par 5° 14' 20".

954. Carcassonne et Paris sont sensiblement sur le même méridien ; la latitude de Paris est 48° 50' 13"; celle de Carcassonne équivaut à 43° 12' 55". 90° équivalent à 10 millions de mètres. Quelle est la distance de Paris à Carcassonne ?

955. Un astre parcourt, chaque jour, un arc de 6° 13' 24" ; quel arc aura-t-il parcouru au bout de $9^\text{j} 14^\text{h} 20^\text{m}$?

956. La Géométrie démontre que le diamètre d'un cercle quelconque étant représenté par 1, la circonférence sera exprimée par 3,141592.... Cela posé, calculez, avec les 4 premières décimales de ce rapport, et à 1 centimètre près, la circonférence d'un cercle dont le rayon est de $1^{\text{mètre}},23$, et réciproquement le diamètre d'un cercle dont la circonférence a $13^\text{m},74$ de longueur ou de développement.

957. Evaluez en mètres, sur un cercle de 900 mètres de rayon, l'arc ou la partie de circonférence égale à 3° 21' 47".

958. Tracez ou supposez tracés trois cercles concentriques de 1 mètre, 100 mètres, 1000 mètres de rayon, et faites connaître la longueur de l'arc de 1° pris sur chacune des trois circonférences.

959. Calculez à 0ᵐ,01 près la circonférence d'un cercle ayant 420 mètres de diamètre.

960. Évaluez en kilomètres, sur le Globe terrestre qui a 40 millions de mètres de tour, la distance des tropiques à l'Équateur, que nous savons être de 23° 27' 57".

961. Connaissant le rapport de la circonférence au diamètre (probl. 956), on désire savoir combien de personnes peuvent s'asséoir autour d'une table ronde de 1ᵐ,35 de diamètre, en supposant que chaque personne occupe 70 centimètres sur sa circonférence.

962. — Une voiture dont les roues de devant ont 0ᵐ,8 de diamètre et celles de derrière 1ᵐ,2, a fait 14 kilom. de chemin. On désire savoir combien de tours chacune des roues a faits dans ce trajet.

963. — Quelle est la distance parcourue par un cheval qui a fait 35 fois le tour d'un manége ayant 21 mètres de diamètre ?

PROBLÈMES

SUR LA DIVISION DES MESURES DU CERCLE.

964. Réduisez en degrés et minutes de degré 1639 minutes.

965. Combien y a-t-il de degrés, minutes et secondes de degré dans 61824 secondes ?

966. Décomposez en degrés, minutes et secondes 53487".

967. Étant donné un angle ou un arc de 31° 4' 36", trouver un angle ou un arc 17 fois plus petit.

968. Soit proposé de prendre le 6ᵉ de 15° 32' 48".

969. Partagez 58° 20' 19" en 15 parties égales.

970. Trouvez combien il y a de degrés, minutes et secondes dans $\frac{11}{7}$ de degré.

971. Douze angles font ensemble 268° 45' 30". Quelle est la valeur moyenne de chacun?

972. Un astre parcourt, chaque jour, un arc de 7° 21' 39"; exprimez en jours, heures et minutes, le temps qu'il mettra pour parcourir 48° 12' 54".

973. On veut entourer un bassin circulaire d'une grille en fer dont les barreaux soient espacés entre eux de 0ᵐ,12 ; on ne connaît pas les dimensions du bassin; on sait seulement que sur sa circonférence 0ᵐ,12 = 2° 21'. Peut-on, en s'aidant du rapport de la circonférence au diamètre (probl. 956), calculer le développement rectiligne de la circonférence du bassin, et par suite le nombre de barreaux nécessaires ?

974. Un astre parcourt un arc de 29° 51' 48" en 4 jours 19 heures 10 minutes. Quelle est la grandeur de l'arc qu'il parcourt en un jour ?

975. Divisez l'arc de 14° 6' 45" par 10ᵐ,75, et 30ᵐ,05 par 14° 23' 45".

976. Deux villes situées sur le même méridien sont à 245000 mètres l'une de l'autre. Évaluez en degrés cette différence de latitude, sachant que le degré équivaut à 111111ᵐ,11.

977. La distance du pôle boréal à l'Équateur vaut 10 millions de mètres ; elle vaut aussi 90 degrés. Combien 1 degré vaut-il de mètres ?

978. En supposant toujours la Terre sphérique, évaluez en mètres, sur l'Équateur ou sur un méridien, la valeur du mille marin, mesure nautique qui correspond à 1 minute.

979. Quelle est, en mètres, la longueur d'un degré terrestre ou géographique ?

980. On compte 30 degrés terrestres ou géographiques de l'Equateur à la grande Pyramide d'Egypte. Quelle distance en kilomètres y a-t-il entre ces deux points ?

981. La lieue métrique vaut 4 kilom. Combien y a-t-il de lieues semblables dans un méridien terrestre ?

982. On nomme *lieue commune* de 25 au degré, la 25e partie d'un degré terrestre. Combien cette lieue vaut-elle de mètres ?

983. On nomme *lieue marine* ou *géographique* de 20 au degré, la 20e partie d'un degré terrestre. Combien cette lieue vaut-elle de mètres ?

984. On appelle *mille marin* ou *géographique* de 60 au degré, la 60e partie d'un degré terrestre. Combien le mille marin vaut-il de mètres ?

985. Deux hommes de taille moyenne placés au niveau de l'eau peuvent, par un temps favorable, se voir en mer jusqu'à la distance de 2 lieues de 25 au degré. Or, sachant que cette lieue vaut 4444m,44, déterminez en mesure métrique l'étendue de l'horizon visible dans ce cas particulier.

986. La Terre faisant un tour entier sur elle-même toutes les 24 heures, il en résulte que chaque point de son contour passe successivement devant le Soleil, immobile dans l'espace ; or, comme ce contour est divisé en 360 parties égales appelées degrés de longitude, il en résulte que dans une heure de temps la Terre présente la 24e partie de 360 degrés ou 15 degrés. Cela posé, combien 1 degré de longitude vaut-il d'heures, de minutes et de secondes de temps, et combien 1 heure de temps vaut-elle en degrés de longitude ? (1)

---

(1) Il est fâcheux que les fractions de degré qu'on appelle minutes et secondes portent le même nom que les fractions de l'heure qui, elle aussi, se divise en minutes et en secondes. Mais il suffit d'un peu d'attention pour éviter toute méprise, les données de la

987. — Calculez la différence d'heure qui existe entre deux villes dont l'une est située sous le 25ᵉ degré et l'autre sous le 55ᵉ de longitude E.

988. — Quand le Soleil marque midi à Paris, quelle heure est-il à Vienne (Autriche) qui est de 14° 2' 36" plus orientale, c'est-à-dire plus à l'est que Paris ?

989. — Peut-on savoir l'heure qu'il est aux Antipodes dont la longitude est à très-peu près de 180 degrés, quand il est midi à Paris dont la longitude est 0° ?

990. — Faites connaître l'heure qu'il est à Strasbourg dont la longitude est de 5° 24' 54" E., quand il est 3 heures du soir à Lyon dont la longitude est de 2° 29' 10" E.

991. — Lorsque le Soleil se lève à 6 heures du matin à Dijon dont la longitude = 2° 41' 55" E., quelle heure est-il : 1° à Constantinople, située par 26° 38' 50" E. ; 2° à Philadelphie, dont la longitude = 77° 29' 54" O.

992. — Une dépêche télégraphique expédiée de Paris à midi précis est reçue instantanément par un négociant de St-Malo. A quelle heure la dépêche arrive-

---

question faisant toujours connaître s'il s'agit de *distance* ou de *temps*. En effet, les minutes et secondes de degré sont des *longueurs* comptées sur la circonférence du cercle ; les minutes et secondes d'heures expriment des *temps*, ce qui est bien différent. Quoi qu'il en soit, l'énoncé du problème et un peu de réflexion feront comprendre facilement que la longitude d'un lieu n'est pas autre chose que la différence de l'heure marquée en ce lieu avec celle marquée, au même moment, sur le méridien qui sert d'origine aux longitudes, l'heure pouvant être transformée en degrés, minutes et secondes de degré à raison de 15 degrés pour une heure. Il suit de là que la longitude d'un point situé à l'est de Paris, Vienne par exemple, est égale à l'heure de ce point oriental, moins celle marquée à Paris au même instant ; et que la longitude d'un lieu situé à l'ouest de Paris, Brest par exemple, est égale à l'heure de cette ville, à un moment donné, moins l'heure de ce lieu occidental.

t-elle à St-Malo, situé à 4° 21' 47" Ouest du méridien de Paris.

993. — On désire savoir à quelle heure il faut manœuvrer le télégraphe électrique pour qu'une dépêche, expédiée de Lille dont la longitude est de 43' 37" Est, arrive à 6 heures du matin à Boston, situé par 73° 23' 54" Ouest. On ne tiendra pas compte du temps que la dépêche emploie pour franchir la distance qui sépare ces deux villes, la vitesse de l'électricité étant prodigieuse.

994. — Une dépêche électrique, expédiée par un négociant de Brest le 1er mai, à 6 heures du matin, est reçue, au bout d'un quart d'heure, par un habitant de San-Francisco en Californie. On demande quel jour et à quelle heure la dépêche a dû arriver à San-Francisco, sachant que cette ville est de 117° 58' 37" plus reculée à l'Ouest que celle de Brest.

995. — Quand midi sonne à l'Observatoire de Paris, il est midi 14 minutes 18 secondes du soir à Chambéry. Quelle est la longitude de cette dernière ville?

996. — Sachant qu'il est 11 heures 55 minutes 2 secondes à Rouen, quand il est midi 13 minutes 34 secondes à Grenoble; faites connaître 1° la différence de longitude de ces deux villes; 2° dans quel sens ces longitudes sont par rapport au méridien de Paris.

997. — La longitude de St-Pétersbourg est telle que les horloges bien réglées de cette ville avancent constamment de 2 heures 3 minutes 33 secondes sur celles de Bordeaux, dont la longitude occidentale est de 2° 54' 56". Déterminez la longitude de St-Pétersbourg.

998. Du milieu d'une plaine vous visez, dans le lointain, le clocher d'un village situé à 4500 mètres, et vous trouvez l'angle visuel égal à 16' 2" (fig. 14); déterminez la hauteur du clocher. On s'aidera, pour la solution de ce problème, des observations relatives à la division de la circonférence en 360 degrés (p. 116) et du rapport de la circonférence au diamètre (problème 956).

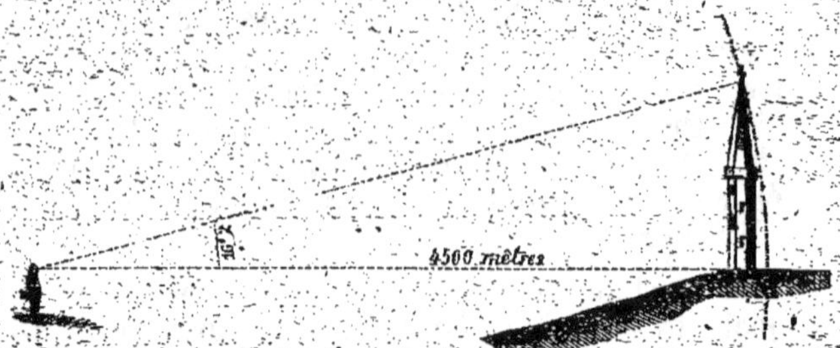

Fig. 11.

999. — Un homme doué d'une vue ordinaire peut facilement distinguer dans le lointain les fenêtres d'un édifice qui ont 1 mètre de côté, et dans ce cas l'angle visuel est de 1' 15". Déterminez à quelle distance l'édifice se trouve de l'observateur.

1000. — Sous quel angle voit-on un homme de taille ordinaire (1^m,60), placé à 1000 mètres de distance ?

1001. — L'angle visuel sous lequel nous apercevons la Lune est moyennement de 31' 32", et le diamètre de cet astre est les $\frac{3}{11}$ du diamètre de la Terre, lequel est de 12732 kilomètres. Déterminez la distance de la Terre à la Lune.

PROBLÈMES DE RÉCAPITULATION

SUR LES MESURES.

1002. Combien faut-il de carreaux de forme carrée ayant 16 centimètres de côté, pour carreler une chambre de 23$^{m. car.}$ de surface ?

1003. L'œuf de poule pèse, en moyenne, 50 grammes, l'œuf de pintade 40 grammes. Combien faut-il de ces derniers pour représenter le poids de 8 œufs de poule ?

1004. Les chevaux sont convenablement espacés entre eux dans une écurie lorsqu'ils sont séparés par un intervalle de 1^m,45. Mais comme l'épaisseur de leur corps occupe moyennement 0^m,70, quel espace faut-il pour placer ainsi 34 chevaux ?

1005. La ration d'un cheval de guerre, en campagne, est de 7 kilog. de foin, 4 kilog. de paille, 4^k,2 d'avoine ; mais lorsque les deux premières denrées viennent à manquer, on les remplace par de l'avoine, à raison de moitié du poids pour le foin, et du quart pour la paille. Quelle est, dans un cas semblable, la quantité que le cheval doit recevoir pour sa ration d'avoine ?

1006. Un fort rouleur à la tâche parcourt environ 3000 mètres par heure avec sa brouette tant pleine que vide. Sachant que la charge des brouettes pèse ordinairement 80 kilog., et que le relai est de 30 mètres ; on demande le nombre de mètres parcourus et le poids total de la terre transportée par le rouleur, au bout d'une journée de 10 heures.

1007. Avec la vitesse de ses eaux ordinaires, le Rhône met 1 heure 29^m,7 pour franchir la distance de 14 kilom. qui sépare Beaucaire de la ville d'Arles ; avec la vitesse des grandes eaux, le fleuve parcourt cette distance en 58^{min},33 seulement. Déterminez la vitesse du Rhône, par seconde, dans les deux cas.

1008. Une homme peut marcher, en terrain horizontal, pendant 8 $\frac{1}{2}$ heures par jour, en faisant 6 kilomètres à l'heure au pas de 80 centimètres. On désire savoir le nombre de pas que doit faire un pareil marcheur, au bout d'une telle course.

1009. Les eaux du Danube parcourent moyennement 4680 mètres à l'heure. Calculez la vitesse du fleuve par seconde.

1010. Il faut 16 litres d'eau par jour à un cheval. Combien de chevaux pourrait-on alimenter dans ces conditions avec le produit d'une fontaine donnant 100 litres par heure ?

1011. Combien de fois le vent de *tempête* qui fait 97^{kilom},2 à l'heure est-il plus rapide que le vent le plus convenable aux moulins à vent, et dont la vitesse est de 7 mètres par seconde ?

1012. Le vent *bon frais* qui est le plus convenable pour la marche des navires, a une vitesse de 32^k,4 par heure. Quelle est sa vitesse par seconde ?

1013. Quelle différence y a-t-il entre la vitesse d'un cheval qui parcourt au galop 400 mètres dans une minute, et la vitesse du *vent frais* ou *brise* qui fait 6 mètres de chemin par seconde ?

1014. Chaque individu, en France, consomme 2^{hectol},5 de froment par année ; or, en estimant à 75 kilog. le poids moyen de l'hectolitre de froment, exprimez en poids, la consommation journalière de chaque habitant.

1015. La Seine, dans ses moyennes eaux, met environ 7 jours pour se rendre de Paris à l'Océan, dont la distance est de 240 kilom. Quelle est la vitesse des eaux, par seconde ?

1016. La légende du *Juif-errant* nous représente cet illustre Israélite en train de faire pour la cinquième fois le tour de la Terre. En supposant qu'il soit à la moitié de ce cinquième voyage, il a donc franchi sur notre planète, qui a 40 millions de mètres de tour, 180000 kilom. depuis que Jésus-Christ lui a prescrit de marcher ; or, comme il y a de cela 1833 ans ou 669045 jours (en négligeant les années bissextiles) et que l'intrépide voyageur fait de telles enjambées qu'on le croirait capable de devancer une locomotive lancée à toute vapeur, on désire savoir au juste la vitesse de sa marche par heure.

1017. Tout ce qu'un homme peut faire habituellement en marchant sur un terrain horizontal, c'est de porter une charge d'environ 60 kilog. et de transporter, dans une journée de travail, 690 kilog. à 1000 mètres. On demande quel est, dans ce cas, le nombre de voyages à faire et quelle distance à parcourir.

1018. Un particulier, désirant connaître le débit d'une source qui coule dans sa propriété, dirige l'eau dans une cuve de 85 litres, laquelle s'emplit au bout de 7 $\frac{1}{2}$ minutes. Calculez le débit de la source par seconde.

1019. Il y a deux manières de faire le charbon de bois, l'une qui donne une quantité de charbon égale au quart du poids total de bois supposé sec ; l'autre, celle qu'emploient les *charbonniers*, qui donne un tiers de moins de charbon que la première. Quelle quantité de charbon obtient-on, par les deux procédés, de 1000 kil. de bois sec ?

1020. Trois experts chargés d'évaluer séparément et d'une manière différente le volume d'eau produit par une source, ont opéré respectivement ainsi qu'il suit :

L'expert A, mesurant au litre l'eau de la source recueillie dans un vase pendant 12 minutes, a trouvé le volume d'eau ainsi récolté égal à 86$^\text{l}$,4, ce qui lui a permis de déduire le débit par seconde.

L'expert B, ayant recueilli, dans un baquet, l'eau débitée par la source en 6 $\frac{1}{2}$ minutes de temps, a pesé cette eau dont le poids s'est trouvé de 45$^\text{k}$,5, et ces données ont suffi à l'opérateur pour calculer le débit cherché.

Enfin, l'expert C, ayant amené l'eau de la source dans une caisse de 7 décimètres de long, 4 de large, sur 3 de hauteur, a constaté qu'après 8 minutes d'écoulement l'eau de la source est montée, dans l'intérieur de la caisse, à une hauteur de 20 centimètres, moyennant quoi l'expert en question a pu calculer le débit demandé.

Connaissant donc ces divers éléments de calcul, déterminez le résultat trouvé par chaque expert.

1021. Dans un des Etats de l'Union Américaine, tous les instituteurs primaires reçoivent du Gouvernement 1 dollar par élève et par mois, en sus d'une rétribution égale payée par l'élève. Sachant que le dollar équivaut à 5ʳ,15 de notre monnaie, faites connaître ce que gagne par an un instituteur qui a 30 élèves.

1022. Si l'on empile verticalement les unes au-dessus des autres 10 briques pesant 3ᵏ,5 pièce, quel sera le poids supporté par chacune d'elles ?

1023. L'imagination a de la peine à concevoir à quel degré de ténuité se trouve réduite la 1000ᵉ partie du *milligramme*. C'est pourquoi, voulant se représenter un poids semblable sous une forme visible et palpable, un observateur s'est servi du moyen suivant : Prenant un de ces fils d'argent dont la finesse est telle que 10 mètres de longueur pèsent au plus un décigramme, notre opérateur a commencé par calculer la longueur correspondante à 1 milligramme ; puis, cette longueur trouvée, il en a pris la 1000e partie qui représente évidemment le poids cherché. Connaissant donc ce résultat et les données qui l'ont fourni, pourriez-vous déterminer la longueur du brin de fil, équivalant au 1000e de milligramme ?

1024. Un chef de famille, sa femme, un jeune enfant et un domestique consomment 284 kil. de viande par an. Combien cela fait-il par jour et par personne ?

1025. On fait brûler, en même temps, une lampe qui consomme, à l'heure, 15 grammes d'huile à 1ʳ,20 le kilog., une chandelle qui coûte 15 centimes et une bougie qui revient à 30 centimes. Au bout de 4 heures la chandelle est entièrement consumée, tandis que la lampe et la bougie continuent de brûler pendant 2 heures. A combien reviennent, par heure, les trois modes d'éclairage, et quel est le plus économique ?

1026. Les tuyaux employés pour le drainage ayant communément 33 centimètres de longueur, et coûtant, en moyenne, 0f,025, il s'ensuit que 1 mètre courant de ces tuyaux revient à 0f,075 ; en conséquence, combien faudrait-il de ces tuyaux et quel en serait le coût pour un drain de 150 mètres de longueur ?

1027. Sachant que le drainage, qui coûte 200 fr. par hectare, fait rendre aux terres, en sus de leur produit ordinaire, 5 hectolitres de froment, calculez le temps qu'il faut pour que la dépense du drainage soit couverte par le rendement en plus du terrain drainé, l'hectolitre de froment étant coté au plus bas prix, c'est-à-dire à 18 francs.

1028. Un homme, allant au pas, sans charge et sur un terrain horizontal, parcourt 1m,50 par seconde. Quel temps met-il pour faire un kilomètre ?

1029. Si on lançait, en même temps et dans la même direction, une locomotive qui fait 14 mètres par seconde en grande vitesse, et un cheval de course dont la vitesse peut aller jusqu'à 936 mètres par minute, lequel des deux serait le plus tôt arrivé, et de combien aurait-il distancé l'autre au bout de 5 minutes?

1030. Les étoiles sont infiniment plus éloignées de nous que le Soleil. La plus rapprochée est au moins à une distance 200000 fois plus grande que la distance moyenne du Soleil à la Terre. Or, sachant que la lumière met 8 minutes 13 secondes pour franchir cette dernière distance qui est de 35 millions de lieues de 4 kilom., on demande le temps que la lumière d'une étoile doit mettre pour parvenir jusqu'à nous.

1031. Cent moutons bien nourris donnent, par an, 60 voitures de fumier qui se vend 20 francs la voiture. Évaluez en argent ce que rend un mouton par le produit du fumier.

1032. Le trajet parcouru par les navires qui se rendent du port de Marseille aux Indes, en passant par le Cap de Bonne-Espérance, est aujourd'hui de 14500 lieues géographiques ou milles marins de 60 au degré, tandis que ce trajet ne sera plus que de 5490 milles, lorsque le voyage aux Indes pourra se faire par le canal maritime de Suez. Sachant que le mille marin équivaut à 1852 mètres, calculez le nombre de kilomètres que la nouvelle route fera gagner aux navigateurs.

1033. Si l'*Eclypse,* le plus rapide cheval de course qui ait jamais paru et dont la vitesse était de 16 mètres par seconde, fût parti, au commencement du Monde, de la planète Uranus, et eût couru depuis lors en ligne droite vers le Soleil, il n'aurait pas encore atteint cet astre et s'en trouverait encore éloigné de 48721760 lieues de 4 kilom. Or, comme il y a 5866 ans que le Monde est créé, faites connaître la distance d'Uranus au Soleil.

1034. Il y a eu, dans le temps, aux environs de Valenciennes, une course de fond entre bœufs et chevaux attelés deux à deux à une voiture de 5000 kilog. La distance à parcourir était de 22$^{kilom.}$,5; les bœufs ont fait ce trajet en 3 heures 12 minutes et demie; les chevaux ont fait le même trajet avec une vitesse de 6^k,2 à l'heure. On demande lequel des deux attelages l'a emporté sur l'autre par la vitesse et de combien par heure.

1035. L'orge de printemps rend, en moyenne, 11 fois la semence ou 26 hectolitres de graines par hectare. A ce compte, combien faut-il de litres de semence pour un champ de 3 hectares 49 ares?

1036. Le riz donne, par are, 2 kilog. de paille de moins que l'avoine, et 3 kilog. de plus que l'orge du printemps qui en donne 25 kilog. Quel est le rendement en paille de ces trois espèces de graines, pour 1 hectare de terrain?

1037. Il faut aux chevaux de travail, en hiver, 1^k,34 et en été, 1^k,92 d'eau pour 1 kilogr. de substance sèche. Quelle est la quantité d'eau nécessaire, dans chaque saison, à deux chevaux qui consomment 24 kilog. de fourrages secs?

1038. Puisque, d'après le problème 494, le rendement du blé est en moyenne de 12 hectolitres par hectare, et qu'il faut $2^h,5$ de grains pour la nourriture d'un homme, il s'ensuit qu'il faut 208 hectares de terrain pour nourrir 1000 individus. Cela posé, calculez le nombre d'individus qui peuvent vivre sur le Globe dont la surface est de 14 milliards d'hectares, déduction faite de la surface des mers.

1039. Du temps de Vauban, vers 1700, on évaluait à 3 setiers la quantité de blé nécessaire pour la nourriture d'un homme pendant un an, parce que le setier ne produisait alors que 150 livres ou $73^k,42$ de pain ; or, le setier équivalant à 120 kilog. et 100 kilog. de froment produisant aujourd'hui 100 kilog. de pain, il est intéressant de connaître l'économie que les perfectionnements de la mouture et de la fabrication du pain ont réalisée sur la consommation annuelle d'un homme, consommation qui est de 250 litres ou $187^k,5$ de blé (problème 1038).

1040. La ville de Paris seule absorbe chaque année environ 100 millions d'œufs qui coûtent 7724256 fr. À combien revient 1° la douzaine, 2° le cent d'œufs ?

1041. Trente kilog. sont la charge d'un homme ordinaire, et 200 kilog. la charge d'un bon cheval allant au pas. Cela étant, faites connaître 1° le nombre d'hommes qu'un cheval représente dans le transport des fardeaux, 2° le nombre d'hommes qu'il faut pour remplacer 5 chevaux.

1042. Les trains à petite vitesse ou à marchandises sur les chemins de fer font en moyenne 25 kilomètres à l'heure, tandis que les trains à grande vitesse ou à voyageurs marchent moyennement à 45 kilomètres. Lors donc qu'après avoir lancé un train de marchandises sur une voie de 100 kilomètres de longueur, on veut faire partir un train de voyageurs dans la même direction, quel intervalle de temps faut-il entre les deux départs pour que le premier train ne soit pas rencontré par le second ?

1043. Buffon estime que la taille moyenne de la femme est de 3 pouces plus petite que la taille moyenne de l'homme qui est de 1m,60. D'après cela, évaluez en mètre et fraction de mètre la taille de la femme, sachant d'ailleurs que l'ancien pouce correspond à 0m,02707.

1044. — L'observation a fait reconnaître que la longueur de la première phalange du pouce est, à peu près, la 60e partie de la taille du corps humain. Quelle devrait être la taille d'un individu dont la phalange aurait 27 millimètres de longueur ?

1045. La composition chimique des œufs et l'usage général qu'on en fait comme aliment établissent que leur valeur nutritive est à peu près égale à celle de la viande. Cela posé, pour représenter autant de nourriture que 1 kilog. de viande, combien faut-il d'œufs du poids moyen de 60 grammes, déduction faite de la coquille dont le poids est environ le $\frac{1}{9}$ du poids total de l'œuf ?

1046. Le célèbre navigateur James Ross raconte que dans les divers sondages qu'il a exécutés, dans ses voyages, pour connaître la profondeur de la mer, il lui est arrivé plusieurs fois de descendre la sonde à 25000 pieds anglais, sans pouvoir atteindre le fond. Or, sachant que le pied anglais vaut 0m,30479, faites connaître, en mesure métrique, à quelle profondeur la sonde était parvenue, sans toucher le fond de la mer.

1047. On a vu, en 1805, un torrent de lave sortir du sommet du Vésuve et atteindre, en 3 heures de temps, le bord de la mer situé à 7000 mètres du point de départ. On désire savoir si, avec une pareille vitesse, la lave pourrait atteindre un homme marchant à la vitesse du pas ordinaire qui est de 0m,8 par seconde.

1048. En général, pour estimer, d'une manière suffisamment exacte, la distance réelle qui sépare deux points du Globe, deux villes par exemple, en tenant compte des sinuosités des routes, il faut augmenter de

$\frac{1}{5}$ *la plus courte distance* de ces deux villes (1). Cela posé, évaluez à un kilomètre près la distance réelle de Paris à Ajaccio, dont la plus courte distance est de 916 kilomètres.

1049. Un bon cheval, chargé de 80 kilog., y compris le poids du cavalier, peut parcourir 40 kilomètres en 7 ou 8 heures. Quelle est, dans ce cas, la vitesse de l'animal, par seconde ?

1050. L'armement et l'équipement des soldats romains pesaient 60 livres, tandis que l'armement et l'équipement du soldat français pèsent 15 kilogrammes. Sachant que la livre ancienne correspond à $0^k,48951$, trouvez la différence de poids qui existe entre l'armure du soldat français et celle du soldat romain.

1051. On a reconnu que trois hommes appliqués à une scie, un en haut, deux en bas, peuvent scier une pièce de bois de chêne sec de 12 pouces d'épaisseur, à raison de 60 pieds par journée de dix heures ; or, sachant que les scieurs donnent 50 coups de scie par minute et que le pied (ou 12 pouces) équivaut à $0^m,32484$, dire de combien de millimètres la scie avance à chaque coup.

1052. Pour être convenablement confectionné, un matelas exige autant de fois trois kilogrammes de laine qu'il y a de fois $0^m,33$ de largeur dans le matelas dont la longueur habituelle est de 2 mètres. D'après ces données, combien faut-il de laine pour un matelas de $1^m,20$ de largeur ?

1053. Sur les chemins de fer, la vitesse de marche des trains de voyageurs est :

---

(1) Sur une sphère, la plus courte distance entre deux points donnés est *l'arc du grand cercle qui passe par ces points.* C'est ainsi que la Géographie mesure la distance entre les différents lieux de la Terre considérée comme sphérique.

de 30 kilom. à l'heure pour les trains *mixtes*,
   40   —   pour les trains *omnibus*,
   50   —   pour les trains *directs*,
   60   —   pour les trains *express*.

Quelle est la vitesse, par seconde, de ces différents trains ?

EXERCICES SUR LA SIMPLIFICATION DES FRACTIONS.

1054. $\dfrac{4}{12}\quad\dfrac{5}{20}\quad\dfrac{7}{21}\quad\dfrac{6}{18}\quad\dfrac{9}{27}\quad\dfrac{8}{16}\quad\dfrac{4}{28}\quad\dfrac{6}{30}\cdot\dfrac{5}{40}\cdot$

1055. $\dfrac{3}{12}\quad\dfrac{7}{35}\quad\dfrac{8}{32}\quad\dfrac{9}{54}\quad\dfrac{6}{42}\quad\dfrac{5}{50}\quad\dfrac{7}{42}\quad\dfrac{3}{21}\cdot\dfrac{9}{72}\cdot$

1056. $\dfrac{10}{30}\quad\dfrac{14}{28}\quad\dfrac{11}{33}\quad\dfrac{15}{60}\quad\dfrac{12}{36}\quad\dfrac{13}{26}\quad\dfrac{17}{34}\quad\dfrac{19}{38}\quad\dfrac{18}{24}\cdot$

1057. $\dfrac{11}{66}\quad\dfrac{16}{48}\quad\dfrac{17}{68}\quad\dfrac{20}{40}\quad\dfrac{12}{18}\quad\dfrac{15}{90}\quad\dfrac{11}{55}\quad\dfrac{13}{39}\quad\dfrac{12}{72}\cdot$

1058. $\dfrac{28}{42}\quad\dfrac{36}{60}\quad\dfrac{46}{64}\quad\dfrac{18}{36}\quad\dfrac{21}{33}\quad\dfrac{13}{52}\quad\dfrac{12}{27}\quad\dfrac{28}{56}\quad\dfrac{15}{35}\cdot$

1059. $\dfrac{33}{44}\quad\dfrac{14}{70}\quad\dfrac{28}{32}\quad\dfrac{19}{76}\quad\dfrac{20}{65}\quad\dfrac{35}{75}\quad\dfrac{42}{63}\quad\dfrac{16}{80}\quad\dfrac{21}{84}\cdot$

1060. $\dfrac{15}{55}\quad\dfrac{36}{90}\quad\dfrac{24}{72}\quad\dfrac{31}{93}\quad\dfrac{27}{54}\quad\dfrac{66}{99}\quad\dfrac{56}{84}\quad\dfrac{41}{82}\quad\dfrac{37}{74}\cdot$

1061. $\dfrac{52}{116}\quad\dfrac{60}{135}\quad\dfrac{80}{140}\quad\dfrac{51}{354}\quad\dfrac{132}{468}\quad\dfrac{222}{333}\quad\dfrac{120}{580}\quad\dfrac{144}{432}\cdot$

1062. $\dfrac{105}{126}\quad\dfrac{306}{504}\quad\dfrac{230}{660}\quad\dfrac{309}{2403}\quad\dfrac{6561}{8100}\quad\dfrac{4065}{9810}\quad\dfrac{5364}{8703}\cdot$

EXERCICES SUR LA RÉDUCTION DES FRACTIONS À LEUR PLUS SIMPLE EXPRESSION.

1063. $\dfrac{2}{4}\quad\dfrac{3}{6}\quad\dfrac{4}{12}\quad\dfrac{2}{5}\quad\dfrac{7}{14}\quad\dfrac{8}{24}\quad\dfrac{3}{11}\quad\dfrac{5}{15}\quad\dfrac{9}{45}\quad\dfrac{9}{72}\quad\dfrac{18}{27}\quad\dfrac{15}{45}\quad\dfrac{18}{24}\quad\dfrac{20}{60}\cdot$

1064. $\dfrac{24}{40}$ $\dfrac{24}{28}$ $\dfrac{36}{45}$ $\dfrac{12}{42}$ $\dfrac{36}{60}$ $\dfrac{40}{55}$ $\dfrac{36}{54}$ $\dfrac{28}{49}$ $\dfrac{21}{56}$ $\dfrac{81}{99}$ $\dfrac{44}{99}$.

1065. $\dfrac{90}{210}$ $\dfrac{18}{144}$ $\dfrac{72}{108}$ $\dfrac{48}{272}$ $\dfrac{45}{162}$ $\dfrac{57}{152}$ $\dfrac{165}{195}$ $\dfrac{105}{120}$ $\dfrac{633}{844}$ $\dfrac{225}{855}$.

1066. $\dfrac{144}{240}$ $\dfrac{150}{375}$ $\dfrac{162}{216}$ $\dfrac{330}{462}$ $\dfrac{108}{144}$ $\dfrac{216}{756}$ $\dfrac{192}{576}$ $\dfrac{144}{378}$ $\dfrac{172}{860}$ $\dfrac{338}{468}$.

1067. $\dfrac{396}{864}$ $\dfrac{252}{364}$ $\dfrac{673}{857}$ $\dfrac{612}{900}$ $\dfrac{391}{833}$ $\dfrac{825}{960}$ $\dfrac{372}{573}$ $\dfrac{200}{846}$ $\dfrac{317}{873}$ $\dfrac{714}{870}$.

1068. $\dfrac{117}{1365}$ $\dfrac{178}{1246}$ $\dfrac{459}{1071}$ $\dfrac{564}{1296}$ $\dfrac{360}{1848}$ $\dfrac{384}{3456}$ $\dfrac{883}{1237}$ $\dfrac{1001}{1287}$ $\dfrac{1620}{3780}$.

1069. $\dfrac{1645}{2303}$ $\dfrac{2016}{5796}$ $\dfrac{3760}{9024}$ $\dfrac{4374}{8505}$ $\dfrac{1836}{8460}$ $\dfrac{7933}{8765}$ $\dfrac{8192}{32768}$ $\dfrac{2618}{11781}$

$\dfrac{5940}{15840}$ $\dfrac{2592}{12096}$ $\dfrac{7933}{8765}$ $\dfrac{94380}{141570}$.

EXERCICES SUR LA RÉDUCTION DES ENTIERS EN FRACTIONS.

Réduire :

1070. 3 unités en quarts.
    5 — en septièmes.
    8 — en cinquièmes.
    4 — en sixièmes.
    6 — en huitièmes.
    9 — en treizièmes.

1071. 7 unités en douzièmes.
    14 — en onzièmes.
    11 — en vingtièmes.
    13 — en dixièmes.
    15 — en dix-huitièmes.
    17 — en dix-neuvièmes.

1072. 10 unités en septièmes.
    16 — en sixièmes.
    7 — en quarts.
    19 — en vingt-huitièm.
    43 — en trente-sixièm.
    65 — en quarante-unièmes.

1073. 34 unités en dix-septièmes.
    26 — en quinzièmes.
    58 — en quarantièmes.
    145 — en neuvièmes.
    207 — en quatorzièmes.
    306 — en cent quatre-vingt-quinzièmes.

Réunir en une seule fraction :

1074. $5\frac{3}{4}$, $9\frac{5}{8}$, $6\frac{2}{3}$, $8\frac{1}{5}$, $7\frac{2}{5}$, $4\frac{7}{9}$, $6\frac{5}{11}$, $8\frac{3}{10}$.

1075. $4\frac{5}{11}$, $5\frac{8}{17}$, $8\frac{7}{25}$, $6\frac{5}{19}$, $9\frac{8}{43}$, $3\frac{4}{15}$ $7\frac{5}{34}$, $2\frac{9}{47}$.

1076. $10\frac{5}{8}$, $13\frac{6}{11}$, $17\frac{8}{29}$, $22\frac{7}{20}$, $31\frac{5}{18}$, $14\frac{7}{12}$, $25\frac{9}{14}$.

1077. $3\frac{19}{21}$, $7\frac{10}{13}$, $40\frac{15}{16}$, $19\frac{11}{35}$, $8\frac{43}{55}$, $55\frac{11}{15}$, $64\frac{13}{20}$.

1078. $7\frac{55}{78}$, $100\frac{17}{49}$, $15\frac{31}{55}$, $87\frac{10}{103}$, $148\frac{81}{85}$, $412\frac{10}{27}$, $52\frac{107}{240}$.

EXERCICES SUR L'EXTRACTION DES ENTIERS CONTENUS DANS UNE EXPRESSION FRACTIONNAIRE (1).

1079. $\dfrac{7}{3}$ $\dfrac{15}{2}$ $\dfrac{27}{4}$ $\dfrac{21}{5}$ $\dfrac{35}{8}$ $\dfrac{22}{7}$ $\dfrac{50}{6}$ $\dfrac{77}{9}$ $\dfrac{83}{5}$.

1080. $\dfrac{28}{4}$ $\dfrac{66}{5}$ $\dfrac{29}{7}$ $\dfrac{57}{9}$ $\dfrac{80}{6}$ $\dfrac{49}{3}$ $\dfrac{75}{8}$ $\dfrac{90}{4}$ $\dfrac{31}{2}$.

1081. $\dfrac{47}{11}$ $\dfrac{64}{15}$ $\dfrac{96}{25}$ $\dfrac{89}{13}$ $\dfrac{32}{12}$ $\dfrac{56}{17}$ $\dfrac{68}{39}$ $\dfrac{75}{10}$ $\dfrac{40}{21}$.

1082. $\dfrac{99}{14}$ $\dfrac{85}{23}$ $\dfrac{72}{11}$ $\dfrac{69}{24}$ $\dfrac{91}{18}$ $\dfrac{38}{12}$ $\dfrac{53}{19}$ $\dfrac{44}{13}$ $\dfrac{66}{23}$.

1083. $\dfrac{105}{25}$ $\dfrac{171}{49}$ $\dfrac{812}{17}$ $\dfrac{206}{15}$ $\dfrac{648}{31}$ $\dfrac{540}{24}$ $\dfrac{372}{48}$ $\dfrac{463}{11}$.

1084. $\dfrac{221}{34}$ $\dfrac{510}{27}$ $\dfrac{189}{12}$ $\dfrac{702}{69}$ $\dfrac{900}{63}$ $\dfrac{417}{28}$ $\dfrac{611}{13}$ $\dfrac{877}{99}$.

1085. $\dfrac{1245}{47}$ $\dfrac{2852}{25}$ $\dfrac{4179}{38}$ $\dfrac{3651}{52}$ $\dfrac{8194}{69}$ $\dfrac{6307}{83}$ $\dfrac{9288}{71}$.

1086. $\dfrac{9030}{419}$ $\dfrac{5005}{308}$ $\dfrac{4437}{740}$ $\dfrac{2860}{201}$ $\dfrac{5704}{145}$ $\dfrac{8099}{807}$ $\dfrac{3371}{555}$.

1087. $\dfrac{2307}{108}$ $\dfrac{6600}{999}$ $\dfrac{5104}{1103}$ $\dfrac{18503}{777}$ $\dfrac{41938}{7214}$ $\dfrac{20777}{1000}$ $\dfrac{75080}{8011}$.

---

(1) La réduction des entiers en fractions et l'extraction des entiers d'une expression fractionnaire se servent réciproquement de preuve.

EXERCICES SUR LA RÉDUCTION DES FRACTIONS AU MÊME DÉNOMINATEUR.

1088. $\frac{1}{2}\ \frac{1}{4}$, $\frac{2}{3}\ \frac{1}{2}$, $\frac{3}{4}\ \frac{4}{5}$, $\frac{2}{7}\ \frac{3}{8}$, $\frac{5}{6}\ \frac{4}{9}$, $\frac{3}{4}\ \frac{5}{7}$, $\frac{5}{8}\ \frac{3}{14}$, $\frac{4}{7}\ \frac{6}{11}$.

1089. $\frac{5}{12}\ \frac{2}{3}$, $\frac{12}{17}\ \frac{5}{8}$, $\frac{7}{9}\ \frac{21}{34}$, $\frac{3}{11}\ \frac{15}{29}$, $\frac{7}{22}\ \frac{9}{16}$, $\frac{5}{14}\ \frac{3}{67}$, $\frac{15}{17}\ \frac{19}{24}$.

1090. $\frac{28}{43}\ \frac{41}{54}$, $\frac{14}{47}\ \frac{65}{89}$, $\frac{13}{20}\ \frac{208}{307}$, $\frac{106}{115}\ \frac{61}{77}$, $\frac{41}{426}\ \frac{74}{1108}$.

1091. $\frac{1}{2}\ \frac{2}{3}\ \frac{4}{7}$, $\frac{1}{4}\ \frac{1}{3}\ \frac{3}{5}$, $\frac{2}{5}\ \frac{3}{8}\ \frac{1}{3}$, $\frac{1}{9}\ \frac{3}{4}\ \frac{4}{5}$, $\frac{7}{8}\ \frac{5}{7}\ \frac{2}{3}$, $\frac{4}{5}\ \frac{3}{8}\ \frac{2}{9}$.

1092. $\frac{1}{7}\ \frac{3}{8}\ \frac{2}{5}$, $\frac{2}{11}\ \frac{1}{8}\ \frac{3}{5}$, $\frac{1}{9}\ \frac{3}{4}\ \frac{5}{11}$, $\frac{4}{13}\ \frac{5}{12}\ \frac{2}{9}$, $\frac{1}{3}\ \frac{4}{17}\ \frac{2}{19}$, $\frac{11}{13}\ \frac{6}{19}\ \frac{1}{4}$, $\frac{9}{10}\ \frac{4}{7}\ \frac{56}{102}$.

1093. $\frac{2}{3}\ \frac{1}{2}\ \frac{4}{5}\ \frac{6}{7}$, $\frac{3}{4}\ \frac{2}{3}\ \frac{4}{5}\ \frac{5}{7}$, $\frac{2}{5}\ \frac{4}{7}\ \frac{5}{8}\ \frac{8}{9}$, $\frac{2}{3}\ \frac{4}{5}\ \frac{6}{7}\ \frac{8}{11}$.

1094. $\frac{1}{2}\ \frac{3}{4}\ \frac{7}{8}\ \frac{5}{32}$, $\frac{5}{20}\ \frac{11}{60}\ \frac{7}{30}\ \frac{4}{15}$, $\frac{23}{96}\ \frac{47}{48}\ \frac{5}{24}\ \frac{3}{8}$, $\frac{4}{13}\ \frac{7}{26}\ \frac{3}{52}\ \frac{1}{2}$, $\frac{11}{12}\ \frac{2}{3}\ \frac{19}{24}\ \frac{5}{6}\ \frac{7}{8}$, $\frac{7}{10}\ \frac{5}{12}\ \frac{4}{15}\ \frac{17}{120}\ \frac{11}{40}$, $\frac{2}{3}\ \frac{7}{12}\ \frac{3}{4}\ \frac{5}{6}\ \frac{23}{48}$, $\frac{3}{4}\ \frac{13}{18}\ \frac{5}{6}\ \frac{7}{9}\ \frac{11}{12}\ \frac{2}{36}$, $\frac{3}{7}\ \frac{15}{84}\ \frac{2}{3}\ \frac{5}{14}\ \frac{7}{21}$, $\frac{9}{10}\ \frac{31}{50}\ \frac{5}{400}\ \frac{17}{20}\ \frac{2}{5}\ \frac{3}{25}\ \frac{41}{80}$.

1095. $\dfrac{3}{4}\ \dfrac{2}{3}\ \dfrac{5}{8}\ \dfrac{4}{9}\ \dfrac{7}{12}$, $\dfrac{4}{7}\ \dfrac{9}{12}\ \dfrac{2}{3}\ \dfrac{1}{6}\ \dfrac{5}{21}$, $\dfrac{9}{15}\ \dfrac{7}{20}\ \dfrac{2}{5}\ \dfrac{19}{30}$ $\dfrac{31}{45}$, $\dfrac{2}{3}\ \dfrac{4}{9}\ \dfrac{5}{16}\ \dfrac{7}{8}\ \dfrac{11}{24}$, $\dfrac{3}{8}\ \dfrac{4}{12}\ \dfrac{15}{32}\ \dfrac{5}{6}\ \dfrac{3}{4}\ \dfrac{25}{48}$.

1096. $\dfrac{4}{15}\ \dfrac{5}{9}\ \dfrac{7}{12}\ \dfrac{3}{4}\ \dfrac{9}{10}$, $\dfrac{5}{14}\ \dfrac{13}{20}\ \dfrac{3}{8}\ \dfrac{9}{16}\ \dfrac{20}{21}$, $\dfrac{20}{35}\ \dfrac{3}{14}\ \dfrac{5}{7}\ \dfrac{4}{10}\ \dfrac{5}{6}$, $\dfrac{3}{7}\ \dfrac{14}{30}\ \dfrac{29}{44}\ \dfrac{20}{77}\ \dfrac{1}{2}\ \dfrac{4}{11}$.

1097. $\dfrac{37}{385}\ \dfrac{209}{220}\ \dfrac{80}{154}\ \dfrac{13}{77}$, $\dfrac{3}{4}\ \dfrac{6}{10}\ \dfrac{3}{7}\ \dfrac{7}{9}\ \dfrac{5}{24}$, $\dfrac{4}{15}\ \dfrac{5}{12}\ \dfrac{3}{4}\ \dfrac{19}{20}\ \dfrac{1}{30}\ \dfrac{2}{3}\ \dfrac{1}{2}\ \dfrac{2}{5}\ \dfrac{5}{6}\ \dfrac{7}{10}$.

EXERCICES SUR L'ADDITION DES FRACTIONS.

1098. $\left(\dfrac{2}{7}\ \dfrac{3}{7}\ \dfrac{1}{7}\right)\ \left(\dfrac{1}{9}\ \dfrac{3}{9}\ \dfrac{4}{9}\right)\ \left(\dfrac{2}{13}\ \dfrac{3}{13}\ \dfrac{5}{13}\right)\ \left(\dfrac{3}{27}\ \dfrac{4}{27}\ \dfrac{8}{27}\right)$

1099. $\left(\dfrac{3}{8}\ \dfrac{4}{9}\right)\ \left(\dfrac{2}{7}\ \dfrac{5}{11}\right)\ \left(\dfrac{2}{3}\ \dfrac{3}{4}\right)\ \left(\dfrac{7}{9}\ \dfrac{9}{10}\right)\ \left(\dfrac{7}{8}\ \dfrac{11}{12}\right)$

1100. $\left(\dfrac{1}{2}\ \dfrac{1}{3}\ \dfrac{1}{4}\right)\ \left(\dfrac{2}{5}\ \dfrac{3}{4}\ \dfrac{1}{2}\right)\ \left(\dfrac{4}{5}\ \dfrac{5}{6}\ \dfrac{8}{9}\right)\ \left(\dfrac{7}{8}\ \dfrac{5}{6}\ \dfrac{5}{9}\right)$

1101. $\left(\dfrac{5}{6}\ \dfrac{4}{7}\ \dfrac{2}{3}\ \dfrac{8}{9}\right)\ \left(\dfrac{1}{2}\ \dfrac{2}{3}\ \dfrac{4}{5}\ \dfrac{5}{7}\right)\ \left(\dfrac{4}{7}\ \dfrac{3}{11}\ \dfrac{1}{3}\ \dfrac{2}{5}\right)$

1102. $\left(\dfrac{8}{9}\ \dfrac{7}{10}\ \dfrac{5}{12}\ \dfrac{4}{15}\right)\ \left(\dfrac{7}{8}\ \dfrac{5}{9}\ \dfrac{9}{10}\ \dfrac{11}{12}\right)\ \left(\dfrac{5}{7}\ \dfrac{2}{3}\ \dfrac{4}{5}\ \dfrac{3}{4}\right)$

1103. $\left(\dfrac{3}{5}\ \dfrac{5}{6}\ \dfrac{7}{9}\ \dfrac{5}{12}\ \dfrac{13}{15}\right)\ \left(\dfrac{5}{8}\ \dfrac{7}{12}\ \dfrac{13}{16}\ \dfrac{23}{24}\ \dfrac{31}{32}\ \dfrac{11}{28}\right)\ \left(\dfrac{3}{4}\ \dfrac{2}{5}\ \dfrac{4}{7}\ \dfrac{5}{11}\ \dfrac{7}{12}\ \dfrac{4}{18}\ \dfrac{2}{27}\right)$

1104. $\left(7\dfrac{5}{9}+3\dfrac{4}{7}\right)\ \left(6\dfrac{1}{5}+8\dfrac{3}{7}+9\dfrac{2}{9}\right)\ \left(2\dfrac{3}{4}+4\dfrac{4}{7}+6\dfrac{1}{2}\right)$.

1105. $(1 \frac{1}{3} + 2 \frac{3}{5} + 6 \frac{1}{2})$ $(5 \frac{2}{3} + 7 \frac{3}{4} + 18 \frac{5}{6})$ $(9 \frac{3}{5} + 25 \frac{7}{8} + 36 \frac{9}{10})$.

1106. $(3 \frac{1}{2} + 4 \frac{7}{10} + 3 \frac{1}{7})$ $(3 \frac{5}{6} + 15 \frac{2}{3} + 42 \frac{7}{12})$.

1107. $(6 \frac{7}{8} + 5 \frac{1}{2} + \frac{3}{4} + 2 \frac{1}{3})$ $(43 \frac{5}{7} + 26 \frac{2}{3} + 59 \frac{4}{5} + 68 \frac{3}{4})$.

1108. $(10 \frac{1}{2} + 12 \frac{2}{13} + 15 \frac{3}{8} + 18 \frac{5}{6})$.

1109. $(14 \frac{2}{3} + 31 \frac{3}{4} + 20 \frac{7}{8} + 52 \frac{11}{16})$.

1110. $(22 \frac{3}{4} + \frac{5}{6} + \frac{7}{8} + 49 \frac{9}{10})$.

1111. $(15 \frac{4}{5} + 27 \frac{5}{8} + \frac{7}{10} + 138 \frac{15}{16})$.

1112. $(\frac{2}{3} + 4 \frac{1}{2} + 13 \frac{4}{5} + \frac{3}{4} + 9 \frac{1}{6})$.

1113. $(7 \frac{1}{2} + \frac{3}{4} + 4 \frac{7}{8} + \frac{5}{16} + 18 \frac{31}{32})$.

PROBLÈMES

SUR L'ADDITION DES FRACTIONS.

1114. Quel nombre obtient-on en additionnant $\frac{1}{3}$, $\frac{8}{9}$, $\frac{3}{11}$?

1115. Un écolier a pris à sa sœur la moitié d'un cornet de bonbons, à son père les $\frac{3}{4}$ du sien, et à sa mère les $\frac{5}{8}$ du sien. Combien a-t-il pris de cornets?

1116. Un enfant a eu le $\frac{1}{5}$ de l'orange que son père a donnée à sa sœur et les $\frac{3}{7}$ de celle qui a été donnée à sa mère. Quelle part l'enfant a-t-il eue en tout?

1117. On a employé pour garnir un chapeau trois coupons de ruban : le 1er de $\frac{3}{4}$, le 2e de $\frac{2}{3}$, le 3e de $\frac{3}{8}$. Combien en a-t-on employés en tout?

1118. Un marchand a vendu une pièce de toile à 4 personnes : la 1re en a pris 9m $\frac{2}{3}$, la 2e 11m $\frac{1}{4}$, la 3e 14m $\frac{1}{8}$, la 4e $\frac{5}{6}$ de mètre. Quelle était la longueur de la pièce?

1119. Un piéton a fait 19 kilom $\frac{3}{4}$ le 1er jour, 18 kilom. $\frac{1}{2}$ le second jour, et 17 kilom. $\frac{1}{3}$ le 3ᵉ jour. Combien a-t-il fait de kilom. pendant les trois jours ?

1120. Une modiste a vendu $\frac{2}{3}$ de mètre de ruban à une 1ʳᵉ personne, $\frac{5}{6}$ à une seconde, et $\frac{7}{12}$ à une troisième. On demande combien elle en a vendu.

1121. Un tailleur a employé $\frac{1}{3}$ plus $\frac{1}{4}$ plus $\frac{3}{4}$ de mètre de drap. Combien cela fait-il en tout ?

1122. Quelle est la fraction qui, diminuée de $\frac{1}{11}$, est égale à $\frac{2}{5}$?

1123. Un détaillant a débité 147 litres $\frac{2}{3}$ d'un tonneau de vin ; il lui en reste encore 85 litres $\frac{3}{4}$. Combien le tonneau contenait-il de litres ?

1124. De quelle fraction faut-il retrancher $\frac{5}{9}$ pour avoir $\frac{1}{3}$?

1125. Une bouteille vide pèse $\frac{2}{9}$ de kilogramme ; on la remplit en y versant $\frac{3}{8}$ de kilogr. d'eau. Que pèse-t-elle quand elle est pleine ?

1126. On a versé dans un vase 3 litres et demi d'eau, puis un tiers de litre, enfin 2 litres $\frac{1}{8}$; il s'en faut de 1 litre un quart que le vase soit plein. Quelle est sa capacité ?

1127. Un écolier qui avait $\frac{3}{4}$ d'heure pour étudier sa leçon a mis demi-heure à faire un pensum et un quart d'heure à manger son pain. Combien de temps a-t-il étudié sa leçon ?

1128. Un tonneau plein de vin peut se vider par 3 robinets. Le premier seul viderait le tonneau en 12 minutes ; le second, également seul, en 15 minutes ; et le troisième en 20 minutes. En combien de temps le tonneau se viderait-il, les trois robinets coulant ensemble ?

1129. Un ouvrier ferait un ouvrage en 8 jours, mais il ne travaille que 3 jours ; un second ouvrier ferait le même ouvrage en 10 jours, mais il ne pourra travailler que 6 jours. Combien les deux ouvriers feront-ils ensemble ?

EXERCICES SUR LA SOUSTRACTION DES FRACTIONS.

Soustraire :

1130. $\frac{2}{7}$ de $\frac{5}{7}$
$\frac{4}{13}$ — $\frac{9}{18}$
$\frac{8}{15}$ — $\frac{12}{15}$
$\frac{18}{37}$ — $\frac{29}{37}$

1131. $\frac{2}{3}$ de $\frac{3}{4}$
$\frac{4}{5}$ — $\frac{5}{6}$
$\frac{4}{9}$ — $\frac{2}{3}$
$\frac{5}{7}$ — $\frac{3}{4}$

1132. $\frac{2}{3}$ de $\frac{5}{7}$
$\frac{3}{5}$ — $\frac{7}{8}$
$\frac{4}{9}$ — $\frac{9}{10}$
$\frac{3}{4}$ — $\frac{7}{9}$

1133. $\frac{3}{8}$ de $\frac{6}{11}$
$\frac{5}{12}$ — $\frac{7}{8}$
$\frac{4}{15}$ — $\frac{8}{9}$
$\frac{2}{7}$ — $\frac{4}{5}$

1134. $\frac{7}{18}$ de $\frac{11}{12}$
$\frac{13}{20}$ — $\frac{17}{18}$
$\frac{3}{7}$ — $\frac{81}{100}$
$\frac{45}{50}$ — $\frac{93}{150}$

1135. $2\frac{3}{8}$ de $9\frac{5}{8}$
$3\frac{4}{7}$ — $6\frac{2}{7}$
$4\frac{2}{3}$ — $5\frac{3}{4}$
$7\frac{1}{4}$ — $12\frac{2}{5}$

Soustraire :

1136. $8\frac{5}{16}$ de $15\frac{7}{8}$
$5\frac{3}{7}$ — $18\frac{9}{11}$
$42\frac{3}{29}$ — $55\frac{18}{31}$
$13\frac{3}{10}$ — $30\frac{4}{10}$

1137. $10\frac{3}{103}$ de $83\frac{7}{15}$
$7\frac{7}{84}$ — $62\frac{13}{56}$
$28\frac{3}{42}$ — $75\frac{45}{93}$
$39\frac{2}{109}$ — $40\frac{31}{23}$

1138. $\frac{5}{7}$ de 2
4 — $5\frac{2}{3}$
$\frac{3}{4}$ — 8
6 — $13\frac{3}{8}$

1139. $\frac{5}{11}$ de 9
7 — $21\frac{9}{10}$
$\frac{16}{19}$ — 34

1140. $\frac{1}{2}$ de $5\frac{8}{8}$
$\frac{2}{3}$ — $4\frac{7}{9}$
$\frac{1}{10}$ — $3\frac{9}{17}$
$\frac{8}{13}$ — $4\frac{5}{8}$

1141. $\left(\frac{3}{8}+\frac{7}{12}\right)$ de $\left(\frac{2}{3}+\frac{5}{6}\right)$
$\left(\frac{2}{15}+\frac{11}{4}\right)$ — $9\frac{5}{7}$
$\left(\frac{5}{9}+\frac{11}{30}\right)$ de $\left(\frac{4}{5}+\frac{7}{10}+\frac{3}{13}\right)$
$\left(\frac{3}{8}+\frac{7}{144}\right)$ — $\left(\frac{3}{4}+8+\frac{4}{9}\right)$

PROBLÈMES

SUR LA SOUSTRACTION DES FRACTIONS.

1142. Deux élèves se partagent ½ kilog. de marrons; l'un en a les $\frac{13}{27}$. Quelle est la part de l'autre ?

1143. Que reste-t-il d'un pain de sucre dont on enlève les $\frac{23}{34}$?

1144. Un marchand a vendu les $\frac{9}{11}$ d'une pièce de drap à une 1re personne et le reste à une seconde. Combien la première a-t-elle acheté de drap de plus que la seconde ?

1145. Que reste-il de l'unité quand on en retranche les $\frac{11}{17}$?

1146. Un ouvrier qui a un ouvrage à exécuter en a fait le 1er jour $\frac{1}{8}$, le second jour $\frac{4}{15}$. Que lui reste-t-il à faire ?

1147. Trouvez la différence qu'il y a entre $\frac{4}{13}$ et $\frac{5}{20}$.

1148. Sur une corde de 27m $\frac{4}{5}$ on coupe une longueur de 11m $\frac{9}{13}$. Combien reste-t-il de mètres ?

1149. Quel est le nombre qui étant ôté de 43 $\frac{5}{12}$ donne 18 $\frac{4}{7}$?

1150. Un copiste doit écrire 63 ½ pages et en a fait 27 $\frac{1}{4}$. Combien en a-t-il encore à faire ?

1151. Laquelle des deux fractions $\frac{5}{11}$ et $\frac{7}{15}$ peut être soustraite de l'autre ?

1152. Sur un travail qui a exigé 15 journées $\frac{3}{4}$, un ouvrier a fait 7 $\frac{2}{3}$ jours ; un second ouvrier a fait le reste. Exprimez ce reste.

1153. Quel est l'excédant de $\frac{13}{18}$ sur $\frac{27}{49}$?

1154. Trouvez laquelle des deux fractions $\frac{5}{6}$ et $\frac{4}{5}$ est la plus grande et quelle en est la différence ?

1155. Dans une pièce contenant 150l $\frac{2}{3}$ de vin on a pris une fois 25l $\frac{1}{4}$, une seconde fois 38l $\frac{5}{11}$; une troisième fois 64 $\frac{7}{9}$. Que reste-t-il dans la pièce ?

1156. De combien une toile de $\frac{7}{8}$ est-elle plus large qu'une autre toile de $\frac{3}{4}$?

EXERCICES SUR LA MULTIPLICATION DES FRACTIONS.

1157.
$\frac{1}{2} \times \frac{3}{4}$
$\frac{1}{4} \times \frac{2}{3}$
$\frac{2}{3} \times \frac{8}{9}$
$\frac{4}{7} \times \frac{2}{5}$

1158.
$\frac{2}{5} \times \frac{6}{7}$
$\frac{5}{8} \times \frac{5}{6}$
$\frac{2}{9} \times \frac{3}{4}$
$\frac{3}{4} \times \frac{2}{3}$

1159.
$\frac{7}{8} \times \frac{1}{5}$
$\frac{3}{7} \times \frac{5}{10}$
$\frac{2}{5} \times \frac{3}{8}$
$\frac{8}{9} \times \frac{7}{8}$

1160.
$\frac{2}{7} \times \frac{3}{11}$
$\frac{8}{13} \times \frac{3}{4}$
$\frac{5}{9} \times \frac{7}{15}$
$\frac{9}{20} \times \frac{5}{6}$

1161.
$\frac{7}{12} \times \frac{3}{17}$
$\frac{5}{11} \times \frac{4}{19}$
$\frac{6}{22} \times \frac{9}{40}$
$\frac{4}{15} \times \frac{2}{27}$

1162.
$\frac{10}{11} \times \frac{11}{12}$
$\frac{15}{32} \times \frac{35}{69}$
$\frac{31}{40} \times \frac{13}{24}$
$\frac{27}{113} \times \frac{206}{308}$

1163.
$\frac{2}{8} \times 2$
$3 \times \frac{2}{7}$
$\frac{2}{9} \times 4$
$5 \times \frac{3}{9}$

1164.
$\frac{4}{5} \times 10$
$7 \times \frac{3}{4}$
$\frac{5}{6} \times 12$
$9 \times \frac{2}{3}$

1165.
$\frac{5}{7} \times 4$
$6 \times \frac{7}{8}$
$\frac{2}{3} \times 5$
$5 \times \frac{1}{9}$

1166.
$\frac{5}{12} \times 3$
$6 \times \frac{7}{10}$
$\frac{3}{13} \times 5$
$11 \times \frac{9}{25}$

1167.
$4 \times \frac{15}{19}$
$\frac{10}{11} \times 9$
$8 \times \frac{31}{15}$
$\frac{17}{69} \times 7$

1168.
$21 \times \frac{39}{90}$
$\frac{103}{110} \times 35$
$46 \times \frac{159}{208}$
$\frac{352}{907} \times 55$

$$1169. \quad 2\tfrac{3}{4} \times \tfrac{5}{7} \qquad\qquad 1170. \quad 9\tfrac{40}{13} \times 7\tfrac{5}{24}$$
$$6 \times 5\tfrac{1}{2} \qquad\qquad 5\tfrac{14}{45} \times 3\tfrac{7}{20}$$
$$8\tfrac{2}{3} \times \tfrac{3}{5} \qquad\qquad 10\tfrac{30}{34} \times 8\tfrac{25}{48}$$
$$\tfrac{7}{9} \times 10\tfrac{3}{8} \qquad\qquad 6\tfrac{08}{105} \times 4\tfrac{109}{300}$$

Élevez au carré :   Élevez au cube :

$$1171. \quad \tfrac{3}{4}, \ \tfrac{5}{8}, \ \tfrac{7}{9}, \ \tfrac{11}{23}. \qquad 1172. \quad \tfrac{2}{3}, \ \tfrac{4}{13}, \ \tfrac{5}{74}, \ \tfrac{102}{304}.$$

PROBLÈMES

SUR LA MULTIPLICATION DES FRACTIONS.

1173. Dans 9 kilogrammes, combien y a-t-il de *quarts* de kilogramme ?

1174. Combien 6 paires font-elles de *cinquièmes* de poire ?

1175. Dans 3 pains et $\tfrac{2}{7}$ de pain, combien y a-t-il de *septièmes* de pain ?

1176. A 0ᶠ,7 le kilog. combien coûteront 6 kilog. $\tfrac{5}{9}$ de sucre ?

1177. Quelle longueur faut-il donner à un banc destiné à 8 élèves, sachant que chacun d'eux occupe les $\tfrac{2}{5}$ du mètre ?

1178. Une barre de fer a été coupée en 9 morceaux de 3 kilog. $\tfrac{1}{4}$ chacun. Quel était le poids de la barre entière ?

1179. Quel est, par heure, le débit d'une fontaine qui donne $\tfrac{3}{4}$ de litre d'eau dans $\tfrac{1}{3}$ de minute ?

1180. Un quinquet brûlant 42 grammes d'huile à l'heure éclaire autant que les $\tfrac{2}{3}$ d'un bec ordinaire de gaz. Cela étant, combien faut-il de ces becs pour remplacer 3 quinquets ?

1181. Vous voyez de loin un bûcheron frapper un arbre qu'il veut abattre. La cognée a déjà atteint le tronc et pourtant vous n'entendez le coup que 2 minutes ½ après. Calculez la distance qui vous sépare du bûcheron, sachant d'ailleurs que la vitesse du son dans l'air est de 337 mètres par seconde.

1182. Un quinquet brûlant 42 grammes d'huile à l'heure fournit autant de lumière que les $\frac{5}{6}$ d'une lampe Carcel qui consommerait la même quantité d'huile. D'après cela, combien faut-il de ces lampes pour remplacer 6 quinquets ?

1183. On dit qu'un vaisseau file 3, 4, 5 nœuds à l'heure quand il fait 3, 4, 5 tiers de lieue marine qui est de 5556 mètres. D'après cela, estimez en kilomètres le chemin que fait un navire qui file 8 nœuds et demi à l'heure.

1184. Une lampe Carcel brûlant 42 grammes d'huile à l'heure éclaire autant que $\frac{4}{5}$ d'un bec ordinaire de gaz. A ce compte, combien faut-il de ces becs pour 5 lampes Carcel ?

1185. Puisque, d'après le problème 447, les petites mesures de capacité ont une profondeur double du diamètre, quelle est la profondeur du *double litre* qui a 108ᵐᵐ $\frac{4}{9}$ de diamètre ; du *demi-litre* dont le diamètre est de 68ᵐᵐ $\frac{1}{3}$; et du *double décilitre* dont le diamètre est de 50ᵐᵐ $\frac{1}{3}$?

1186. Indépendamment de la respiration des personnes, l'air des appartements est encore vicié par les lumières artificielles. Si donc l'on suppose que l'air cesse d'être propre à l'éclairage lorsque le $\frac{1}{3}$ de son oxygène est absorbé, on trouve que pour une chandelle ou pour une bougie de 6 au demi-kilog. il faut ⅓ de mètre cube par heure, et 1ᵐ·ᶜᵘᵇ· $\frac{1}{4}$ pour une lampe gros bec. D'après ces données, quelle est, pour une heure de temps, la consommation d'air dans une salle éclairée par 4 gros becs de lampe et par 6 bougies ?

1187. Il est reconnu que chaque degré de chaleur fait augmenter le volume de l'air de $\frac{1}{267}$. Cela posé, si l'on a 1 litre d'air à 15 degrés et qu'on le chauffe jusqu'à 50 degrés, quel sera le volume de cet air exprimé en fraction décimale ?

1188. Un hectolitre de froment coûte 32 francs. Combien coûteront $4^h\ \frac{2}{5}$?

1189. Pour une journée de travail on donne à un ouvrier 4 francs. Combien lui donnera-t-on pour $\frac{3}{5}$ de journée ?

1190. Quelle différence y a-t-il entre le carré et le cube de $\frac{2}{5}$?

1191. Quel est le nombre qui, divisé par $\frac{7}{11}$, donne au quotient $\frac{19}{24}$?

1192. Onze familles pauvres ont reçu chacune 4 fagots et demi de bois. Combien de fagots ont-elles reçus en tout ?

1193. Pour un franc on a eu $2\ \frac{1}{4}$ litres de vin ; combien en aura-t-on pour 5 fr. 40 ?

1194. Pour que la farine ne s'échauffe pas à la mouture du blé, il faut que la meule de moulin ne fasse pas plus de $57\ \frac{2}{3}$ tours pendant le quart d'une minute. A ce compte, combien de tours la meule doit-elle faire par minute ?

1195. Une montre retarde de 2 minutes $\frac{3}{7}$ en un jour ; de combien aura-t-elle retardé au bout de huit jours ?

1196. Si les proportions naturelles du corps humain observées par un savant sont exactes, il en résulterait que chez l'homme bien conformé la distance du sommet de la tête au bas du menton doit égaler le $\frac{1}{8}$ de la taille. Cela étant, quelle doit être la taille d'un individu bien proportionné chez lequel la distance en question se trouve être de 21 centimètres et demi ?

1197. Si l'on écrit $\frac{2}{3}$ de page en une heure, combien en écrira-t-on dans 6 heures et quart ?

1198. A 1^f,10 le kilog. quel est le prix de 15$^{kil.}$ $\frac{3}{4}$ de savon ?

1199. On a fait 18 mètres $\frac{3}{4}$ d'ouvrages en 1 jour, combien en fera-t-on dans $\frac{2}{3}$ de journée ?

1200. Une salle a 9^m $\frac{1}{5}$ de longueur sur 6^m $\frac{3}{7}$ de largeur, quelle est sa superficie ?

1201. Si un bon marcheur peut faire 50 kilom. $\frac{8}{9}$ dans un jour, combien en fera-t-il en 6 jours $\frac{2}{7}$?

1202. Un piéton fait une lieue métrique $\frac{1}{4}$ en une heure. Combien en fera-t-il en 5 heures et demie ?

1203. Un bon terrassier met une heure pour fouiller et charger en brouette 1$^{m.\,cub.}$ $\frac{1}{2}$ de terre. Combien de mètres cubes peut-il fouiller et charger dans 8^h $\frac{3}{4}$?

EXERCICES SUR LES FRACTIONS DE FRACTIONS.

Prendre :

1204. les $\frac{2}{3}$ de $\frac{3}{4}$.
les $\frac{3}{4}$ de $\frac{4}{5}$.
les $\frac{5}{6}$ de $\frac{3}{8}$.
les $\frac{2}{9}$ de $\frac{7}{15}$.

1205. les $\frac{2}{5}$ de $\frac{4}{9}$ de $\frac{3}{4}$.
les $\frac{3}{4}$ de $\frac{6}{7}$ de 8.
les $\frac{2}{3}$ de $\frac{7}{11}$ de $\frac{5}{9}$.
les $\frac{5}{8}$ de $\frac{3}{4}$ de 6.

1206. les $\frac{2}{3}$ des $\frac{5}{6}$ des $\frac{3}{4}$ de $\frac{7}{8}$.
les $\frac{4}{5}$ des $\frac{3}{4}$ des $\frac{2}{7}$ de 9.
les $\frac{8}{9}$ des $\frac{3}{5}$ du $\frac{1}{6}$ de 7.
le $\frac{1}{2}$ du $\frac{1}{3}$ des $\frac{5}{8}$ des $\frac{11}{12}$.

PROBLÈMES

SUR LES FRACTIONS DE FRACTIONS.

1207. Quels sont les $\frac{7}{15}$ des $\frac{24}{27}$ de 1 mètre ?

1208. Quels sont les $\frac{2}{3}$ des $\frac{3}{4}$ des $\frac{13}{20}$ de 100 ?

1209. La population rurale en France forme à peu près les $\frac{6}{10}$ de la population totale qui est en nombre rond de 38 millions d'habitants. Combien y a-t-il de paysans ?

1210. Un mulet bâté peut porter environ les $\frac{3}{8}$ de son poids à la distance de 30 kilomètres. D'après cela, quelle charge peut-on donner au mulet qui pèse 270 kilog ?

1211. La toison des gros moutons pèse ordinairement le quart du poids de l'animal. A ce compte, quel doit être, à 1 gramme près, le poids de la laine que peut produire un mouton de 23ᵏ,78 ?

1212. Le sang humain contient une proportion de fer représentée par les $\frac{5}{1000}$ de son poids ; or, comme on estime à 15 kilog. la quantité de sang qui se trouve dans le corps d'un adulte, calculez le poids de fer contenu dans cette masse liquide ?

1213. Un sixième des enfants meurent dans l'année de leur naissance, 1 cinquième ne parviennent pas à l'âge de 2 ans, 1 quart à l'âge de 4 ans, et 1 tiers à l'âge de 14 ans. S'il naît 360 enfants dans la commune de B...., combien y en aura-t-il qui mourront dans l'année et combien qui ne parviendront pas aux divers âges indiqués ?

1214. Une marchande avait les $\frac{4}{5}$ d'un sac de pommes ; elle en a vendu les $\frac{2}{8}$. Combien lui en reste-il encore ?

1215. Sur 5094321 myriamètres carrés que présente la surface du Globe terrestre, les $\frac{3}{4}$ sont occupés par

les mers, le quart restant par les terres. D'après cela,
qu'elle est en myriamètres carrés la surface occupée
par les mers et celle occupée par les terres ?

1216. Sur le nombre d'enfants nés dans la même
année, il en reste la moitié à 42 ans ; le tiers à
62 ans ; le quart à 69 ans ; le cinquième à 72 ans ;
et le sixième à 75 ans. D'après cela, s'il naît 120
enfants par an dans une commune, combien y en aura-
t-il qui n'atteindront pas ces différents âges ?

1217. Que vaut réellement une pièce de 20 francs
en or qui a perdu les $\frac{8}{45}$ de son poids ?

1218. Estimez la quantité de croûte et de mie que
contient 500 grammes de pain tendre, sachant que
dans cet état le pain présente $\frac{5}{6}$ de mie et $\frac{1}{6}$ de croûte.

1219. On sait que pour faire cuire au degré convenable les œufs qu'on veut manger à la coque, il suffit
de les laisser dans l'eau bouillante pendant la 20e partie d'une heure. Combien cela fait-il de minutes ?

1220. Lorsqu'un navire quitte les eaux d'un fleuve
pour naviguer dans la mer, son tirant d'eau diminue
de $\frac{1}{35}$, ce qui veut dire que l'enfoncement du navire
est moindre de $\frac{1}{35}$ dans l'eau salée et pesante de la
mer que dans les eaux plus légères du fleuve. Supposant donc que le tirant d'eau d'un bateau à vapeur qui
navigue sur le Rhône soit 1^m,25, calculez de combien
il aura diminué lorsque le bateau, quittant les eaux
du Rhône, naviguera dans la Méditerranée.

1221. Suivant M. Dumas, l'illustre chimiste, un
homme de force moyenne transforme en acide carbonique, par la respiration, et cela dans l'espace d'une
heure, tout l'oxygène ou le *gaz respirable* de 90 litres
d'air atmosphérique. Or, sachant que ce dernier est
formé de 21 parties de gaz oxygène et 79 parties de
gaz azote, on désire savoir le volume d'oxygène ainsi
transformé en acide carbonique.

1222. La viande de boucherie contenant le 5me de

son poids d'os, on demande combien de kilog. d'os et de kilog. de viande nette on doit compter dans 100 kilog. de viande de boucherie.

1223. Un manœuvre peut, dans sa journée de dix heures, damer ou pilonner 20 mètres cubes de terre. Combien de mètres pourra-t-il pilonner dans deux tiers de journée ?

1224. L'expérience a démontré qu'avant de se rompre sous le poids qu'on lui fait supporter, un cordage neuf s'allonge de $\frac{1}{7}$ à $\frac{1}{5}$, soit en moyenne de $\frac{6}{35}$. D'après cela, quel est, au moment de la rupture, l'allongement d'une corde dont la longueur primitive était de 9^m,40 ?

1225. Puisque, d'après le problème 447, les mesures de capacité destinées aux liquides autres que l'huile et le lait ont une profondeur double du diamètre, quel doit être le diamètre du décilitre dont la profondeur est de 80 millimètres ?

1226. Un terrassier dresseur peut, dans une journée de 10 heures de travail, dresser en talus 100 mètres carrés de terre ordinaire, 60 mètres carrés de terre forte graveleuse, et 20 mètres de roc. Combien de mètres carrés de chaque espèce de terre le même ouvrier pourrait-il dresser en talus dans les ¾ de la journée ?

1227. La *population majeure*, c'est-à-dire celle qui comprend tous les individus âgés de 21 ans et au-dessus, représente à très peu près les $\frac{6}{10}$ de la population totale ; or, comme ce nombre comprend autant de filles que de garçons, il en résulte que $\frac{3}{10}$ représente les femmes et $\frac{3}{10}$ les hommes *majeurs*. Conséquemment combien doit-on compter d'hommes majeurs dans un arrondissement qui a 43656 âmes de population ?

1228. D'après le problème précédent, à quels chiffres s'élèvent la population majeure et la population mineure dans une ville de 15900 habitants ?

1229. Lorsqu'on veut établir une école dans une commune où il existe des salles d'asile, les règlements veulent que les dimensions de la salle de classe soient telles qu'elle puisse renfermer tous les enfants de 7 à 13 ans qui forment, à très-peu près, le $\frac{1}{13}$ de la population totale. D'après cela, s'il s'agissait d'établir une école dans une commune ayant 8710 âmes de population, sur quel nombre d'élèves devrait-on compter ?

1230. L'air atmosphérique cesse d'être propre à la respiration quand il contient 4 pour cent de son volume d'acide carbonique. Il suit de là que dès qu'un mètre cube d'air contient 40 décimètres cubes de ce gaz, il devient impropre à la respiration et par conséquent nuisible à la santé. Cela posé, combien faut-il qu'il y ait de décimètres cubes d'acide carbonique dans une salle qui a 36 mètres cubes de capacité, pour que l'air soit vicié au point de nuire à la santé ?

1231. Un enfant qui avait 80 billes en a perdu au jeu les $\frac{2}{3}$ et un autre enfant lui a pris les $\frac{3}{4}$ de ce qui lui restait. Combien de billes le premier enfant a-t-il encore ?

1232. Quand on construit une école dans une commune où il n'y a pas de salle d'asile, les règlements veulent que la salle de classe soit assez grande pour contenir tous les enfants de 5 à 13 ans, en donnant à chaque élève 1 mètre carré de surface. Or, sachant que les enfants de cette catégorie représentent à très-peu près le $\frac{1}{6}$ de la population, on désire connaître la surface qu'il faut donner à la classe quand la population de la commune est de 1560 habitants.

1233. D'après les proportions qui constituent la parfaite conformation du cheval, il faut que les $\frac{3}{4}$ de la longueur de la tête égalent la largeur du poitrail, mesurée d'une pointe de bras à l'autre de dehors en dehors. Si donc, en examinant un cheval dont la tête a 58 centimètres de longueur, vous trouvez 43 centimètres pour la largeur du poitrail, que devez-vous conclure de ce résultat ?

1234. On a vu que notre Globe est aplati vers ses deux pôles et que cet aplatissement équivaut à la $\frac{1}{300^e}$ partie (exactement $\frac{1}{299,15}$) de son grand rayon. Si donc on voulait donner exactement la forme de la Terre aux globes dont on se sert en Géographie et qui ont ordinairement 25 centimètres de diamètre, combien de millimètres d'aplatissement faudrait-il donner à ces globes ?

1235. La farine d'un bon blé absorbe $\frac{2}{3}$ d'eau et produit $\frac{1}{5}$ de pain en sus de son poids. D'après ces données, quelle quantité de pains doit-on obtenir de 100 kilog. de farine et quelle est la quantité d'eau évaporée pendant la cuisson ?

1236. On a vu que 100 kilog. de blé de bonne qualité donnent 76 kilog. de farine, et que cette farine (probl. 1235) absorbe $\frac{2}{3}$ d'eau et produit $\frac{1}{5}$ de pain en sus de son poids. Cela étant, combien faut-il de blé pour faire 1 kilog. de pain ?

1237. La population de l'Asie est, suivant un statisticien, les $\frac{109}{38}$ de celle de l'Europe ; celle de l'Amérique en est les $\frac{1}{19}$; celle de l'Afrique, les $\frac{23}{183}$; celle de l'Australie, les $\frac{2}{183}$. En supposant que la population de l'Asie soit de 763 millions d'habitants, calculez celles des autres parties du Globe à une unité près.

1238. Une terre de 68 ares est à partager en parties égales entre 3 familles que nous désignerons par Jean, Pierre, Antoine. Mais dans la famille Jean il existe 4 copartageants, dans la famille Pierre 5, dans la famille Antoine 7. En combien de parts la terre sera-t-elle divisée, et quelle sera, dans chaque famille, pour chaque partageant, la portion fractionnaire de toute la terre ?

1239. Trois enfants se partagent un panier de marrons : le premier en a les $\frac{2}{5}$ et le second les $\frac{3}{4}$ de ce qui reste. Quelle est la part de chaque enfant ?

1240. On prend une goutte d'un liquide quelconque et on la mêle avec 99 gouttes d'alcool. Cela fait, on

prend de ce premier mélange (ou première dilution)
une goutte que l'on met dans 99 gouttes d'alcool. De
cette seconde dilution on prend une goutte que l'on
mêle avec 99 gouttes d'alcool. Ce troisième mélange
ainsi préparé, il s'agit de déterminer dans quelle
proportion le premier liquide y est contenu.

EXERCICES SUR LA DIVISION DES FRACTIONS.

Diviser :

1241. $\frac{2}{3}$ par $\frac{1}{2}$; $\frac{3}{4}$ par $\frac{2}{5}$; $\frac{8}{9}$ par $\frac{2}{3}$; $\frac{3}{5}$ par $\frac{3}{7}$

1242. $\frac{5}{8}$ par $\frac{5}{6}$; $\frac{2}{5}$ par $\frac{6}{7}$; $\frac{3}{8}$ par $\frac{3}{4}$; $\frac{5}{9}$ par $\frac{4}{7}$

1243. $\frac{4}{5}$ par $\frac{7}{8}$; $\frac{5}{9}$ par $\frac{3}{7}$; $\frac{3}{8}$ par $\frac{2}{5}$; $\frac{8}{9}$ par $\frac{7}{8}$

1244. $\frac{3}{11}$ par $\frac{2}{7}$; $\frac{8}{13}$ par $\frac{3}{4}$; $\frac{7}{15}$ par $\frac{5}{9}$; $\frac{7}{20}$ par $\frac{4}{6}$

1245. $\frac{3}{17}$ par $\frac{7}{13}$; $\frac{5}{19}$ par $\frac{2}{11}$; $\frac{5}{9}$ par $\frac{3}{13}$; $\frac{4}{15}$ par $\frac{21}{17}$

Diviser :

1246. $\frac{11}{12}$ par $\frac{10}{11}$; $\frac{25}{69}$ par $\frac{15}{32}$; $\frac{13}{24}$ par $\frac{31}{40}$; $\frac{307}{401}$ par $\frac{96}{143}$

1247. $\frac{3}{5}$ par 4 ; 2 par $\frac{1}{7}$; $\frac{5}{9}$ par 6 ; 9 par $\frac{3}{4}$

1248. 10 par $\frac{2}{5}$; $\frac{1}{4}$ par $\frac{7}{8}$; 13 par $\frac{15}{8}$; $\frac{2}{3}$ par 8

1249. 4 par $\frac{3}{7}$; $\frac{15}{9}$ par 8 ; 10 par $\frac{2}{4}$; $\frac{3}{8}$ par 6

1250. 3 par $\frac{11}{12}$; $\frac{5}{10}$ par 7 ; 9 par $\frac{13}{7}$; $\frac{8}{31}$ par 11

1251.	4	par	$\frac{15}{21}$	1253.	$3\frac{1}{4}$	par	$\frac{3}{7}$
	$\frac{10}{11}$		5		6		$5\frac{1}{2}$
	8		$\frac{31}{47}$		$8\frac{2}{3}$		$\frac{31}{5}$
	$\frac{19}{73}$		6		$\frac{4}{9}$		$10\frac{7}{8}$
1252.	17	par	$\frac{29}{80}$	1254.	$9\frac{10}{11}$	par	$4\frac{3}{21}$
	$\frac{101}{110}$		25		$7\frac{13}{18}$		$5\frac{9}{26}$
	58		$\frac{136}{405}$		$8\frac{34}{48}$		$6\frac{10}{51}$
	$\frac{267}{400}$		61		$10\frac{209}{500}$		$3\frac{73}{125}$

PROBLÈMES

SUR LA DIVISION DES FRACTIONS.

1255. Combien de fois $\frac{3}{4}$ est-il contenu dans $\frac{5}{6}$?

1256. Combien $\frac{1}{9}$ est-il contenu de fois dans $\frac{7}{8}$?

1257. Par quel nombre faut-il multiplier $\frac{2}{9}$ pour avoir $\frac{4}{13}$?

1258. On sait que $\frac{6}{14}$ est un des facteurs de $\frac{11}{12}$. On demande quel est l'autre facteur.

1259. Un tailleur achète 18 mètres ¾ d'étoffe pour 5 pantalons. Combien cela fait-il pour chaque pantalon ?

1260. Un hectare semé d'épeautre velu rend en moyenne 10 fois et demi la semence ou 45 hectolitres. Combien faut-il de litres de semence par hectare ?

1261. Pendant qu'un cheval fait un certain trajet, un piéton n'en fait que les $\frac{3}{11}$. Combien de fois va-t-il plus vite que le piéton ?

1262. Une source remplit en 4 heures les $\frac{3}{5}$ d'un bassin. Quelle partie en remplit-elle en une heure ?

1263. Combien de draps de lit pourra-t-on faire de 150^m de toile, s'il faut 7 mètres et demi pour un drap ?

1264. S'il faut 1 mètre 3 quarts de velours pour doubler un manteau, combien de manteaux pourra-t-on doubler avec 5 mètres 2 tiers ?

1265. On a fait des serviettes de 1 mètre $\frac{1}{5}$ de longueur avec 16 mètres un tiers de toile. Combien y a-t-il eu de serviettes ?

1266. Avec 1 kilog. de viande (chair, graisse et os compris) on fait moyennement 2 litres de bouillon. En admettant que dans un ménage $\frac{1}{4}$ de litre de bouillon suffise pour chaque personne, quelle quantité de viande faut-il pour un ménage de 9 personnes ?

1267. Puisque, d'après le problème 447, les petites mesures de capacité destinées aux liquides autres que le lait et l'huile, ont une profondeur double du diamètre, quel est le diamètre du *demi-décilitre* dont la profondeur est de 63ᵐᵐ $\frac{1}{3}$; du *double-centilitre* qui a 47 millimètres de profondeur, et du *centilitre* dont la profondeur est de 37 millimètres ?

1268. *Deux fois et demi la longueur de la tête* chez un cheval bien proportionné égalent la *hauteur du corps* de l'animal, comptée du sommet du garrot à terre, ou la *longueur* de ce même corps mesurée depuis la pointe du bras jusqu'à la pointe de la fesse exclusivement. Cela posé, on demande quelle doit être la longueur de la tête chez un cheval bien conformé dont le corps a 149 centimètres de hauteur.

1269. Puisque, d'après le problème 268, un soldat armé et équipé occupe $\frac{1}{3}$ de mètre carré, combien de soldats pourrait-on placer sur une place d'armes ayant 50 mètres de largeur sur 100 mètres de longueur ?

1270. Un ouvrier peut forger 33 $\frac{1}{3}$ fers à cheval dans 5 heures $\frac{1}{3}$. Quel temps faudra-t-il au même ouvrier pour forger 1 fer ?

1271. Une source peut fournir 5 litres $\frac{1}{2}$ d'eau en 7 minutes. En combien de temps remplirait-elle un réservoir de 50 litres de capacité ?

1272. Dans les entreprises de terrassement, on considère la brouette, le camion, le tombereau, comme contenant le $\frac{1}{30}$, $\frac{1}{5}$, $\frac{1}{2}$ du mètre cube. A ce compte, combien faut-il de tombereaux pour représenter 12 camions? combien de camions pour représenter 510 brouettes ?

1273. On a vu que le nombre des hommes majeurs ou âgés de 21 ans et au-dessus représente les $\frac{3}{10}$ de la population totale. Quelle est donc la population d'une ville où la population majeure est de 9786 habitants ?

1274. Les $\frac{3}{5}$ d'une rame de papier coûtent 11 fr. Combien coûte la rame entière ?

1275. Puisque, d'après le problème 1222, dans la viande de boucherie les os forment le cinquième du poids total de la viande, combien faut-il de viande avec les os pour 1 kilog. de viande désossée ?

1276. Quel est le nombre dont 45 forme les $\frac{9}{10}$?

1277. $\frac{3}{7}$ de kilog. coûtent 3 quarts de franc ; quel est le prix du kilogramme ?

1278. Les $\frac{4}{13}$ d'une somme valent 60 francs. Quelle est cette somme ?

1279. Quel est le nombre dont le $\frac{1}{6}$ et les $\frac{3}{4}$ valent ensemble 58 ?

1280. Si aux $\frac{3}{5}$ d'un nombre on ajoute les $\frac{2}{7}$ de ce nombre, on obtient 22 ; quel est ce nombre ?

1281. Quelqu'un donne les $\frac{7}{9}$ de son bien et il lui reste 6000 fr. Combien avait-il avant ce don ?

1282. Une montre a retardé de 2 tiers de seconde en $\frac{1}{5}$ de jour. De combien retardera-t-elle dans un jour entier ?

1283. Un bon terrassier enlève à la pelle 2 mètres cubes $\frac{7}{8}$ de terre en une heure un quart. Combien en enlèvera-t-il en 1 heure?

1284. Lorsqu'une laitière vend, à raison de 40 centimes le litre (prix du lait pur), du lait auquel elle ajoute $\frac{1}{6}$ de son volume d'eau, elle trompe de deux manières le consommateur : d'abord, en vendant pour du lait pur du lait qui ne l'est pas ; secondement, en faisant payer au prix du lait pur le volume d'eau qui entre dans ce mélange frauduleux. En pareil cas, de combien en argent l'acheteur est-il trompé ?

RÉDUCTION DES FRACTIONS DÉCIMALES EN FRACTIONS ORDINAIRES.

Réduire en fractions ordinaires :

1285. 0,7 — 0,9 — 0,15 — 0,21 — 0,25 — 0,36 — 0,45 — 0,78 — 0,84 — 0,05 — 0,08.

1286. 0,175 — 0,324 — 0,512 — 0,275 — 0,485 — 0,705 — 0,903 — 0,864 — 0,104.

1287. 0,875 — 0,707 — 0,785 — 0,036 — 0,045 — 0,012 0,075 — 0,008 — 0,001.

1288. 0,1856 — 0,4375 — 0,3064 — 0,6875 — 0,0126 — 0,0018 — 0,0004.

1289. 0,13124 — 0,25065 — 0,01408 — 0,90047 — 0,30701.

1290. 0,00056 — 0,07008 — 0,60004 — 0,00125 — 0,00003.

1291. 5,6 — 7,85 — 9,04 — 12,53 — 3,432 — 4,107 — 8,021.

1292. 2,009 — 6,0025 — 3,10006 — 5,00042 — 9,00003.

RÉDUCTION DES FRACTIONS ORDINAIRES EN FRACTIONS DÉCIMALES.

Réduire en fractions décimales :

1293. $\dfrac{3}{5}, \dfrac{1}{4}, \dfrac{7}{8}, \dfrac{1}{3}, \dfrac{8}{9}, \dfrac{5}{8}, \dfrac{4}{5}, \dfrac{1}{6}, \dfrac{6}{7}, \dfrac{15}{6}$.

1294. $\dfrac{5}{7}, \dfrac{9}{10}, \dfrac{3}{20}, \dfrac{1}{25}, \dfrac{5}{16}, \dfrac{7}{40}, \dfrac{3}{11}, \dfrac{2}{25}, \dfrac{9}{60}$.

1295. $\dfrac{1}{81}$, $\dfrac{7}{11}$, $\dfrac{3}{40}$, $\dfrac{9}{20}$, $\dfrac{6}{17}$, $\dfrac{5}{11}$, $\dfrac{7}{32}$, $\dfrac{5}{77}$, $\dfrac{11}{50}$.

1296. $\dfrac{13}{14}$, $\dfrac{21}{25}$, $\dfrac{39}{61}$, $\dfrac{11}{15}$, $\dfrac{99}{40}$, $\dfrac{23}{99}$, $\dfrac{31}{80}$, $\dfrac{13}{25}$, $\dfrac{10}{19}$.

1297. $\dfrac{11}{16}$, $\dfrac{10}{11}$, $\dfrac{21}{74}$, $\dfrac{40}{18}$, $\dfrac{11}{51}$, $\dfrac{98}{24}$, $\dfrac{22}{80}$, $\dfrac{17}{25}$, $\dfrac{13}{47}$.

1298. $\dfrac{81}{250}$, $\dfrac{73}{146}$, $\dfrac{108}{125}$, $\dfrac{126}{168}$, $\dfrac{157}{200}$, $\dfrac{116}{495}$, $\dfrac{438}{3125}$, $\dfrac{839}{6250}$.

1299. $\dfrac{4}{125}$, $\dfrac{3}{250}$, $\dfrac{2}{1000}$, $\dfrac{9}{5000}$, $\dfrac{1}{2500}$, $\dfrac{3700}{800}$, $\dfrac{7}{12500}$.

PROBLÈMES DE RÉCAPITULATION
SUR LES FRACTIONS.

1300. Sachant que le nombre des hommes majeurs ou âgés de 21 ans et au-dessus représente les $\frac{3}{10}$ de la population totale, à quel chiffre doit-on évaluer la population totale d'une commune où les hommes majeurs sont au nombre de 543 ?

1301. Dans une école il y a 60 élèves dont $\frac{1}{5}$ calculent, $\frac{1}{3}$ écrivent, $\frac{1}{4}$ lisent, et les autres étudient. Combien y en a-t-il à chaque leçon ?

1302. Sur un ballot de coton pesant 43 kilog. $\frac{19}{50}$, on a pris une fois 15 kilog $\frac{3}{4}$, une autre fois 20 kilog. $\frac{2}{3}$, une troisième fois 7 kilog. $\frac{2}{5}$. Quel est le poids du reste ?

1303. Réduisez 5ʰ 28ᵐ 19ˢ,2 en fraction décimale du jour.

1304. Quatre ouvriers ont fait 46 journées $\frac{1}{4}$; le premier en a fait 10 $\frac{1}{3}$, le deuxième 13 $\frac{1}{2}$, le troisième 15 $\frac{2}{7}$, le quatrième a fait le reste. Combien ce dernier a-t-il fait de journées ?

1305. Un écolier fait $\frac{56}{14}$ de page sans se reposer. On veut savoir combien de pages il a fait.

1306. Sur une pièce de ruban de 12^m ½ de longueur, une ouvrière en a fait 9^m $\frac{5}{8}$; une autre ouvrière a fait le reste. Quelle est la longueur de ce reste ?

1307. Combien $\frac{37}{45}$ de litres de vin font-ils de litres ?

1308. Sur une pièce de calicot de 56 mètres, un marchand a vendu 12^m $\frac{3}{4}$, plus 6^m ⅓, enfin 21^m ½. Combien en reste t-il ?

1309. Le $\frac{1}{3}$ et les $\frac{3}{5}$ d'un nombre font 28. Quel est ce nombre ?

1310. Les $\frac{2}{5}$ des $\frac{3}{14}$ de la longueur d'une allée font 9 mètres. Quelle est cette longueur ?

1311. On a fait brûler à trois reprises différentes une bougie longue de 20 centimètres. La première fois elle a perdu le $\frac{1}{3}$, la deuxième fois le $\frac{1}{4}$, la troisième fois les $\frac{2}{9}$ de sa longueur. Combien s'en faut-il que la bougie soit entièrement consumée, et quelle est, en centimètres, la longueur du reste ?

1312. Une montre avance de $\frac{8}{9}$ de seconde en 1 heure; on demande de quelle fraction de seconde elle avance en $\frac{3}{4}$ d'heure.

1313. Un arbrisseau croît de $\frac{1}{4}$ de sa hauteur la première année; du $\frac{1}{3}$ la deuxième année; du $\frac{1}{8}$ la troisième année; enfin de 18 centimètres la quatrième année. Quelle est la hauteur de l'arbrisseau au bout de la quatrième année ?

1314. Une fermière distribue aux oiseaux de sa basse-cour un panier de sarrazin. Elle en donne le $\frac{1}{5}$ aux poules; les $\frac{2}{7}$ aux pigeons et le reste aux pintades qui ont pour leur part 2 litres de ce grain. Combien le panier contenait-il de litres et combien pour la part de chaque espèce d'oiseaux ?

1315. Un oncle laisse son héritage à trois nièces. L'aînée reçoit le ⅓, la cadette les $\frac{2}{5}$ et la plus jeune a 800 francs pour sa part. A combien s'élevait l'héritage et quelle est la part de chaque nièce ?

1316. Un père partage une terre entre ses quatre enfants. Le plus jeune en a le ¼ ; le cadet le $\frac{1}{5}$; l'aîné $\frac{3}{8}$, et le troisième a 46 ares pour sa part. Quelle était la contenance de la terre et quelle est la part de chaque enfant ?

1317. Un fermier partage un sac d'avoine entre un cheval, un âne et un mulet. Le cheval reçoit les $\frac{3}{8}$ du sac ; l'âne les $\frac{2}{7}$; le mulet a 28 litres pour sa part. Combien le sac renfermait-il d'avoine et quelle est, en litres, la part des deux premières bêtes ?

1318. Le quart d'un domaine est planté en bois, les $\frac{2}{11}$ en vigne et le reste en froment. La partie plantée en bois a 15 ares de plus que celle plantée en vigne. On demande l'étendue totale du domaine et celle de chaque parcelle.

1319. Sur 125 conscrits du même canton, 11 ont droit à l'exemption ; 42, désignés par le sort, doivent faire partie de l'armée. Quelle est, dans ce cas, la probabilité pour chaque conscrit d'obtenir un bon numéro ? (1).

---

(1) On nomme *probabilité mathématique* ou simplement *probabilité* d'un événement, le rapport qu'il y a entre le nombre des causes qui peuvent produire l'événement et le nombre total des causes tant favorables que contraires. S'il s'agissait, par exemple, de tirer une boule blanche d'une urne qui en renferme une seule de cette couleur et 3 noires, comme il y a quatre événements possibles et qu'un seul événement donne le résultat demandé, la *probabilité* d'obtenir ce résultat sera le quart du nombre des événements possibles, et on l'exprimera par la fraction $\frac{1}{4}$.

Supposons encore que le gain d'une partie dépende d'un coup de dé dont l'un des joueurs ait 5 faces en sa faveur, tandis que l'autre n'en a qu'une. Le nombre total des chances étant 6 et ces chances ayant autant de probabilités les unes que les autres, la probabilité pour le premier joueur de gagner la partie est $\frac{5}{6}$, ce qui revient à dire qu'il y a 5 contre 1 à parier que le premier joueur doit gagner.

En résumé, donc la probabilité d'un événement quelconque qui

1320. Dans l'intérieur de la France, sur 365 jours de l'année il y a moyennement 147 jours de pluie. Combien y a-t-il à parier qu'il ne pleuvra pas un vendredi ?

1321. Quelle est pour un individu de 25 ans la probabilité de vivre encore autant, c'est-à-dire jusqu'à 50 ans ?

Pour ce problème et ceux qui suivent jusqu'au n° 1326, on s'aidera de la table suivante dont les deux premières colonnes indiquent combien, sur 1286 enfants que l'on suppose nés au même instant, il en reste après 1 an, 2 ans, 3 ans, etc., jusqu'à l'âge où il n'en existe plus.

---

dépend du hasard s'exprime par une fraction dont le numérateur est le nombre des cas favorables à la production de l'événement, et le dénominateur le nombre de tous les cas tant favorables que contraires. (Voyez, pour plus de développements, les ouvrages spéciaux.)

TABLE I.

Loi de la mortalité, en France, suivant la table de Déparcieux, complétée dans les premières années.

AGES.	VIVANTS à chaque âge.	SOMME des vivants.	DURÉE DE LA VIE			
			moyenne.		probable.	
			ans.	mois.	ans.	mois.
0	1286	51467	39	8	42	0
1	1071	50181	46	4	53	2
2	1006	49110	48	4	54	11
3	970	48104	49	1	55	4
4	947	47134	49	4	55	2
5	930	46187	49	2	54	10
6	917	45257	48	10	54	4
7	906	44340	48	5	53	9
8	896	43434	48	0	53	2
9	887	42538	47	5	52	6
10	879	41651	46	11	51	10
11	872	40772	46	3	51	1
12	866	39900	45	7	50	3
13	860	39034	44	11	49	6
14	854	38174	44	2	48	9
15	848	37320	43	6	47	11
16	842	36472	42	10	47	2
17	835	35630	42	2	46	5
18	828	34795	41	6	45	8
19	821	33967	40	10	44	11
20	314	33146	40	3	44	2
21	806	32332	39	7	43	5
22	798	31526	39	0	42	9
23	790	30728	38	5	42	0
24	782	29938	37	9	41	3
25	774	29156	37	2	40	6
26	766	28382	36	7	39	10
27	758	27616	35	11	39	1
28	750	26858	35	4	38	4
29	742	26108	34	8	37	7
30	734	25366	34	1	36	10

AGES.	VIVANTS à chaque âge.	SOMME des vivants.	DURÉE DE LA VIE.			
			moyenne.		probable.	
			ans.	mois.	ans.	mois.
31	726	24632	33	5	36	1
32	718	23906	32	9	35	3
33	710	23188	32	2	34	6
34	702	22478	31	6	33	0
35	694	21776	30	11	33	0
36	686	21082	30	3	32	3
37	678	20396	29	7	31	5
38	671	19718	28	11	30	8
39	664	19047	28	2	29	10
40	657	18383	27	6	29	0
41	650	17726	26	9	28	3
42	643	17076	26	1	27	5
43	636	16433	25	4	26	7
44	629	15597	24	7	25	9
45	622	15168	23	11	24	11
46	615	14546	23	2	24	2
47	607	13931	22	5	23	4
48	599	13324	21	9	22	7
49	590	12725	21	1	21	9
50	581	12135	20	5	21	0
51	571	11554	19	9	20	3
52	560	10983	19	1	19	7
53	549	10423	18	6	18	10
54	538	9874	17	10	18	1
55	526	9336	17	3	17	5
56	514	8810	16	8	16	8
57	502	8296	16	0	16	0
58	489	7794	15	5	15	4
59	476	7305	14	10	14	8
60	463	6829	14	3	14	0
61	450	6366	13	8	13	4
62	437	5916	13	0	12	7
63	423	5479	12	5	12	0
64	409	5056	11	10	11	4
65	395	4647	11	3	10	8
66	380	4252	10	8	10	1
67	364	3872	10	2	9	6

AGES.	VIVANTS à chaque âge.	SOMME des vivants.	DURÉE DE LA VIE.			
			moyenne.		probable.	
			ans.	mois.	ans.	mois.
68	347	3508	9	7	9	0
69	329	3161	9	1	8	5
70	310	2832	8	8	7	11
71	291	2522	8	2	7	6
72	271	2231	7	9	7	0
73	251	1960	7	4	6	7
74	231	1709	6	11	6	2
75	211	1478	6	6	5	9
76	192	1267	6	1	5	4
77	173	1075	5	9	4	11
78	154	902	5	4	4	7
79	136	748	5	0	4	3
80	118	612	4	8	4	0
81	101	494	4	5	3	9
82	85	393	4	1	3	7
83	71	308	3	10	3	3
84	59	237	3	6	2	11
85	48	178	3	2	2	9
86	38	130	2	11	2	6
87	29	92	2	8	2	4
88	22	63	2	4	2	0
89	16	41	2	1	1	9
90	11	25	1	9	1	6
91	7	14	1	6	1	3
92	4	7	1	3	1	0
93	2	3	1	0	1	0
94	1	1	0	6	0	6
95	0	0				

1322. On demande la probabilité qu'une petite fille de 6 ans a de vivre jusqu'à l'âge de 48 ans.

1323. Combien y a-t-il à parier, pour ou contre, qu'un individu âgé de 16 ans atteindra sa 60me année?

1324. Quel est le *danger annuel* ou la *chance de mort* pour un individu de 29 ans ; en d'autres termes, combien y a-t-il à parier qu'un individu de cet âge n'atteindra pas sa 30me année ?

1325. Quelle est la chance de mort d'un enfant qui vient de naître ?

1326. Combien y a-t-il à parier qu'un vieillard de 80 ans vivra encore une année ?

On trouvera (problèmes 1939 à 1951) une série de questions intéressantes sur la mortalité de la population en France.

RAPPORTS ET PROPORTIONS.

Trouver le terme inconnu des proportions suivantes :

1327. $6 : 3 :: 8 : x.$
$2 : 5 :: x : 4.$
$5 : x :: 7 : 21.$
$x : 9 :: 13 : 15.$

1328. $12 : 27 :: 10 : x.$
$19 : 34 :: x : 56.$
$48 : x :: 7 : 83.$
$x : 102 :: 20 : 15.$

1329. $5,2 : 9 :: 8 : x.$
$0,75 : 14 :: x : 6,4.$
$23 : x :: 4,85 : 0,36.$
$x : 10,5 :: 3,2 : 67,409.$

1330. $0,8 : 10 :: 10 : x.$
$x : 60 :: 0,7 : 1,2.$
$1,2 : x :: 1,8 : 24.$
$0,37 : 1 :: x : 75.$

1331. $10 : 5,67 :: 0,22 : x.$
$9 : x :: 7,8 : 14.$
$1 : 2,14 :: x : 4,5.$
$x : 10 :: \frac{5}{8} : \frac{6}{8}.$

1332. $\frac{2}{3} : 4 :: 6,5 : x.$
$\frac{4}{5} : \frac{3}{7} :: x : 12.$
$\frac{5}{6} : x :: \frac{1}{2} : \frac{4}{9}.$
$x : \frac{4}{7} :: \frac{3}{8} : \frac{2}{11}.$

1333. $\frac{7}{20} = \frac{10}{x}, \quad \frac{4}{5,9} = \frac{x}{8}.$
$\frac{3}{x} = \frac{8,05}{17}, \quad \frac{x}{\frac{5}{8}} = \frac{\frac{2}{11}}{\frac{7}{9}}.$

1334. $3^2 : 5^3 :: 14 : x.$ (1)
$5 : 8 :: \sqrt{x} : \sqrt{2}.$
$4 : \sqrt[3]{x} :: \sqrt[3]{17} : 21.$
$7 : x :: x : 28.$

(1) Pour exprimer qu'un nombre doit être élevé au carré ou à la deuxième puissance, on place, en petit caractère, au-dessus de ce nombre et un peu à droite, le chiffre 2 pour le carré, le chiffre 3 pour le cube.

Pour désigner la racine carrée ou cubique d'un nombre, on place ce nombre au-dessous du signe $\sqrt{\ }$ appelé *radical*, pour la racine carrée ou 2e ; du signe $\sqrt[3]{\ }$ pour la racine cubique ou 3e.

Ainsi $\sqrt{5}$ désigne la racine carré de 5 ; $\sqrt[3]{27}$ la racine cubique de 27.

PROBLÈMES

SUR LA RÈGLE DE TROIS SIMPLE.

1335. Vingt-cinq ouvriers ont fait 30 mètres d'ouvrage ; combien 15 ouvriers feront-ils de mètres dans le même temps ?

1336. Combien entre-t-il de sel dans un pain de 2 kilog., sachant que 100 kilog. de farine exigent 750 gr. de sel ?

1337. Sur 1286 enfants qui naissent dans la même année, il en reste seulement 866 à l'âge de 12 ans. Cela étant, combien y a-t-il d'enfants qui parviennent à cet âge dans le département du Lot, où il en naît moyennement 8600 par année ?

1338. Un certain ouvrage a été fait par 36 ouvriers en 8 jours ; combien faudrait-il d'ouvriers pour faire le même ouvrage en 12 jours ?

1339. Neuf cent trente-trois grammes de lentilles contiennent autant de substances nutritives que 1 kilog. de pois. Combien faut-il de kilog. de pois pour remplacer, comme aliment, 1 kilog. de lentilles ?

1340. Sachant qu'en France chaque individu consomme $2^{hectol.}, 5$ de blé et qu'un hectare de terrain rend en moyenne 12 hectolitres de blé, quelle étendue de terrain faut-il pour nourrir une personne ?

1341. On achète pour une tenture 9 mètres d'une étoffe large de $0^m,60$. Combien, pour le même objet, faudrait-il de mètres d'une étoffe large de $0^m,55$?

Il résulte de ce qui précède que pour élever au carré toute quantité affectée du signe $\sqrt{}$, et pour élever au cube toute quantité affectée du signe $\sqrt[3]{}$, il suffit de supprimer le radical. (Pages 41, 258, 271 de notre Arith. in-12.)

1342. Sur 1286 enfants qui naissent en même temps il en reste seulement 657 à l'âge de 40 ans, et 310 à l'âge de 70 ans, ou 347 qui n'atteignent pas cet âge. Cela étant, combien, sur 10 personnes âgées de 40 ans, y en a-t-il qui n'atteindront pas l'âge de 70 ans ?

1343. Combien faut-il de kilog. de bois pour faire 100 kilog. de cendre, sachant que le bois brûlé produit environ les 2 centièmes de son poids de cendre ?

1344. L'expérience démontre que le pain chaud pèse toujours moins que le pain froid ; ainsi 289^{kilog},9 de pain à la sortie du four pèsent 294^k,6 vingt-quatre heures après la cuisson, ce qui fait une augmentation de 4^k,7 que le pain acquiert par le refroidissement. Faites connaître le tant pour cent de l'augmentation de poids produite par le refroidissement.

1345. Combien faut-il de jours à 20 ouvriers pour faire ce que 15 ouvriers exécutent en 9 jours de 10 heures de travail ?

1346. La racine de betterave produit environ 5 pour 100 de son poids en sucre cristallisé. Évaluez le produit en sucre qu'on doit obtenir de 1258 kilog. de ces racines.

1347. Dans le mouvement annuel de la population française on compte 84 décès pour 100 naissances. Combien doit-on compter de naissances pour 100 décès ?

1348. Le mulet allant au pas fait 0^m,90 de chemin par seconde, tandis que l'âne ne fait que 0^m,80 dans le même temps avec la même allure. Dans ces conditions, quelle est la distance parcourue par le mulet quand l'âne a fait un kilomètre ?

1349. Il y a, sur un navire, 18 personnes qui ont juste ce qu'il leur faut de pain pour achever leur voyage. Ce bâtiment venant à recevoir 7 naufragés, on désire savoir de combien doit être réduite la ration journalière des passagers, la ration actuelle étant de 500 grammes.

1350. On sème l'avoine à raison de 225 litres par hectare, et le rendement en grains est moyennement de 40 hectolitres. D'après cela, quelle quantité de grains récoltera-t-on dans 57 ares ensemencés d'avoine ?

1351. Un kilog. de sulfate de cuivre (vitriol bleu) dissous dans un hectolitre d'eau suffit pour le *chaulage* de 1 hectolitre de grains. Si l'on veut faire une dissolution semblable avec 67 litres d'eau seulement, dans quelle proportion faut-il faire entrer le sulfate de cuivre ?

1352. On fait un certain ouvrage en 5 jours en travaillant 10 heures par jour. Combien de temps faudrait-il pour faire le même ouvrage, en travaillant 2 heures de plus par jour ?

1353. Si, d'après la statistique de la population, 100 mariages donnent 344 naissances d'enfants légitimes, combien doit-on compter d'enfants de cette catégorie dans une commune où les mariages s'élèvent à 128 ?

1354. Combien faut-il de mètres de toile à $\frac{5}{8}$ pour doubler 10 mètres de drap à $\frac{8}{8}$ de large ?

1355. Cent grammes de châtaignes contiennent 6ᵍ,76 de substances azotées ou nutritives, tandis qu'il y a 7 grammes de ces substances dans 100 grammes de pain ordinaire. Cela étant, on désire savoir quel est le poids de châtaignes qui équivaut, comme nourriture, à 1 kilogramme de pain.

1356. On a reconnu que dans une journée de 10 heures un manœuvre ordinaire peut régaler 60 mètres cubes de terre en remblai. A ce compte, quel temps faudrait-il pour régaler 24 mètres cubes seulement ?

1357. Il faut 37 échelons espacés de 20 centimètres pour une échelle de 7ᵐ,6 de longueur. On demande combien d'échelons il faudrait pour la même longueur, l'écartement étant de 21 centimètres.

1358. On a vu qu'un hectolitre de blé, première qualité, pèse en moyenne 81 kilog.; quel est le nombre de litres correspondant au *quintal métrique*, c'est-à-dire à 100 kilog.?

1359. Sur 1286 enfants qui naissent dans la même année, il en reste 1006 à l'âge de 2 ans et 744 seulement à l'âge de 25 ans. Cela posé, combien, sur 37 enfants âgés de 2 ans, y en aura-t-il de survivants à l'âge de 25 ans?

1360. Des ouvriers ont fait un fossé long de 60 mètres et profond de 80 centimètres. Combien le même nombre d'ouvriers, dans le même temps, feraient-ils de mètres d'un fossé qui aurait 1^m,20 de profondeur, la largeur restant la même?

1361. Si une fontaine met 9 heures pour remplir entièrement un bassin qui a trois mètres de longueur, 1^m,50 de largeur, sur 0^m,85 de hauteur, quel temps lui faudra-t-il pour que l'eau monte dans le bassin à la hauteur de 67 centimètres?

1362. Une famille composée de 4 personnes consomme 1 litre et quart de vin par jour. Il survient un enfant qui retourne de l'armée, et néanmoins on ne voudrait pas augmenter la dépense du vin. Quelle sera alors la part de chaque personne?

1363. On sait par expérience que 100 quintaux métriques de foin non bottelés occupent 86 mètres cubes. A ce compte, quelle grandeur faudrait-il donner au local capable de contenir la provision annuelle d'un cheval, estimée à 3500 kilogrammes environ?

1364. Il faut 18 bouteilles de 6 litres et demi pour soutirer le vin d'une futaille. On demande combien il faudrait de bouteilles de 10 litres pour le même objet.

1365. Pour 1 million d'habitants, on compte 164149 individus (moitié filles moitié garçons) de 20 à 30 ans. Cela posé, si la France avait besoin d'appeler sous les armes tous les hommes de ces divers âges, combien de combattants pourrait-elle mettre en ligne, eu égard à sa population qui est, en nombre rond, de 38000000 habitants ?

1366. Un manœuvre transportant des matériaux dans une petite charrette ou camion à deux roues, et revenant à vide chercher de nouvelles charges, peut, dans une journée de 10 heures de travail, transporter ainsi 23940 kilog. à 100 mètres de distance ; mais si cette distance était réduite à 60 mètres, à combien s'élèverait le nombre de kilogrammes transportés ?

1367. Une fontaine qui fournit 9 litres d'eau dans 1 minute met 3 heures 42 minutes à remplir un bassin. Combien de litres la même fontaine devrait-elle débiter pour que le bassin pût s'emplir dans 1 heure 18 minutes ?

1368. Dans le poids d'une gerbe de blé, la paille forme 66 pour cent et le grain 34 pour cent ; par conséquent, à quel poids faut-il estimer les grains contenus dans une gerbe qui pèse en moyenne 9 kilog. ?

1369. Un terrassier ordinaire peut, en une journée de 10 heures de travail, jeter sur berge, charger en brouette ou en panier 10 mètres cubes de terre douce et sablonneuse pesant moyennement 693 kilogr. le mètre cube. Quel temps faudrait-il au même homme pour déblayer de la même manière 43^{m. cub.},7 ?

1370. Cinq kilog. de sulfate de soude brut (sel de Glauber) dissous dans 100 litres d'eau suffisent pour le chaulage de 100 litres de grains. Si l'on voulait composer une dissolution semblable avec 134 litres d'eau, dans quelle proportion faudrait-il mélanger la première substance ?

1371. Sur 1286 enfants qui naissent dans la même année, il en reste seulement 581 à l'âge de 50 ans. Combien doit-on compter de personnes de cet âge dans une ville où il naît annuellement 48 enfants ?

1372. Un des meilleurs moyens pour conserver les

œufs de poule est celui qui consiste à déposer les œufs *fraîchement* pondus dans une dissolution de 10 kilog. de chaux sur 100 kilog. d'eau. Cela posé, on désire savoir combien, pour 100, ce mélange contient de parties de chaux et de parties d'eau.

1373. Huit cent soixante grammes de fèves nourrissent autant que 1 kilog. de haricots. Combien faut-il de kilog. de haricots pour remplacer, comme aliment, un kilog. de fèves ?

1374. Quinze hommes ont fait un certain ouvrage en 25 jours. On demande combien d'hommes il faudra pour faire le même ouvrage en 10 heures ?

1375. Les deux tiers d'une voiture de fumier de mouton valent autant comme engrais qu'une voiture de tout autre fumier. En supposant que celui-ci se vende 6f,50 la voiture, combien doit-on vendre le premier ?

1376. Sur les 970000 enfants qui naissent annuellement en France, il en reste seulement 611000 à l'âge de 20 à 21 ans ; or, comme ce nombre comprend autant de filles que de garçons, il en résulte que 305500 jeunes gens sont soumis, chaque année, au recrutement de l'armée. D'après cela, quel est le nombre de jeunes gens qui participent annuellement au tirage au sort dans une commune où les naissances s'élèvent à 86 par an ?

1377. Un objet qui, vu perpendiculairement, *sous-tend* un angle de 1° à la distance 1, *sous-tendra* un angle de $\frac{1}{2}$ degré à la distance 2 ; un angle de $\frac{1}{3}$ de degré à la distance 3 ; un angle de $\frac{1}{10}$ de degré à la distance 10, etc. Cela posé, supposons que, placé à 200 mètres d'une borne, un géomètre vise cette borne et trouve que son diamètre transversal sous-tend un angle de 1° 30′ ; que, cette opération accomplie, le géomètre s'éloigne de sa première station jusqu'au moment où l'angle sous-tendu par la borne se trouve réduit à 1° 15', on demande quelle sera, dans ce cas, la distance de la seconde station à la borne. (1)

1378. Le mont Ventoux est élevé de 1912ᵐ au-dessus du niveau de l'Océan ; le mont Dore, de 1886 mètres. Si l'on représente sur le papier la hauteur de la première montagne par une ligne de 5 millimètres,

---

(1) L'angle formé par les deux lignes visuelles partant d'un point déterminé et aboutissant aux deux bords opposés d'un objet, s'appelle l'angle *sous-tendu* par l'objet, ou le *diamètre apparent* de cet objet.

La théorie des angles sous-tendus, combinée avec de simples mesures, offre un moyen facile de déterminer la distance exacte des objets inaccessibles, sans avoir besoin de connaître en mètres les diamètres réels de ces objets. De pareils résultats sont trop curieux et trop utiles pour que nous résistions au désir de montrer par un exemple particulier comment on procède en pareil cas.

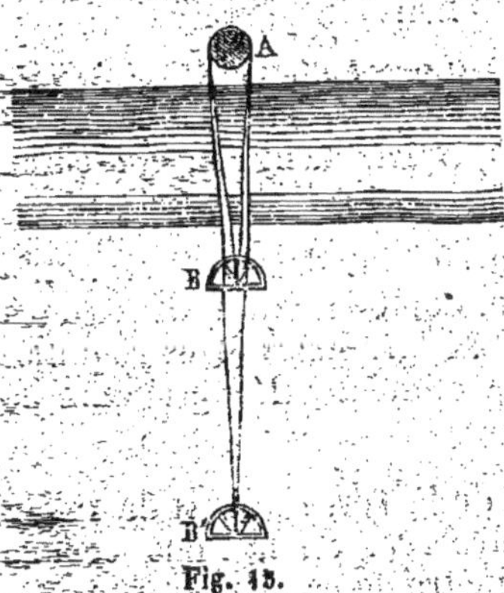

Soit donc (fig. 15.) un fleuve dont on veut connaître la largeur. L'opérateur, placé sur l'une des rives, visé sur le bord opposé (à l'aide d'un graphomètre) un objet A, un tronc d'arbre par exemple, dont le diamètre transversal sous-tend au point B un angle de 1°. Il s'éloigne ensuite de la première station sans quitter le prolongement de la ligne qui la joignait à son point de mire, jusqu'au moment (en B') où l'angle sous-tendu par le tronc d'arbre se trouve réduit de moitié ou

Fig. 15.

n'est plus que d'un demi-degré. Dans cette seconde position, la distance au tronc d'arbre se trouve double de ce qu'elle était dans la première ; conséquemment, il y a de la première à la seconde station le même nombre de mètres que de la première station au tronc d'arbre. Donc si l'opérateur mesure sur la rive où il se trouve la distance des deux stations, il aura obtenu exactement la largeur du fleuve sans avoir eu besoin de le traverser.

par quel nombre la hauteur de la seconde montagne
sera-t-elle exprimée sur le papier ?

1379. Sur la grande carte de France que l'État fait
exécuter, les distances sont établies au 80000ᵐᵉ de
leurs grandeurs naturelles, ce qui veut dire que 1 mètre sur la carte représente 80000 mètres sur le terrain.
Cela posé, exprimez la distance réelle qu'il y a entre
Paris et Beauvais, sachant que sur la carte en question ces deux villes sont à 0ᵐ,861 l'une de l'autre.

1380. D'après les données du probl. 583, quelle est
l'échelle d'un plan sur lequel 3 décimètres représentent
30 mètres mesurés sur le terrain ?

1381. — On a mesuré sur le terrain la longueur
d'une allée et l'on a trouvé cette longueur égale à 450
mètres ; ensuite on a mesuré cette même allée représentée sur un plan et sa longueur s'est trouvée de 15
centimètres. Quelle est l'échelle du plan ?

1382. Après un an de coupe et d'exposition à l'air
libre, le bois vert a perdu le $\frac{1}{5}$ de son poids. A combien revient le bois sec qui, fraîchement coupé, a coûté
2f,50 les 100 kilog. ?

1383. La viande est une fois et demie aussi nutritive que les œufs de poule. Combien faut-il de ces œufs
qui pèsent généralement 54 grammes (sans coquille)
pour remplacer, comme aliment, 240 grammes de
viande (sans os) ?

1384. Le diamètre réel de la Terre qui est de 12732
kilomètres est au diamètre réel de la Lune comme
114 : 32. Quel est le diamètre de ce dernier astre ?

1385. Il résulte des expériences les plus récentes
que 100 kilog. de blé de bonne qualité donnent, terme
moyen, 76 kilog. de farine tant blanche que bise,
22 kilog. de son, 2 kilog. de déchet. On demande ce
que l'on doit obtenir en son et en farine de 567 kilog.
de blé.

1386. La croûte solide du Globe terrestre n'a qu'une épaisseur moyenne représentant la $\frac{1}{360}$ partie de son diamètre qui est de 12732000 mètres. Au-delà de cette croûte, en allant vers le centre, se trouve une matière liquide et pâteuse à une température de 3000° centigr. environ. Cela posé, si l'on voulait donner une représentation réduite du Globe par une sphère creuse en carton de 30 centimètres de diamètre, quelle épaisseur faudrait-il donner au carton pour qu'elle représentât proportionnellement l'épaisseur de la croûte solide du Globe terrestre ?

1387. Le plus haut produit d'une luzerne qui peut rendre 4 coupes est de 9000 kilog. en fourrage sec par hectare ; or, comme on estime à 22000 kilog. le poids moyen d'une coupe verte, évaluez à raison de tant pour cent la différence qu'il y a entre le poids vert et le poids sec.

1388. Dans les pays où le blé se vend à la mesure, le mesurage se fait souvent de telle sorte qu'il y a 5 pour cent de vide pour 95 pour cent de plein ; l'acheteur perd donc à ce mode de vente 5 parties sur 100 ou 1 sur 20, c'est-à-dire que lorsqu'il croit acheter et qu'il paie 20 décalitres de blé, il n'en reçoit réellement que 19. Cela étant, lorsqu'on achète de la sorte 17 hectolitres de blé, au prix de 23 fr. l'hectolitre, combien perd-on en argent sur ce marché ?

1389. Le bois fraîchement coupé contient environ 40 pour % d'eau. Conservé en lieux secs et aérés, il contient encore environ 12 pour % d'eau après un an de coupe. A combien se réduiront 1254 kilog. de bois vert, après un an de coupe et conservé dans les conditions précédentes ?

1390. On estime à 25 mètres cubes la quantité de gaz d'éclairage que peuvent fournir 100 kilog. de houille dans une distillation bien conduite. D'après ces données, quelle quantité de houille faut-il chaque jour pour alimenter 600 becs brûlant pendant 8 heures à raison de 120 litres par heure ?

9

1391. Un pain fait avec de la farine de blé dur contient 14 p. 0₁0 de matières nutritives, tandis que le nouveau pain de munition n'en contient que 7,8 p. 0₁0. Cela posé, combien faut-il de pains de munition pour représenter la valeur nutritive de l'autre pain, le poids étant le même ?

1392. Les deux premières coupes d'un bon trèfle produisent souvent mais dépassent rarement 7500 kil. de fourrage sec par hectare. Or, comme on estime à 22000 kilog. le poids d'une coupe verte, faites connaître à raison de tant pour cent la différence de poids qu'il y a entre le produit vert et le produit sec.

1393. L'expérience prouve que pour obtenir du bétail un produit quelconque, lait, viande, laine, etc., il faut donner, par jour, à chaque bête 3 à 4 kilog. de bon foin ou d'autres substances alimentaires équivalentes, pour 100 kilog. du poids de la bête. D'après ces données, calculez la quantité de nourriture journalière que doit recevoir une vache pesant 350 kilog., un mouton du poids de 38 kilog., une brebis du poids de 29 kilog.

1394. Sur 100 litres de vin, celui de Roussillon contient 49 litres d'alcool ; celui de Bordeaux 15ˡ,4 ; celui de Bourgogne 14ˡ,57. Quelle quantité d'alcool pourrait-on obtenir avec 180ˡ de chaque espèce de vin ?

1395. En France on compte, en moyenne, 17 naissances de garçons pour 16 naissances de filles et 70 décès féminins pour 71 décès de garçons. A ce compte, combien y a-t-il de naissances de tout sexe dans un département où il naît annuellement 7641 garçons, et combien de décès de garçons dans un département où il meurt annuellement 5137 filles ?

1396. Le sainfoin donne 100 kilog. de fourrage sec pour 400 kilog. de fourrage vert. On demande ce que produit en fourrage vert 1 hectare de terrain dont le rendement en fourrage sec est de 3000 à 4500 kilog.

1397. Un piocheur, en travaillant 10 heures par jour, peut, dans la journée, détacher 9 mètres cubes de terre pesant moyennement 1800 kilog. le mètre cube. Or, comme 3 pelleteurs peuvent suffire à 5 piocheurs, on demande combien de pelleteurs il faudrait dans un atelier où la quantité de terre détachée journellement serait de 108 mètres cubes.

1398. Le plus fort rendement en bon foin fané d'un pré à 2 coupes est de 7500 kilog. par hectare ; or, comme on évalue à 18000 kilog au plus, le poids d'une coupe verte, calculez à raison de tant pour cent la différence qu'il y a entre le poids du foin vert et celui du foin fané.

1399. Dans le commerce de la boucherie on admet sur le poids brut des bestiaux un déchet de 40 p. 100 pour les bœufs et les veaux ; de 44 p. 100 pour les vaches, de 47 p. 100 pour les moutons. D'après ces données, déterminez le produit en viande nette d'un bœuf pesant brut 625 kilog., d'un veau pesant 73 kilog., d'une vache pesant 534^k,75, d'un mouton pesant 27 kil.,35.

1400. On estime qu'une bête produit 125 à 130 kilog. de fumier frais par 100 kilog. de foin sec consommé. Quelle doit être la quantité de fumier produite dans une année par :

1° un cheval qui mange 12 kil. de foin sec par jour ;
2° un bœuf — 15 kilog. —
3° une vache laitière — 8 kilog. —
4° un mouton adulte — 1 kilog. —

1401. Un kilog. de coke produit, en brûlant, la même quantité de chaleur que 2 kilog. 14 de bois ordinaire à 20 pour % d'humidité. D'après cela, que vaut-il mieux brûler, du bois à 1^f,80 les 100 kilog., ou du coke à 4 1|2 centimes le kilog. ?

1402. Dans le chauffage on peut remplacer 1^{kilog},07 de charbon de bois par 1 kilog. de houille, pour obtenir la même quantité de chaleur. A quel prix faut-il acheter le charbon de bois, quand la houille revient à 5 fr. les 100 kilog., pour que la dépense du chauffage soit la même dans les deux cas ?

1403. Un kilog. de houille fournit la même quantité de chaleur que 1^k,25 de coke. Quel est le chauffage le plus économique, lorsque le coke se vend 5 fr. 40 et la houille 5 fr. 60 les 100 kilog. ?

1404. Un kilog. de houille équivaut à 2 fr. 68 de bois sous le rapport de la puissance calorifique. Lequel des deux combustibles est à meilleur compte et de combien, lorsque le bois coûte 3 centimes et la houille 2 centimes le kilog. ?

1405. Un kilog. de charbon de bois échauffe autant que 1^k,17 de coke ; lequel des deux combustibles est le plus avantageux et de combien, lorsque le premier se vend 7 fr. et le second 4 fr. 50 les 100 kilog. ?

1406. Sous le rapport de l'économie, vaut-il mieux l'éclairage d'une lampe Carcel qui brûle 5 centimes d'huile par heure, ou l'éclairage d'un bec de gaz qui coûte 6 centimes, mais dont la lumière est une fois et demie plus brillante que celle de la lampe Carcel ?

1407. Une lampe Carcel brûlant 42 grammes d'huile à l'heure éclaire comme 8 bougies de 5 au demi-kilog. En supposant donc que l'huile revienne à 1^f,50 et les bougies à 2^f,80 le kilog., lequel des deux éclairages est le plus avantageux, sachant d'ailleurs qu'une bougie dure 5 heures environ ?

1408. Cinq lampes Carcel brûlant 42 gram. d'huile à l'heure produisent le même effet que 48 chandelles de 6 au demi-kilog. Cela étant, si l'huile se vend 1^f,50 et la chandelle 1^f,40 le kilog., quel est le plus économique de ces deux modes d'éclairage ? La chandelle brûle 4 heures et demie.

1409. Un quinquet brûlant 42 grammes d'huile à l'heure équivaut à 8 chandelles de 6 au demi-kilogr. D'après cela, lorsque l'huile se vend 1^f,50 et la chandelle 1^f,50 le kilogr., que vaut-il mieux brûler, de l'huile ou de la chandelle, celle-ci durant 4 ½ heures ?

1410. Il faut 6 chandelles de 6 au demi-kilog. pour fournir la même quantité de lumière que 5 bougies de

5 au demi-kilog. Cela étant, si la chandelle se vend 1f,50 et la bougie 2f,80 le kilog., lequel des deux modes d'éclairage est le plus avantageux sous le rapport de l'économie ? On sait que la chandelle brûle moyennement 4 ½ heures et la bougie 5 heures.

1411. Quand on veut comparer les intensités de lumière fournies par deux lampes différentes, on place les deux lampes sur une table, de manière à faire tomber l'une à côté de l'autre les ombres d'un écran éclairé par les deux lumières à la fois, et l'on déplace l'une des deux lumières jusqu'à ce que les ombres aient exactement la même force. Dans cette situation, les intensités lumineuses des deux lampes sont entre elles dans le rapport du carré des distances qu'il y a entre chacune des lampes et l'écran, c'est-à-dire que la distance de l'une des lampes à l'écran se trouvant double de la distance de la seconde lampe, la première est 4 fois plus lumineuse que la seconde, 9 fois plus lumineuse, si la distance est triple, etc... D'après ces données, quelle différence y a-t-il entre la clarté d'une bougie et celle d'une lampe Carcel qui produisent des ombres d'égale force, la bougie étant placée à 0m,75 d'un écran et la lampe à 1m,4 ?

1412. Un corps pesant, tombant d'un endroit élevé, parcourt :

		m
Pendant la 1re seconde de sa chute,		4,9
la 2e seconde,	3 *fois*	4,9
la 3e seconde,	5 *fois*	4,9
la 4e seconde,	7 *fois*	4,9
la 5e seconde,	9 *fois*	4,9
Etc.		

D'où il suit que ce corps parcourt :

Pendant la première seconde,		4,9
les 2 premières secondes,	4 *fois*	4,9
les 3 premières secondes,	9 *fois*	4,9
les 4 premières secondes,	16 *fois*	4,9
les 5 premières secondes,	25 *fois*	4,9
Etc.,		

c'est-à-dire que les espaces parcourus pendant chacune des secondes prises séparément sont entre eux comme la suite des nombres impairs 1, 3, 5, 7, 9, 11, 13, etc., et que les espaces parcourus depuis l'origine de la chute pendant 1, 2, 3, 4, 5... secondes sont comme les carrés de ces nombres, c'est-à-dire comme les carrés du temps de la chute.

Cela posé, quel sera l'espace parcouru par un corps tombant librement, par l'effet de la pesanteur, pendant la 7me seconde de sa chute ? (1)

1413. — En Norwège, le sol présente en certains endroits des fissures tellement profondes, qu'une pierre emploie 2 minutes pour arriver au fond. On demande quelle est, d'après le calcul, la profondeur de ces sortes de cavités.

1414. — Sachant qu'une pierre a mis 5 secondes à tomber du haut d'une tour, on demande la hauteur de la tour.

1415. — On compte 3 secondes de temps entre l'instant où on laisse tomber une pierre dans un puits et l'instant où l'on entend le bruit de la chute. Dire quelle est la profondeur du puits au niveau de l'eau.

1416. — Supposons qu'en face d'un canon (fig. 17) il y ait un rempart dont l'éloignement soit tel que le boulet emploie tout juste 1 seconde ¼ pour

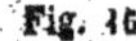

Fig. 16.

---

(1) Pour faire ces sortes de calcul, il est nécessaire d'avoir une montre à seconde, ou bien le pendule à seconde (fig. 16), c'est-à-dire un fil de 0m,994 de longueur, terminé par une balle de plomb, dont les oscillations égales se font dans une seconde de temps. Mais, à défaut de ces instruments, on peut obtenir une approximation suffisante en comptant les pulsations ou battements du pouls qui se font à peu près de seconde en seconde chez un homme de bonne santé.

aller le frapper. Peut-on, en s'aidant des données du problème 1412, calculer la distance verticale AB comprise entre le point de visée et le point où le boulet doit pénétrer réellement dans le rempart ?

Fig. 17.

1417. *La vitesse acquise par un corps pesant tombant d'un endroit élevé est :*

au bout de 1 seconde, de   9 ,81
de 2 secondes, de 2 fois 9 ,81
de 3 secondes, de 3 fois 9 ,81
de 4 secondes, de 4 fois 9 ,81

ainsi de suite.

D'où l'on conclut d'une manière générale que la vitesse acquise par un corps au bout de sa chute est proportionnelle à la durée de la chute, et réciproquement. Cela posé, on demande quelle est la vitesse acquise par un corps au bout de 5 secondes de chute.

1418. Quel temps faut-il pour qu'un corps acquière, en tombant, une vitesse de 215 mètres ?

1419. — *Les espaces parcourus par un corps pesant, dans sa chute verticale, sont entre eux comme les carrés des vitesses acquises par ce corps au bas de la chute.* Cela posé, peut-on, à l'aide de ce principe et de ceux énoncés au problème 1412, calculer la hauteur de la tour Saint-Etienne, à Vienne, sachant qu'une pierre qui en est tombée est arrivée sur le pavé avec une vitesse de 52 mètres par seconde ?

1420. — Une balle de pistolet lancée verticalement est restée 10 secondes et demie en l'air. On désire savoir à quelle hauteur elle est parvenue, et quelle était sa vitesse au sortir du canon. (1)

1421. — On désire savoir à quelle hauteur peut s'élever une balle de fusil tirée verticalement de bas en haut, sachant que la vitesse de la balle, au sortir du canon, est d'environ 400 mètres.

1422. — Un boulet de 24 dont la vitesse, au sortir du canon, est de 547 mètres, étant tiré verticalement, on demande combien de temps il restera en l'air et à quelle hauteur il parviendra. On s'aidera des principes énoncés aux n°s 1412 et 1419.

---

(1) Nous devons faire observer ici que tout ce qui a été dit sur la chute verticale des corps s'applique parfaitement, mais dans un ordre inverse, aux corps qui s'élèvent. Ainsi la balle de fusil, le boulet de canon qu'on tire de bas en haut, perd à chaque instant une partie de sa vitesse, jusqu'à ce qu'enfin elle arrive au repos parfait en un point de l'espace. Un instant de plus, et la balle descend en regagnant à chaque instant les vitesses qu'elle avait perdues ; ce que la pesanteur lui enlevait pendant l'ascension, elle le lui rend pendant la descente ; d'où cette loi : *qu'un corps lancé de bas en haut met juste autant de temps à monter qu'à descendre, et que la vitesse qu'il acquiert en retombant est celle qu'il avait en montant.*

De même qu'un projectile lancé verticalement, une bombe lancée obliquement met autant de temps à monter qu'à descendre, *et elle ne met pas plus de temps à descendre qu'un corps qui tomberait verticalement du point le plus élevé de sa trajectoire ;* si donc elle est restée 26 secondes en l'air, elle est montée à la hauteur d'où peut tomber un corps en 13 secondes, c'est-à-dire à 828^m,1. Dans les problèmes de cette nature, on fait abstraction de la résistance de l'air qui s'oppose aux mouvements des corps, de sorte que les résultats ne sont pas d'une exactitude rigoureuse.

PROBLÈMES

SUR LA RÈGLE DE TROIS COMPOSÉE.

1423. Quatre ouvriers ont fait 25 mètres d'ouvrage en 12 heures. On demande combien 7 ouvriers en feraient dans 5 heures de temps, en travaillant avec la même activité.

1424. On a employé 700 tombereaux de gravier pour charger un chemin de 650 mètres de long sur 8 mètres de largeur. Combien en faudrait-il pour un chemin de 1100 mètres de longueur, mais de 6 mètres de largeur seulement ?

1425. Un laboureur, travaillant en hiver 8 heures par jour, a mis 23 jours à labourer un champ de 9 hectares. Combien, en été où il travaille 12 heures, employerait-il de jours pour labourer un champ de 14ʰ,6 en travaillant toujours avec la même vitesse ?

1426. Quinze hommes doivent moissonner une terre en 5 jours en travaillant 10 heures par jour ; mais le fermier, qui craint le mauvais temps et qui veut que son blé soit coupé et rentré en 2 jours, prend 10 moissonneurs de plus. Combien d'heures par jour faut-il que les hommes travaillent pour que la même besogne se fasse dans le temps voulu par le fermier ?

1427. Dix-sept mètres d'une étoffe large de 3 quarts ont coûté 86 fr. Combien coûteraient 23 mètres d'étoffe de la même qualité, mais large de 2 tiers ?

1428. Il faut 4 mètres de drap à $\frac{5}{4}$ de large pour habiller trois petits enfants. Combien faudrait-il de drap large de $\frac{7}{8}$ pour en habiller 5 ?

1429. Pour carreler un appartement de 30 mètres carrés, il faut 123 carreaux de 9 centimètres de côté. Combien faudrait-il de carreaux ayant 14 centimètres de côté pour un appartement de 25 mètres carrés ?

1430. Dix-huit hommes ont fait 74 mètres d'ouvrage

en 7 jours , en travaillant 10 heures par jour. Combien 28 hommes en feront-ils en 13 jours, en ne travaillant que 8 heures ?

1431. Cinq ouvriers travaillant 15 jours à raison de 8 heures par jour ont gagné 380 francs. Combien faudrait-il de jours à 3 ouvriers travaillant 9 heures par jour pour gagner 400 francs ?

1432. Vingt mètres de drap de première qualité à $\frac{9}{11}$ de large coûtent 156 francs. Trouver le prix de 35 mètres de drap de deuxième qualité à $\frac{7}{13}$ de large. A dimensions égales, le prix du mètre de 2e qualité est les $\frac{8}{11}$ du prix du mètre de 1re qualité.

1433. Quatre ouvriers travaillant 10 heures par jour pendant 15 jours ont élevé un mur dont les dimensions sont : hauteur 3 mètres, longueur 18 mètres, épaisseur 0^m,50. Combien faudrait-il de jours à 6 ouvriers travaillant 9 heures par jour , pour élever un mur de même longueur, mais ayant 4 mètres de hauteur sur 0^m,75 d'épaisseur ?

PROBLÈMES

SUR LA RÈGLE CONJOINTE. (1)

1434. De quatre quantités de blé, 5 mesures de la première équivalent à 8 mesures de la seconde ; 11 mesures de la seconde équivalent à 12 de la troisième , 7 mesures de la troisième équivalent à 9 mesures de la quatrième. D'après cela, combien faut-il de mesures de cette dernière qualité pour 3 mesures de la première ?

---

(1) On nomme règle conjointe une opération qui a pour but de déterminer le rapport de deux nombres dont les rapports avec d'autres nombres sont connus. Cette règle n'est donc, au fond, qu'une variété, une espèce particulière de la règle de trois composée. Elle a principalement pour objet de faire trouver la valeur des poids, des mesures et monnaies des divers pays, quand on connaît leur rapport avec celles d'autres pays. La règle conjointe , qu'on ne trouve pas

1435. Vingt mètres de ruban valent 3 mètres de velours ; 5 mètres de velours valent 11 mètres de drap. Combien 2ᵐ de ruban valent-ils de mètres de drap ?

1436. On a trois espèces de vin. La première vaut 3 fois autant que la seconde et la seconde 2 fois autant que la troisième. A ce compte, combien aura-t-on de litres de la 3ᵐᵉ espèce pour 7 litres de la première ?

1437. Un kilogr. d'or pèse autant que 1ᵏ,697 de plomb et 1 kilog. de plomb pèse autant que 1ᵏ,457 de fer. Combien faut-il de kilog. de fer pour un poids équivalant au kilog. d'or ?

1438. On veut savoir combien 15 mètres valent de yards (mesure anglaise), sachant que 1ᵐ,296 valent 4 pieds français et que 27 yards valent 76 de ces pieds.

1439. Je veux acheter en Prusse du café qui coûte un dixième de ducat la livre. Combien en aurai-je de kilog. pour 100 francs, sachant que la livre de Prusse équivaut aux 0,835 de la livre d'Autriche, laquelle équivaut à 560ᵍʳ,012 et que le ducat vaut 11 fr. 85 de notre monnaie ?

1440. 30ᶠ,16 = 26 shillings nouveaux d'Angleterre.
4 shillings = 1,78 florins d'Autriche.
20 florins = 4,39 ducats de Hambourg.
3,38 ducats = 10 roubles de Russie.
On demande combien 65 francs valent de roubles. (1)

---

dans la plupart des Traités d'Arithmétique, a cependant des applications nombreuses et utiles dans les calculs du commerce et les opérations de la Banque. C'est pourquoi les personnes qui veulent approfondir toutes les applications de cette règle importante aux *changes étrangers*, aux spéculations et aux arbitrages de banque, doivent recourir aux traités spéciaux dans lesquels elles trouveront les plus amples développements.

(1) Nous prévenons le lecteur que la valeur de ces différentes monnaies est la valeur au *pair monétaire* ou pair intrinsèque ou métallique, qu'il ne faut pas confondre avec le *pair commercial*.

PROBLÈMES

SUR LA RÈGLE D'INTÉRÊT

1441. On demande l'intérêt simple de 450 francs à 5 pour 100.

1442. Calculer l'intérêt simple pendant un an d'une somme de 480 francs placée à 6 p. 100. (1)

1443. On désire connaître les revenus d'un particulier qui a 18500 francs placés à 6 et demi p. 100, plus une maison de 9600 fr. rapportant 4 et demi pour cent.

1444. Une personne a placé 2450 francs à 5 et demi pour cent, 7800 francs à 6 pour cent, 9290 francs à 4 et trois quarts pour cent. Combien a-t-elle de revenus ?

1445. Un propriétaire consent à faire 520 francs de réparation que lui demande son locataire, à la condition que celui-ci supportera sur cette somme 5 p. 100 d'intérêt par an pendant la durée du bail qui est de 6 années. On demande à combien s'élèvera la somme payée par le locataire.

1446. Une terre de 3500 fr. est louée sur le pied de 2 et demi p. cent de sa valeur. Quel est son revenu ?

1447. Sachant que le *taux moyen* des placements en terre est de 3 p. cent en revenu net, dire quel sera le revenu d'un propriétaire qui place ainsi 7500 fr.

1448. A la naissance d'un enfant on place sur sa tête une somme de 500 fr. à 5 pour cent. Arrivé à l'âge de vingt ans accomplis, l'enfant retire cette somme avec les intérêts simples. On demande ce qu'il a retiré en tout.

---

(1) La loi a fixé à 5 p. 100 le taux des prêts hypothécaires et à 6 p. 100 le taux des transactions commerciales ; c'est pourquoi le 5 p. 100 est dit *taux légal* et le 6 p. 100 *taux commercial*. Tout intérêt supérieur est appelé *usure*. Mais il ne faut pas confondre ces sortes d'intérêts avec l'intérêt ou le bénéfice des capitaux engagés dans les entreprises hasardeuses. Dans ce cas l'intérêt de l'argent n'a pas de limites.

1449. Quels seront les intérêts de 7850 fr. placés à 7 et demi pour cent pendant 10 mois ? (1)

1450. Un voyageur a placé 4540 francs à 4 p. 100 avant son départ. De retour au bout de 2 ans 4 mois, quelle somme doit-il recevoir pour les intérêts ? (2)

1451. Une personne a reçu 2540 francs qu'elle place à l'intérêt de 5 p. 100. Combien recevra-t-elle au bout de 3 ans 6 mois, en capital et intérêts ?

1452. Calculer combien une somme de 300 francs rendra au bout de 45 jours, l'argent étant à 6 p. 100 par an. (3)

1453. Combien rapportent 5700 francs placés à 5 ¾ pour cent pendant 7 mois 15 jours ?

1454. Quel serait l'intérêt de 4542 francs placés à 6 p. % pendant 1 an 2 mois 20 jours ?

1455. Combien doit-on compter d'intérêt pour une somme de 675 fr. placée à 5 p. % depuis le 13 Mars jusqu'au 27 Août de la même année ?

1456. Une personne qui doit, au 5 Février, 900 fr. plus l'intérêt à 5 pour cent pendant 2 ans, ne paie ce jour-là que 500 francs, promettant de se libérer le 22 Juin suivant. Ce jour venu, elle se présente pour payer le restant de la somme et les intérêts. On demande quel a été le dernier paiement, capital et intérêt compris.

---

(1) Lorsque le nombre qui exprime la durée du placement renferme des mois ou des jours, on le réduit tout entier en mois ou en jours, en considérant le mois comme $\frac{1}{12}$ et le jour comme $\frac{1}{360}$ de l'année. (Voir note 3 ci-après.)

(2) Voir la note précédente.

(3) Pour faciliter les calculs d'intérêts, les banquiers, les commerçants, les capitalistes font les mois de 30 jours chacun et l'année de 360 au lieu de 365 jours dont elle est réellement composée. Cette méthode est adoptée depuis longtemps et consacrée par l'usage, mais il n'en résulte pas moins qu'à ce compte les débiteurs paient en intérêt $\frac{1}{73}$ de plus qu'ils ne doivent. En effet, la loi porte que *les intérêts s'acquièrent jour par jour.*

Capital inconnu.

1457. Un particulier veut se faire une rente de 2450 francs en plaçant son argent à 5 p. 100. Quelle somme doit-il placer ?

1458. Une personne a placé à 6 pour 100 une somme d'argent qui lui a rapporté 533 fr. 40 pendant 3 ans. On demande quelle est cette somme.

1459. Quelle est la somme qui, placée pendant 3 ans 2 mois à 6 p. %, rapporte 655f,50 d'intérêt ?

1460. On a placé à 5 et demi p. 100 un capital qui, ayant été remboursé 3 ans après, a rapporté 8229 fr., les intérêts compris. Faire connaître le montant de ce capital.

1461. Que vaut, en argent comptant, une somme de 650 francs payable dans 13 mois, l'argent étant à 6 p. 100 par an ?

1462. On veut vendre une terre à 2 et demi p. 100, c'est-à-dire retirer un prix tel qu'il représente le capital d'un revenu de 2 et demi pour 100. La terre rapporte 500 francs. Combien devra-t-on la vendre ?

1463. Une prairie placée à la convenance d'un propriétaire est à vendre. Elle rapporte 5000 kilog. de foin à 36 francs les 1000 kilog. Il en offre le revenu capitalisé à 3 p. 100. Si le marché avait lieu dans ces conditions, quel serait le prix de la prairie ?

Temps inconnu.

1464. Un particulier a reçu 1878f,15 pour les intérêts de 6590 francs placés à 6 p. 100. On demande combien de temps ces 6590 fr. sont restés placés.

1465. Un capitaliste place à 4 p. % 7740 francs qui rapportent 2322 fr. d'intérêt. On désire savoir la durée du placement.

1466. Trouver dans combien de temps la somme de 480 francs placée à 6 p. 100 vaudra 583f,2.

1467. Pendant combien de temps faut-il placer 2800 francs à 3 p. 100 pour qu'ils produisent 385 fr. d'intérêt ?

1468. En mettant de côté les intérêts simples d'une somme placée à 5 p. 100, dans combien d'années cette somme aura-t-elle doublé ?

Taux inconnu.

1469. A quel intérêt faut-il placer 12600 fr. pour se faire 693 francs de rente ?

1470. A quel taux place-t-on son argent en achetant 3 fr. de rente au prix de 69 fr. 50 c. ?

1471. On a reçu 1418 fr. pour les intérêts de 7800 fr. placés pendant 2 ans 25 jours. On demande à quel taux cette somme était placée.

1472. La somme de 480 francs, augmentée de ses intérêts simples pendant 3 ans 7 mois, vaut 583ᶠ 2 après ce temps. On demande à quel taux ce capital a été placé.

FONDS PUBLICS (1). — RENTES SUR L'ÉTAT.

1473. Un particulier achète de la rente 3 p. 100 au cours de 66 fr. 65. A quel taux *réel* place-t-il son argent ?

(1) On donne le nom de *Fonds publics* à toutes les valeurs françaises et étrangères qui sont négociables par l'intermédiaire des agents de change et qui sont portées sur la côte officielle de la Bourse ; mais en France on applique ce nom spécialement aux rentes françaises qui représentent les sommes que le Gouvernement a empruntées à diverses époques, sommes dont il supporte l'intérêt ou la rente sans être obligé au remboursement.

1474. A quel taux *réel* place-t-on son argent lorsqu'on achète de la rente 4 1|2 p. 100 au cours de 96 fr. 75 ?

1475. Une personne achète de la rente 3 p. 100 au cours de 68 fr. 25. A quel taux *réel* place-t-elle son argent ?

On peut toujours retirer les sommes prêtées à l'Etat, non pas en les demandant à celui-ci qui n'est pas tenu de les rembourser, comme il vient d'être dit, mais en les vendant à une autre personne. Pour comprendre ce que signifient ces mots *vendre* ou *acheter des rentes sur l'Etat*, il faut savoir que lorsqu'on a prêté une somme à l'Etat, on reçoit, en échange de cette somme, un titre qui indique à combien de fois 4 fr. 50 , 4 fr. ou 3 fr. de rente on a droit par suite de ce prêt. Ce titre, qu'on appelle *inscriptions de rentes*, parce qu'il est inscrit sur un registre appelé le Grand-Livre de la dette publique, peut être vendu à une autre personne qui remet au vendeur le montant de la somme prêtée ; et alors c'est l'acheteur de ce titre qui devient *rentier* de l'Etat à la place du premier prêteur. L'acheteur peut vendre , à son tour, à une troisième personne et ainsi de suite , de sorte que l'Etat ne reconnaît de *créancier* que celui qui est porteur du titre de rente, au moment du paiement des intérêts.

Il y a aujourd'hui en France trois sortes de *rentes sur l'Etat* : le 3 p. 100 , le 4 p. 100 et le 4 1|2 p. 100.

Ces expressions rente 3, 4, 4 1|2 pour 100 signifient que pour chaque 100 fr. de *capital nominal* l'Etat paye 3 fr., 4 fr., 4 fr. 50 d'intérêt ou de rente , selon qu'il a voulu créer de 3, 4, 4 1|2 p. 100. — Ainsi lorsqu'en 1854 le Gouvernement français faisait son emprunt de 500 millions de francs en 3 et 4 1|2 p. 100 aux taux de 65 fr. 25 pour le 3 p. 100, et de 92 fr. 50 pour le 4 1|2, cela voulait dire qu'il remettait aux prêteurs des titres d'autant de fois 100 fr. qu'il recevait 65 fr. 25 ou 92 fr. 50, et que chaque 100 fr. de capital nominal de ces titres rapporterait aux prêteurs 3 fr. d'intérêt pour le 3 p. 100 et 4 fr. 50 pour le 4 1|2 p. 100. C'est ce capital nominal de 100 fr. qui constitue le *pair* , c'est-à-dire la somme que l'Etat , lorsqu'il y est autorisé par une loi, peut forcer les créanciers à accepter en remboursement. Mais le *capital réel* ou la somme qu'il faut débourser quand on veut acheter une rente de 3 fr., 4 fr., 4 fr. 50 dépend d'une foule de causes qui le rendent essentiellement variable. Ce sont ces variations continuelles publiées tous les jours à la Bourse et reproduites par les journaux, qu'on

1476. A combien le paiement trimestriel de la rente 3 p. 100 élève-t-il le taux annuel ?

1477. Lorsque la rente 4 et demi est au cours de 97 fr. 25 et la rente 3 p. 100 au cours de 72,50, quel est des deux cours le moins élevé, c'est-à-dire le meilleur marché ?

---

appelé le *cours de la rente*. Comme ce capital réel diffère du capital nominal 100 fr., tandis que la rente est invariable, il en résulte un *intérêt réel* différent de l'*intérêt nominal* ou *la rente*. C'est ainsi que

    au cours de 60 fr. la rente 3 rapporte 5 pour 100,
      —   de 75 fr.   —   4   —
      —   de 100 fr.   —   3   — ou le pair,
      —   de 90 fr. la rente 4 1|2 rap. 5 pour 100,
      —   de 100 fr.   —   4,50 — ou le pair ;

c'est-à-dire que plus la rente se rapproche du capital nominal et le dépasse, moins elle rapporte.

Une foule de causes font monter ou baisser les fonds publics et produisent ces fluctuations qu'on appelle *la hausse* ou *la baisse*. Lorsque le pays est calme et prospère il y a hausse, parce qu'alors l'argent abonde sur le marché, et les capitalistes, trouvant difficilement à le placer, achètent des fonds publics qui montent d'autant plus qu'ils sont plus recherchés. Au contraire, il y a baisse quand cette prospérité inspire des craintes ; alors la confiance disparaît, les capitaux se cachent, les fonds publics baissent, parce qu'ils sont moins recherchés.

Les intérêts ou *arrérages* des rentes françaises se payent le 22 mars et le 22 septembre pour le 4 1|2 et le 4 p. 100 ; et les 1er janvier, 1er avril, 1er juillet, 1er octobre pour le 3 p. 100. Ce paiement a lieu contre la remise du *coupon*. On appelle ainsi le petit carré de papier qu'on détache du titre de rente, ou d'un titre industriel quelconque au moment où se fait le paiement de l'intérêt que ce coupon représente.

Les personnes qui ont à vendre ou à acheter des rentes ou autres valeurs qui se négocient à la Bourse, doivent savoir qu'il est d'usage de détacher le coupon du titre 15 jours avant le jour fixé pour le paiement du coupon. Ainsi, pour les rentes 4 1|2 et 4 p. 100 dont le paiement est fixé au 22 mars et au 22 septembre, le coupon se détache le 7 de ce mois, c'est-à-dire qu'à partir de ce jour, l'acheteur n'a plus le droit au coupon qui sera payé le 22. Pour la rente 3 p. 100 dont les intérêts se payent trimestriellement les 1er jan-

1478. Le cours du 4 et demi étant à 87^f,90, quelle somme faudrait-il débourser pour acheter 200 fr. de rente ?

1479. Une personne achète 120 fr. de rente 3 p. 100 au cours de 68 fr. 10. On demande le montant de cet achat.

1480. Quelle somme faut-il pour se faire 45 fr. de revenu en achetant de la rente 4 ½ au cours de 93,25 ?

---

vier , 1er avril , 1er juillet , 1er octobre ; le coupon se détache le 16 du mois précédent , c'est-à-dire qu'à partir de ce jour ; l'acheteur n'a plus droit au coupon qui sera payé le 1er du mois suivant.

Pour les actions de la Banque de France, le coupon se détache le 18 juin et 18 décembre. Pour les titres et obligations des Chemins de fer, ce détachement a lieu ordinairement 15 jours avant l'époque fixée pour la *jouissance.* Ce mot se dit, en matière de finances, de l'époque à partir de laquelle les intérêts d'une rente sont comptés. Jouissance de mars , jouissance de septembre sont des expressions dont on se sert pour dire que l'acheteur *jouira* des intérêts à partir du 22 mars , à partir du 22 septembre , etc...

Les titres de rentes sont, à la volonté du rentier, ou *nominatives* ou *au porteur.* La plus petite rente nominative est actuellement de 5 fr. Mais le propriétaire d'une inscription de cette somme peut acheter 1 fr., 2 fr., 3 fr., en un mot un chiffre quelconque de rentes, pourvu qu'il ne contienne pas de centimes, et faire réunir ces sommes, par un agent de change , au titre primitif. Le Trésor délivre alors un nouveau titre égal au montant des rentes qu'on désire. On peut même détacher 1, 2, 3... fr. de rente d'une inscription plus forte. On peut également faire réunir plusieurs inscriptions en une seule.

Pour les rentes au *porteur* on ne délivre que les coupures suivantes :

Pour toutes sortes de rentes, 10, 20, 30, 50, 100, 300, 500 et 1000 francs.

Pour le 3 p. 100 seulement, 1500 et 3000 fr.
— 4 p. 100 — 2000 et 4000 fr.
— 4 1\|2 — 2250 et 4500 fr.

La division de ces coupures permet de se procurer une quantité quelconque de rentes au porteur, pourvu que cette quantité soit multiple de 10.

1481. Que valent en capital 546 fr. de rente 3 p. 100 au cours de 65 fr. ?

1482. Une personne lègue à l'hôpital de sa commune une inscription de 55 fr. de rente 3 p. 100. On demande le montant de ce legs en capital, en calculant la rente au cours de 70 fr.

1483. Ayant reçu d'un héritage une certaine somme d'argent, je l'ai placée sur l'Etat en rente 3 p. 100 et je me suis fait ainsi un revenu de 140 fr. A combien s'élevait la somme placée, sachant que le jour du placement la rente 3 p. 100 était au cours de 72 fr. 15 ?

1484. La rente 3 p. 100 étant à 65 fr., combien aurait-on de rente pour 1495 fr. ?

1485. Combien de rentes 4 $\frac{1}{2}$ au cours de 94 fr. 50 peut-on acheter pour 567 fr. ?

1486. Quel revenu peut-on se faire en achetant pour 4485 fr. de rente 3 p. 100 au cours de 73 fr. 50 ?

1487. On a payé 3157f,50 pour 150 fr. de rente 3 p. 100. Quel était le cours de la rente ?

1488. Un particulier qui a 4585 fr. voudrait se faire 210 fr. de rente en achetant du 3 pour cent. A quel cours faut-il qu'il fasse cet achat ?

1489. Le 3 pour 100 étant à 69 fr. 30, quel devrait être le cours du 4 1|2 pour que le taux réel de l'intérêt fût le même ?

1490. Le 4 1|2 étant à 96 fr. 50, quel devrait être le cours du 3 p. cent pour que le taux réel de l'intérêt fût le même ?

1491. Le 3 pour cent étant au *pair*, c'est-à-dire au cours de 100, quel doit être le cours correspondant en 4 et demi pour 100 ?

1492. Le 4 $\frac{1}{2}$ étant au pair, c'est-à-dire au cours de 100 fr., quel est le cours équivalent en 3 p. cent ?

1493. Si le cours du 3 p. 100 s'élève de 65 fr. 50 à

65^f,90 , quelle doit être la hausse correspondante du 4 et demi pour cent qui était d'abord de 97 fr. 55 ?

1494. Si le cours du 4 et demi pour cent baisse de 98 fr. 10 à 97 fr. 95 , quelle doit être la baisse correspondante du 3 p. 100 qui était d'abord à 66^f,05 ?

1495. Lorsque le 3 pour cent hausse de 1 fr., quelle doit être la hausse correspondante du 4 et demi ?

1496. Lorsque le 4 et demi baisse de 1 fr., quelle doit être la baisse correspondante du 3 pour cent ?

1497. On demande s'il y aurait perte ou profit à placer en rentes 3 p. 100, au cours de 71^f,55, le prix d'un domaine qu'on peut vendre 4000 fr. et qui rapporte 160 fr.

PROBLÈMES

SUR LES INTÉRÊTS COMPOSÉS.

L'intérêt composé est celui qui , au lieu d'être payé chaque année , s'ajoute au contraire à la somme empruntée , de sorte qu'à la deuxième année , l'intérêt devra être calculé , non plus sur le capital primitif , mais sur ce capital augmenté des intérêts qui étaient dus à la fin de la première année de placement , et ainsi de suite.

1498. Combien vaudra, dans 4 ans, le capital 600 francs placé à 5 pour cent par an avec les intérêts composés ?

1499. Calculer avec 5 décimales , en les disposant sous forme d'une table que nous nommerons TABLE II, les valeurs successives de 1 fr. placé à intérêt composé, au bout de 1 an, 2 ans, 3 ans , etc., jusqu'à 50 ans, le taux étant 3, 4, 4 $\frac{1}{2}$, 5, 6 pour cent.

1500. A combien s'élèvera, au bout de 100 ans, une somme de 1000 francs placée à 5 pour cent d'intérêts composés ?

1501. Un tuteur doit à son pupille 10000 francs dont il a eu l'administration pendant 17 ans. Quelle somme doit-il lui compter avec les intérêts composés à 5 p. % ?

1502. A la naissance d'une fille un père dépose à la Caisse d'épargne une somme de 1500 fr. qui, avec les intérêts capitalisés, formera la dot de son enfant. En supposant que celle-ci se marie à 19 ans, quel sera le montant de la dot, le taux d'intérêt de la Caisse étant de 3 et demi pour 100 ? (1)

1503. Un individu qui avait 700 fr. à la Caisse d'épargne la retire au bout de 3 ans 7 mois 15 jours. Quelle somme touche-t-il alors, sachant que le taux est à 4 p. %, que les intérêts se capitalisent tous les ans, et que les derniers 7 jours ne produisent pas d'intérêt ?

1504. Quelqu'un veut céder, contre de l'argent comptant, une somme de 6000 francs à 5 p. 100 qui lui est due, mais dont il ne doit jouir que dans 12 ans. S'il se présente un acquéreur, quelle somme celui-ci devra-t-il payer pour prix de cette cession ?

1505. Quelle est la valeur actuelle d'un bois taillis dont la coupe rapporte 800 francs tous les 18 ans ?

1506. Quel est le capital qui, placé à 6 p. 100 d'intérêts composés, produit 3500 fr. au bout de 7 ans ?

1507. Quelle somme faut-il placer à 5 pour cent avec intérêts composés pour avoir 1000 francs au bout de 14 ans 2 mois 13 jours ?

1508. En combien de temps 500 fr. à 6 p. cent d'intérêts composés deviendront-ils 670 francs ?

---

(1) Les Caisses d'épargne offrent une des plus utiles applications de l'intérêt composé. Ces caisses ont été créées pour recevoir en dépôt et faire fructifier les économies des personnes laborieuses. On y reçoit depuis 1 franc jusqu'à 300 francs à la fois.

1509. Quel temps faut-il pour doubler au taux légal et à intérêts composés une somme quelconque ? (1)

ANNUITÉS. — AMORTISSEMENT.
RENTES VIAGÈRES. — CAISSES DE RETRAITE POUR LA VIEILLESSE. — ASSURANCES SUR LA VIE. — TONTINES.

Questions qui se rattachent aux intérêts composés.

1510. Pendant 5 ans un domestique a placé, chaque année, une somme de cent francs à 4 pour 100 et à intérêts composés. On demande quel a été le capital définitif produit au bout de la cinquième année.

1511. A l'aide de la Table II (probl. 1499), former une autre table que nous nommerons la Table III, indiquant le capital acquis à la fin de chaque année par un placement annuel de 1 fr. au taux de 3, 4, 4 $\frac{1}{2}$, 5, 6 pour cent.

1512. Quelqu'un a placé pendant 12 années consécutives une somme annuelle de 60 fr. à 4 p. cent à intérêts composés. On demande quelle a été, à la fin de la douzième année, la somme produite par ces différents placements.

1513. Combien devra-t-on recevoir après 100 ans pour 100 versements de 1000 francs effectués au premier jour de chaque année, le taux étant fixé à 5 p. %?

1514. Un père de famille veut savoir quelle somme il doit placer tous les ans, au taux de 3 p. 100, pour assurer à sa fille qui vient de naître une dot de 3000 fr. à l'âge de 20 ans.

1515. Un ouvrier âgé de 23 ans veut s'assurer pour l'âge de 60 ans un capital de 8000 francs, afin de le placer en rente viagère ou autrement. Quelle somme doit-il placer annuellement au taux du 4 1|2 p. 100.

____

(1) Nous ne donnons aucun exemple relatif à la détermination du taux de l'intérêt, parce que les notions d'arithmétique élémentaire sont insuffisantes pour cette recherche.

1516. Quelle somme faut-il placer annuellement à 4 pour cent, à dater de la naissance d'un garçon, pour lui assurer, à l'âge de 21 ans accomplis, la somme nécessaire pour l'exonérer du service militaire, somme que l'on suppose devoir s'élever à 2300 francs ?

1517. Combien faut-il donner annuellement pour s'acquitter en 5 ans, tant en capital qu'en intérêts, d'une dette ou d'un emprunt de 5000 fr., le taux étant de 5 p. 100 (1).

1518. Une commune qui emprunte 40000 francs pour bâtir une école veut amortir cet emprunt en 15 années. Quel devra être le montant de l'annuité, le taux de l'intérêt étant à 4 1\2 p. % ?

1519. Quelqu'un s'est libéré d'une dette payable en 6 annuités de 540^f,91 chacune. Quel était le montant de la dette, les intérêts ayant été calculés à 3 pour cent ?

1520. Pendant combien de temps faut-il placer annuellement 100 fr. à 5 p. cent pour se créer une rente perpétuelle de 400 francs ?

1521. Une personne de cinquante ans qui possède six mille francs veut les placer en *rente viagère*, c'est-à-dire les donner à quelqu'un qui lui fournira en retour une pension annuelle, calculée sur le temps probable qu'il lui reste à vivre. Déterminez la pension viagère qui, à la mort de la personne en question, devra être l'équivalent des six mille francs, le taux étant à 5 pour cent. (2)

---

(1) Il est une manière de placer ou d'emprunter de l'argent qui consiste à recevoir ou à payer, chaque année, une même somme composée partie des intérêts, partie d'une fraction du capital, de telle sorte qu'au bout du temps convenu l'emprunteur se soit libéré de toute sa dette. Dans ce cas, la somme ou rente qu'il faut ainsi payer pendant un certain nombre d'années s'appelle *annuité*.

(2) Le rentier faisant dans cette opération l'abandon complet du capital qu'il possède, en échange de la rente qu'on lui sert, obtient

1522. Un célibataire de 65 ans qui n'a pas assez de revenu pour vivre, offre de céder une maison de quatre mille francs contre une pension viagère de cinq cent francs au taux légal. On demande s'il y a profit ou perte à accepter un pareil marché.

1523. Un individu de 57 ans a cédé une somme de 15 mille francs moyennant une rente viagère de 9 pour cent. On désire savoir si l'acquéreur a fait une bonne ou mauvaise affaire.

1524. Lorsqu'on place un capital en viager, combien pour cent de ce capital doit-on toucher annuellement, suivant l'âge que l'on a ? Les calculs seront faits au taux légal et pour tous les âges compris de 40 à 85 ans.

1525. Combien un individu de 44 ans doit-il donner actuellement pour se faire une rente viagère de 600 fr., ou, en d'autres termes, quelle est la valeur d'une rente viagère de 600 fr. constituée sur la tête d'un individu de 44 ans, le taux de l'intérêt étant de 5 pour cent ?

1526. Un mari de 35 ans, voulant assurer à sa veuve une position indépendante, remet une somme de quatre mille francs à une société *d'Assurances sur la vie*, à condition qu'à son décès celle-ci comptera à la veuve le capital produit par les 4000 fr. placés à intérêts composés. On demande quel sera ce capital, en

---

nécessairement un intérêt plus élevé que s'il faisait valoir le même capital en en conservant la propriété. Ce placement en viager est ce qu'on appelle vulgairement un placement *à fonds perdu.*

Les calculs relatifs aux *rentes viagères* sont analogues à ceux qui viennent d'être exposés, seulement l'époque où l'on cessera de payer la rente est inconnue, puisque le capital et les intérêts ne doivent être éteints qu'à la mort du rentier. Le point essentiel est donc de connaître la durée probable de la vie à un âge donné. Or, de nombreuses observations faites sur le nombre des naissances et celui des décès permettent de calculer assez exactement quelles sont, à chaque âge, les chances de mortalité. Les tables où ces résultats sont consignés se nomment *Tables de mortalité.* Voyez une table semblable, page 168.

supposant que la Société prenne un bénéfice de 12 pour cent et l'intérêt calculé à 5 pour cent.

1527. Quinze personnes de 34 ans ont formé une *tontine*, c'est-à-dire qu'elles ont placé en commun chacune 2 mille francs, avec cette condition qu'à l'âge de 60 ans les survivants se partageront la somme totale avec les intérêts composés. Quelle sera probablement la part de chacun, l'intérêt étant supposé à 5 p. % ?

PROBLÈMES

SUR LA RÈGLE D'ESCOMPTE.

On nomme *escompte* la remise faite au débiteur qui paie un billet avant l'échéance, ou l'intérêt payé au banquier qui, se chargeant d'un billet, se met à la place du créancier en le remboursant. Le taux de l'escompte varie ordinairement de 4 à 6 pour cent. Dans certaines circonstances exceptionnelles et fort rares, il s'est élevé à 8, à 9 et même à 10 pour cent.

1528. Quel est l'escompte à 3 pour cent d'une somme de 420 fr. payable dans un an ?

1529. Je dois à M. Bertot 745 francs payables dans deux ans ; si je veux payer cette somme un an avant l'échéance, combien dois-je retenir pour l'escompte à 4 p. % ?

1530. Trouver l'escompte de 1580 fr. pendant sept mois, l'escompte étant à 5 pour cent par an.

1531. Escompter à 6 pour cent un billet de 8090 fr. payable dans un mois et demi.

1532. Combien doit-on payer d'escompte à 5f,25 pour cent par an pour toucher sur-le-champ un billet de 2850 fr. 45 payable dans 15 mois ?

1533. On escompte le 9 Mai, à 6 pour cent l'an, un billet de 1345 fr. payable le 9 Octobre de la même année, ou à cinq mois d'échéance. Quel est le montant de l'escompte ?

1534. Escomptez à ⅛ pour cent par mois un billet de 2500 fr. payable dans 45 jours. (1)

1535. On demande l'escompte d'une somme de cent francs à 6 pour cent pendant 60 jours.

1536. Que devient la somme de 745 fr. payable dans un an, escomptée à 6 pour cent ?

1537. On veut me céder, moyennant un escompte de 5 et demi pour cent, un billet de 800 francs payable dans un an. Combien dois-je donner au possesseur du billet ? (2)

1538. J'ai un billet de 2000 francs payable dans 18 mois ; ayant besoin d'argent, je présente mon billet à un banquier qui l'escompte à 5 et trois quarts pour cent l'an. Combien dois-je recevoir ?

1539. Un particulier possède un billet de 3000 fr. qui a encore neuf mois d'échéance ; mais, ayant besoin d'argent, ce particulier désire en toucher le montant et on le lui escompte à 5 pour cent par an. Combien a-t-il reçu ?

1540. Un commerçant veut faire escompter un billet de 1640 fr. ayant encore 2 mois d'échéance, à raison de 6 et demi p. 100 par an. Combien doit-il recevoir ?

1541. Quelle est la valeur actuelle d'un effet de commerce de 1500 fr. payable dans 4 mois 11 jours, le taux de l'escompte étant à 5 pour cent par an ?

1542. Que vaut, argent comptant, un billet de 250 fr. payable au 15 Mai, en supposant qu'on présente ce billet chez un banquier le 19 Mars précédent, et que le taux de l'escompte soit de 5 $\frac{1}{4}$ pour cent ?

---

(1) Les effets de commerce étant généralement à courte échéance, le taux de l'escompte est évalué par mois.

(2) Il ne faut pas perdre de vue qu'escompter des effets, c'est les acheter, et que négocier des effets, c'est les vendre.

1543. Un billet de 985 fr. dont l'échéance arrive le 15 Novembre, est cédé le 1er Juillet de la même année à une autre personne. Combien celle-ci doit-elle payer, l'escompte étant au 6 pour cent ?

1544. On présente à un banquier un billet de 2450ᶠ payable à 280 jours. Celui-ci en acquitte le montant en retenant 5ᶠ,40 pour cent d'escompte, 0ᶠ,25 pour cent de commission et 0ᶠ,50 pour cent de change de place. Combien le porteur du billet recevra-t-il pour solde ?

1545. Quel est le capital qui, escompté pour un an à 5 et demi pour cent, se trouve réduit à 984 francs ?

1546. Quelle est la somme qui, escomptée pour 8 mois 10 jours à 4 p. cent, se trouve réduite à 755 fr. ?

1547. Un effet payable dans 2 mois 19 jours a donné lieu à un escompte de 63ᶠ,20, le taux étant de 6 pour cent. Quelle était la somme énoncée dans le billet ?

1548. On a pris 135 fr. d'escompte sur un billet de 2 mille fr. payable dans un an. Quel était le taux de l'escompte ?

1549. Un billet de 500 fr. payable dans neuf mois a été escompté 475 fr. argent comptant. Quel est le taux de l'escompte ?

1550. Un billet de 1500 fr. payable dans 4 mois a été escompté 1478 fr. au bout de trois mois ; quel a été le taux de l'escompte ?

1551. Sur un effet de 3480 fr. payable dans 3 mois 21 jours, on a pris 63ᶠ,80. Quel était le taux de l'escompte ?

1552. Un effet de 3500 francs a donné lieu à un escompte de 38ᶠ,50, le taux étant à 5 et demi pour cent. On demande quelle était l'échéance de l'effet.

1553. On a reçu 770 fr. d'un billet de huit cents fr., le taux de l'escompte étant à 4ᶠ,50 pour cent par an. Combien de temps avant l'échéance ce billet a-t-il été payé ?

PROBLÈMES

sur l'escompte des factures, la commission, le courtage, le change de place, les primes d'assurances.

—

Contrairement à l'intérêt qui est proportionnel au temps, ces différentes primes de commerce se calculent à *tant pour cent* ou *tant par mille.*

PROBLÈMES SUR LES FACTURES.

On entend par escompte dans le commerce une diminution de *tant pour cent* qui se fait sur le montant des factures, lorsqu'on paie comptant des marchandises qui se vendent à terme ou à crédit. Une facture est le compte détaillé que le vendeur donne à l'acheteur de la marchandise qu'il lui livre.

1554. Un marchand achète pour 3245 fr. de marchandises qu'il ne doit payer que dans six mois ; mais comme il a des fonds, il paie comptant en retenant un escompte convenu de 8 pour cent. A combien se monte cet escompte ?

1555. Un laboureur achète un cheval 450 fr. à cinq mois de terme ; mais se trouvant en état de s'acquitter immédiatement, il offre de payer comptant si le vendeur consent à lui faire un escompte de 3 et demi pour cent. A combien s'élèverait cet escompte ?

1556. M. Baruel a reçu 2540f,49 de marchandises qu'il devait payer dans 120 jours après la livraison ; mais désirant s'acquitter sur-le-champ, il en paie le montant sous l'escompte de 9 pour cent. A combien s'élèvera cet escompte ?

1557. J'achète pour 1560 fr. de vin et je paie comptant à 4 p. % d'escompte. Combien dois-je débourser ?

1558. Un marchand achète pour 620 fr. de toile. Comme il paie comptant, le vendeur lui accorde une remise de 3 p. 100 sur le prix d'achat. Combien le marchand doit-il payer ?

1559. Combien faut-il payer net pour une marchandise vendue 478 fr. sous l'escompte de 15 p. % ?

1560. Félix achète des livres pour 109 fr. Il paie comptant, mais il retient l'escompte de cette somme à 5 $\frac{1}{2}$ pour cent. A quelle somme se réduit le montant de la facture ?

1561. Une facture se monte à 1136^f,25 et l'on accorde 6 fr. 50 d'escompte au comptant. A quelle somme se réduit le montant de la facture ?

1562. Un marchand a oublié le montant d'une facture. Mais il se souvient qu'il a rabattu 11^f,40 d'escompte à 2 et demi pour cent. Quel était le montant de la facture ?

1563. Dans la vente des soieries on accorde jusqu'à 68 fr. d'escompte pour 400 fr. de marchandises. Quel est, dans ce cas, le taux de l'escompte ?

PROBLÈMES SUR LA COMMISSION.

La commission proprement dite est une rémunération que les acheteurs ou les vendeurs paient aux commissionnaires en marchandises. C'est un droit de *tant pour cent* ou une prime de tant par pièce, par sac, par tonne, etc. Dans l'un et l'autre de ces deux cas, la commission varie de 1 à 3 pour cent et dépasse rarement ce dernier taux.

Le mot commission se dit aussi de la prime ou rétribution que les banquiers prélèvent sur les opérations qu'ils font pour le compte des autres. Cette commission varie généralement de $\frac{1}{8}$ à $\frac{1}{2}$ pour cent.

1564. Quelle est la commission due pour une vente de 12590^f,50 à 3 et demi p. % ?

1565. J'achète à $\frac{1}{2}$ pour cent de commission pour 9060 fr. de marchandises. Combien m'est-il dû pour cette opération ?

1566. Combien doit-on toucher pour une vente de 3450 fr., la commission étant convenue à 1 $\frac{1}{4}$ p. % ?

1567. Un commissionnaire vend pour son correspondant trente pièces de calicot à 55 fr. la pièce et 200 mètres de drap à 25 fr. le mètre. Il retient 2 et demi pour cent de commission. De quelle somme est-il redevable à son correspondant ?

1568. On fait acheter par un commissionnaire une certaine marchandise et l'on paie 129 fr. de commission à 5 $\frac{2}{3}$ p. 100. A combien s'est élevé cet achat ?

1569. On a reçu $\frac{7}{8}$ pour cent de commission sur la vente d'une marchandise, et, en déduisant le montant de la commission du montant de la vente, il est resté 19543^f,70. A combien la vente s'est-elle élevée ?

1570. On a payé 157 fr. 50 de commission sur un achat de 4000 fr. Quel était le taux ou le tant pour cent de la commission ?

PROBLÈMES SUR LE COURTAGE.

Le courtage est une rétribution attribuée aux courtiers que l'on emploie pour l'achat ou la vente des marchandises. Les droits de courtage varient suivant les places et les usages du commerce. Ils sont généralement de $\frac{1}{8}$ à $\frac{1}{4}$ pour cent.

Les agents de change reçoivent aussi des droits de courtage pour leur entremise dans les achats et les ventes des matières d'or et d'argent qu'ils font concurremment avec les courtiers en marchandises et dans la négociation des effets de commerce, effets publics, actions, obligations, et de toutes les valeurs négociables. Les droits de courtage des agents de change sont réglés par la chambre syndicale de la compagnie. Ils varient de $\frac{1}{8}$ à $\frac{1}{4}$ pour cent.

1571. Quel est le courtage de 18212 fr. à $\frac{1}{2}$ p. % ?

1572. Un agent de change négocie pour 64300 fr. de valeurs. Quelle somme doit-il toucher pour son courtage fixé à 1 $\frac{1}{4}$ pour mille ?

1573. A combien pour cent s'est élevé le droit de courtage d'un agent de change qui a touché pour ce droit 50 fr. sur une négociation de 2874 fr. ?

PROBLÈMES SUR LE CHANGE DE PLACE.

Lorsqu'on a de l'argent à toucher ou à faire tenir dans une ville quelconque, en France ou à l'étranger, on s'adresse à un banquier qui se charge de faire toucher ou compter cet argent par l'entremise d'un correspondant, moyennant une prime de *tant pour cent* qu'on appelle *change de place* ou simplement *change*. Ces sortes d'opérations se font le plus souvent au moyen de la lettre de change (voyez ce mot). Le prix du change varie de $\frac{1}{20}$ à 1 ou 2 pour cent. Mais il ne dépasse $\frac{1}{2}$ ou $\frac{3}{4}$ pour cent que lorsque le recouvrement des valeurs fait supposer de grandes difficultés.

1574. Justin, voulant aller de Brest à Nancy, va trouver un banquier pour lui faire toucher 1200 fr. net en cette dernière ville. On désire savoir combien Justin doit donner au banquier pour le change de la somme en question, le change étant de $\frac{1}{8}$ ou 12 centimes $\frac{1}{2}$ pour cent francs.

1575. Un négociant de Paris voulant faire passer à Lyon une somme de 4500 fr., s'adresse à un banquier qui lui demande $\frac{1}{10}$ ou 10 centimes pour cent de change. Que doit-il remettre au banquier ?

1576. Quelqu'un ayant besoin d'une lettre de change de 500 fr. de Lyon sur Strasbourg, va trouver un banquier pour la lui procurer. On demande ce qu'il faut payer à celui-ci s'il prend le change à $\frac{1}{4}$ ou 25 centimes pour cent.

1577. Je veux faire toucher à Rouen 2643 fr. Combien dois-je donner au banquier auquel je m'adresse, si celui-ci demande $\frac{1}{2}$ ou 50 centimes p. 100 de change ?

1578. Quelle somme doit-on verser pour faire passer d'un lieu à un autre un billet de 1500 fr. à raison de $\frac{1}{3}$ ou 33 centimes pour cent de change ?

1579. Un commerçant de Grenoble voudrait faire compter 925ᶠ,60 à Dijon. Que donnera-t-il au banquier, le change étant de ¼ p. 100?

1580. Combien doit-on payer à un banquier d'Amiens pour toucher 1857 fr. à Clermont, le change étant de ⅓ pour cent ?

1581. Que doit-on donner à un banquier de Toulon pour faire passer 1263ᶠ,40 à Bordeaux, sachant que le banquier prend ¼ p. 100 de change ?

1582. Combien dois-je donner à un banquier qui me délivre une lettre de change de 750 fr., prenant le change à raison de 1 ⅔ pour cent de change ?

1583. Quelle est la somme nette que je dois toucher si je donne 658ᶠ,35 à un banquier qui prend 1 ½ pour cent de change ?

1584. M. Perrin a donné 489ᶠ,50 à un banquier de Toulouse pour avoir une lettre de change sur Abbeville. En supposant que le banquier prenne le change à 0ᶠ,75, quel sera le montant de la lettre de change ?

1585. Un banquier qui prend le ½ p. cent de change a reçu 19ᶠ,80 pour le change d'une somme. Quelle était cette somme ?

1586. J'ai donné 502ᶠ,25 à un banquier qui m'a délivré une lettre de change de 500 fr. A quel taux le change a-t-il été pris ?

PROBLÈMES SUR LES ASSURANCES

L'assurance est un contrat aléatoire par lequel une personne ou une compagnie qu'on nomme *assureur*, s'engage envers une autre personne qu'on nomme *assuré*, moyennant une prime payable annuellement, à la couvrir de certains risques, à réparer les accidents ou pertes qu'elle peut éprouver. Cette convention s'établit par un écrit dit police d'assurance.

L'assurance s'applique à une foule d'objets. On s'assure contre les risques de mer, l'incendie, la grêle, la gelée, les inondations, la mortalité des bestiaux, etc.

1587. Je veux assurer ma maison qui vaut 12000 fr. et la compagnie d'Assurances me demande 30 centimes pour 1000. A combien s'élèvera la prime ?

1588. Un mobilier estimé 3500 fr. est assuré à 0f,75 par mille fr. Quelle est la prime d'assurance ?

1589. On assure à raison de 1 ½ par mille une fabrique qui vaut 25000f. Quelle est la prime d'assurance ?

1590. Quelle est la valeur d'une manufacture qui paye 43 fr. de prime, à raison de 1f,20 par mille ?

1591. Je paye 14f,50 pour l'assurance de ma maison, à raison de 0f,25 par mille ; que vaut ma maison ?

1592. Un commerçant a fait assurer, moyennant 3 p. %, le transport par mer de 28900f de marchandises. Le navire fait naufrage et les marchandises sont totalement perdues. Combien la compagnie d'assurances doit-elle rembourser au commerçant, déduction faite de la prime ?

1593. Une récolte de blé est assurée pour 1570 fr. à raison de 8 centimes pour cent. Un orage survient et détruit le tiers de la récolte. Combien l'assuré doit-il recevoir pour ce dommage, déduction faite de la prime ?

1594. Un fermier qui s'est assuré contre la mortalité de son bétail perd, dans une année, 3 bœufs estimés 1200 fr., 2 vaches évaluées à 750 fr., 45 moutons évalués à 1570 fr. Il reçoit de l'assureur, déduction faite de la prime, savoir : 1196 francs pour la perte des bœufs, 747 fr. 40 pour celle des vaches, 789 fr. pour celle des moutons. On désire savoir à combien pour cent chaque espèce de bétail était assurée, et ce qu'il en coûte par an au fermier pour se garantir contre une perte semblable.

PARTAGE PROPORTIONNEL.

Sous cette dénomination générale, la règle de partage proportionnel embrasse toutes les questions ayant pour objet de partager un nombre proportionnellement à des nombres donnés, comme dans les répartitions d'impôts, les partages de successions, la participation des jeunes gens au service militaire, le partage entre plusieurs associés des bénéfices ou des pertes de leur société. La règle de société n'est donc qu'une variété de la règle de partage proportionnel, appliquée spécialement aux sociétés commerciales, industrielles ou financières.

1595. Partager 45 fr. en 3 parties proportionnelles aux nombres 5, 7, 18.

1596. On veut former un troupeau de 84 bêtes dans lequel il y ait 2 fois plus de moutons que d'agneaux et trois fois plus d'agneaux que de chèvres. Combien faudra-t-il de bêtes de chaque nom ?

1597. Le jour de sa fête, le maire d'un village distribue 162 fagots entre 3 ménages pauvres. Il veut que le plus pauvre ait 3 fois autant de fagots que le moins pauvre, et le 3e 2 fois autant. Quelle sera, dans cette distribution, la quote-part de chaque ménage ?

1598. Partager 100 entre 4 personnes de manière que la 2e ait le triple de la 1re ; que la 3e ait autant à elle seule que les deux premières ensemble, et que la 4e ait 5 fois autant que la troisième.

1599. Partager le nombre 210 en trois parties qui soient entre elles comme les fractions $\frac{2}{3}$, $\frac{3}{4}$, $\frac{4}{5}$.

1600. Un manufacturier laisse en mourant une somme de 8000 fr. dont le $\frac{1}{4}$ pour Jean, le $\frac{1}{5}$ pour François, le $\frac{1}{6}$ pour Baptiste, et le reste à partager entre six autres employés. Comment ce partage doit-il être fait ?

1601. Partager la fraction $\frac{3}{5}$ en deux parties qui soient entre elles comme les nombres 4 et 7.

1602. Deux petits garçons partant pour l'école reçoivent de leur mère, l'un 15, l'autre 17 noisettes, à la condition d'en remettre ensemble 12 à leur frère aîné parti avant eux pour la même école. Combien chaque garçon devra-t-il donner de noisettes.

1603. Un père qui a 3 enfants dans la même pension leur envoie 150 oranges. Il veut que l'aîné ait le $\frac{1}{2}$, le cadet les $\frac{3}{5}$ et le plus jeune le $\frac{1}{3}$. On demande combien il en revient à chaque enfant.

1604. Deux ouvriers qui ont travaillé, l'un 9 jours, l'autre 14 jours à un certain ouvrage, reçoivent 85f,10 pour le prix de cet ouvrage. Combien revient-il à chacun?

1605. Un homme meurt en laissant une somme de 400 fr. Mais il doit à sa domestique 250 fr., à son tailleur 180 fr., à son bottier 75 fr., à son chapelier 28 fr. Quelle perte subira chaque créance?

1606. Deux propriétaires mettent en commun leurs vendanges et recueillent 1428 litres de vin. Comment doivent-ils se partager le vin, le premier ayant fourni 970 kilog., le deuxième 1410 kilog. de vendange?

1607. Un particulier laisse une somme de 6000 fr. à l'hôpital, au bureau de Bienfaisance et au Mont-de-Piété de sa commune, sous la condition que le premier établissement aura les $\frac{3}{6}$ de la somme, et que sur le restant le bureau de Bienfaisance prendra 2 parties sur 5. On demande la somme qui revient à chaque établissement.

1608. Un commerçant fait faillite, laissant un actif de 11546 fr. Il doit à un premier créancier 5320 fr., à un deuxième 9538f,40, à un troisième 4009f,75, à un quatrième 258f,15. Combien doit-il revenir à chaque créancier au *marc le franc?* (1)

____

(1) L'expression au *marc le franc* sert à désigner la répartition à faire entre plusieurs intéressés d'une somme à donner ou à recevoir, en proportion de l'intérêt qu'ils ont dans l'affaire, répartition qui se fait en établissant ce qu'un franc doit donner de perte ou de bénéfice. — La méthode du *marc le franc* n'est autre chose que la méthode de *l'unité* appliquée à la règle de Société.

1609. A la suite de mauvaises affaires, un tailleur d'habits laisse un actif de 1164^f,54 et un passif de 2986 fr. formé de 5 créances différentes. On demande ce que devront toucher les cinq créanciers à qui il est dû respectivement 235 fr., 864 fr., 1240 fr., 472 fr., 175 fr.

1610. Un marchand qui, après avoir fait son inventaire, trouve que son passif dépasse son actif de 14850 fr., propose à ses créanciers de les désintéresser en leur cédant tout son avoir. Ceux-ci se présentent : A réclame 3200 fr.; B, 4500 fr.; C, 5300 fr.; D, 2400 fr.; E, 7100 fr. On demande de combien chaque créancier devra se contenter.

1611. Dans une vente aux enchères dont les frais s'élèvent à 150^f,25, Jacques achète pour 1840 fr.; Henri, pour 675 fr.; Firmin, pour 320 fr. Quelle doit être la part de frais supportée par chaque acquéreur?

1612. Trois cantons doivent fournir un contingent de 100 conscrits proportionnellement à la population qui est de 24635 habitants pour le premier canton, de 27781 habitants pour le deuxième, de 18302 habitants pour le troisième. Il s'agit de répartir le contingent le plus exactement possible.

PROBLÈMES

SUR LA RÈGLE DE SOCIÉTÉ.

1613. Deux particuliers qui s'étaient associés pour une entreprise ont gagné 300 fr. On demande ce qui revient à chacun en proportion de sa mise de fonds. Celle du premier avait été de 700 fr., celle du deuxième de 500 fr.

1614. Les mises de 3 associés sont 700 fr., 1100 fr., 1400 fr. Le gain total est de 262^f,40. Trouver le gain de chaque associé.

1615. Quatre ouvriers ont entrepris moyennant 250 fr. un travail qui a duré 2 mois. Le premier a fait 10 journées ; le deuxième, 18 journées ; le troisième, 7 journées ; le quatrième a fait le reste des journées. Combien chaque ouvrier a-t-il retiré sur le prix de l'ouvrage en proportion de son travail ?

1616. Trois négociants avaient embarqué 2000 sacs de blé pour l'Amérique. Assaillis en route par une tempête, ils furent obligés de jeter à la mer 300 sacs. On demande combien chaque négociant a dû perdre de sacs, sachant que le premier en avait fourni 800, le deuxième 500, et le troisième 700.

1617. Deux particuliers se sont associés et le fonds commun se composait de 1400 fr., chaque mise étant de 700. Le premier associé a laissé ses fonds pendant 3 ans dans la société ; le deuxième les a laissés 2 ans et demi. Ils ont fait pendant ce temps un gain total de 800 fr. Répartir ce bénéfice entre les associés.

1618. Comment un bénéfice de 756 fr. doit-il être distribué entre deux associés, sachant que la mise du second n'est que le $\frac{1}{4}$ de la mise du premier ?

1619. Plusieurs personnes s'associent pour une entreprise qui exige un *fonds* ou *capital social* de 100000 fr. Les actions sont de 500 fr. Pierre en a 10 ; François, 25 ; Martin, 40 ; André, 50 ; Benoît, 75. Au bout d'un certain temps, l'entreprise produit un bénéfice annuel de 13500 fr. Comment ce bénéfice doit-il être partagé entre les associés, et à combien s'élève le *dividende* ou l'intérêt de l'action ?

1620. Deux associés ont fait un bénéfice de 900 fr. : le premier a mis dans l'entreprise une somme de 1000 fr. pendant 3 ans, le second a mis 600 fr. pendant 2 ans. Faire le partage en proportion des mises et du temps.

1621. Deux négociants ont traité une affaire en participation qui a produit 12000 fr. de bénéfice. On demande ce qui revient à chacun proportionnellement à la mise de fonds et au temps pendant lequel elle a été laissée dans la société. Le premier a mis 5000 fr. qu'il a retirés au bout de 7 mois ; le deuxième, 7000 fr. qu'il a retirés au bout de 6 mois ; et le troisième, 3000 fr. qu'il n'a retirés qu'au bout de 10 mois.

1622. Quatre marchands ont à se partager le bénéfice qu'ils ont fait dans une opération et qui est de 860 fr. On demande quelle est la part de chacun, sachant que le premier a mis 240 fr. pendant 2 ans ; le deuxième, 300 fr. pendant 15 mois ; le troisième, 450 fr. pendant 21 mois ; le quatrième, 150 fr. pendant 45 jours seulement.

1623. Deux bergers paient, pour la location d'un pré, 35 fr. Le premier y fait paître 60 moutons pendant 15 jours ; le deuxième en met 80 pendant 30 jours. Combien chacun doit-il payer ?

1624. Deux particuliers qui possèdent en commun un canal d'arrosage conviennent qu'ils prendront toute l'eau du canal, l'un pendant 3 jours de la semaine pour 9 hectares de terrain, l'autre pendant 4 jours pour une étendue de 11 hectares. Ils conviennent également qu'en cas de réparations, la dépense sera répartie proportionnellement aux droits de chacun. Combien auront-ils à payer l'un et l'autre sur une dépense de cent francs ?

1625. Trois entrepreneurs qui se sont associés pour exécuter un travail ont fait un bénéfice de 400 fr. Mais le premier a fourni 5 chevaux qui ont travaillé 9 jours et 12 heures par jour ; le deuxième, 7 chevaux qui ont travaillé 10 jours et 8 heures par jour ; enfin le troisième a fourni 12 chevaux qui ont travaillé 7 jours et 10 heures par jour. Quelle doit être la part de gain de chaque entrepreneur, en proportion du travail qu'il a fait ?

1626. Trois voituriers qui ont gagné 270 fr. dans une entreprise pour laquelle ils s'étaient associés, ne savent comment partager ce bénéfice, attendu qu'ils ont inégalement coopéré à l'exécution de l'ouvrage. Voici, en effet, dans quelles conditions chacun d'eux y a participé : le premier a fourni 180 voyages de tombereau transportant chaque fois 1 mètre cube de gravier à 800^m de distance ; le deuxième voiturier a fait 120 voyages à 1000 mètres avec une charge de 0$^{m. cub.}$,8 ; enfin le troisième a fait 90 voyages à 1500 mètres avec 1$^{m. cub.}$,3 de charge. D'après ces données, quelle doit être la part de chaque voiturier dans le bénéfice ?

PROBLÈMES

SUR LA RÈGLE DES MOYENNES.

On comprend sous la dénomination générale de *règle des moyennes* toutes les questions ayant pour objet de chercher un milieu, un terme moyen, une valeur moyenne, en un mot la *moyenne* entre plusieurs quantités de même espèce.

Les questions relatives aux moyennes pouvant varier à l'infini, il serait difficile d'ériger en *règle générale* les divers procédés qui servent à les résoudre ; mais comme ces procédés reposent sur le même principe, ce principe bien conçu suffira toujours pour conduire sans difficulté à la solution des problèmes.

Le cas le plus simple de la règle des moyennes est celui où il s'agit de trouver la moyenne de plusieurs quantités de même espèce, considérées par rapport à leur nombre. Exemple : on a vendu 1 hectol. de blé à 40 fr. ; 1 hectol. à 45 fr. ; 1 hectol. à 50 fr. Trouver le prix moyen de l'hectolitre.

Démonstration.

1 hectol. à 40 fr. représente 40 fr.
1 — à 45 fr. — 45
1 — à 50 fr. — 50

Les 3 prix de l'hectol. représentent une valeur de . . . . 135 fr.

Donc, en divisant 135 par 3, on aura le prix moyen cherché, soit 45 fr.

Dans ce cas qui embrasse les problèmes nos 1627 à 1645, on emploie la règle suivante :

1re RÈGLE : *Pour trouver la moyenne de plusieurs quantités, faites la somme de ces quantités et divisez-la par leur nombre. Le quotient sera la moyenne cherchée.*

Dans tous les autres cas, les quantités dont on cherche la moyenne sont liées à d'autres quantités qui influent sur leurs valeurs et dont il faut, par conséquent, tenir compte dans les calculs.

EXEMPLE : On a vendu 1 hectolitre de blé à 40 fr., 1 hectol. à 45 fr., 100 hectol. à 50 fr. Trouver le prix moyen de l'hectolitre. Les prix sont ici les mêmes que dans l'exemple précédent, mais la moyenne ne saurait être la même, parce que, au lieu d'être simplement rapportés à l'unité de mesure, les prix donnés sont rapportés à des quantités qui influent d'autant plus sur ces prix et sur leur moyenne, qu'elles sont plus grandes que l'unité ; en effet,

1 hectol. à 40 fr. représente un prix de 40 fr.
1 — à 45 — 45 fr.
100 — à 50 — 5000 fr. (1).

102 hectol. représentent une valeur de 5085 fr. Or, si 102 hectol. valent 5085, 1 hectol. vaut la 102e partie de 5085 = $\frac{5085}{102}$ = Rép. 49f,85.

On obtiendra la moyenne dans tous les cas analogues à l'aide de la règle suivante :

2e RÈGLE : *Additionnez d'un côté les quantités et de l'autre leurs valeurs, c'est-à-dire les produits des*

---

(1) Il importe de ne pas confondre la *valeur* avec le *prix* ; le prix est la valeur de l'unité d'une chose, et la valeur de cette chose est le prix de l'unité multiplié par la quantité d'unités qu'il y a dans cette même chose.

quantités multipliées par leurs facteurs particuliers. Ensuite divisez la somme des valeurs par la somme des quantités. Le quotient sera la moyenne cherchée.

On traitera avec cette règle les problèmes n⁰ˢ 1651 à 1661.

1627. Quelle est la moyenne des deux nombres 5 et 9 ?

1628. Trouver la moyenne des nombres 16, 21, 34.

1629. Calculer la moyenne des deux fractions $\frac{1}{3}$, $\frac{3}{4}$.

1630. Le poids moyen d'un mètre cube de houille varie entre 1170 kilogr. et 1470 kilogr.; déduisez la moyenne de ces deux poids.

1631. En pleine mer tranquille les bateaux à vapeur parcourent 14$^{\text{kilom.}}$,8 à 22$^{\text{kilom.}}$,3 par heure. Quelle est leur vitesse moyenne ?

1632. Dans le siècle dernier on a vu, à Saint-Jean-de-Lage en Espagne, communier 13 vieillards dont les âges réunis formaient 1499 ans. Quel était, en moyenne, l'âge de chaque vieillard ?

1633. On a relevé le nombre des enfants nés chaque année dans une commune pendant l'espace de 10 ans, et l'on a trouvé les résultats suivants : 1ʳᵉ année, 62 ; 2ᵉ année, 65 ; 3ᵉ année, 67 ; 4ᵉ année, 64 ; 5ᵉ année, 72 ; 6ᵉ année, 63 ; 7ᵉ année, 66 ; 8ᵉ année, 61 ; 9ᵉ année, 71 ; 10ᵉ année, 70. On demande le nombre moyen des naissances.

1634. Un professeur mesure la taille de ses élèves et trouve les résultats suivants :

La taille de Louis $= 1^{\text{m}},04$
Robert $= 1,08$
Florent $= 0,97$
Cyprien $= 1,01$
Faustin $= 1,009$
Gilbert $= 0,86$

Déduisez la taille moyenne de ces élèves.

1635. De l'air à 10 degrés et de l'air à 30 degrés mélangés à volume égal donnent 2 volumes d'air qui sont à la température moyenne des deux premiers. Quelle est cette moyenne ?

1636. Quand on mêle un kilog. d'eau à 0° avec 1 kil. d'eau à la température de 79°, les 2 kilog. d'eau provenant de ce mélange sont à la température moyenne des deux liquides qui le composent. Quelle est donc cette moyenne ?

1637. On mélange 1 kilog. d'eau à 40 degrés avec 1 kilog. d'eau à 15 degrés. Quelle sera la moyenne des deux températures initiales ?

1638. Si l'on mêle 1 litre d'eau bouillante (ou à 100°) avec 1, 2, 3, litres d'eau à *zéro* (ou 0°), quelle doit être la température du mélange dans ces différents cas ?

1639. Pour essayer un mortier à plaque de 32 centimètres, on a tiré sept coups qui ont porté la bombe aux distances suivantes : 3870^m, 3910^m, 4050^m, 3985^m, 4124^m, 3983^m, 4078^m. Quelle est la portée moyenne de cette pièce d'artillerie ?

1640. Dans un ménage de trois personnes, l'une boit $\frac{1}{3}$ de litre de vin, l'autre $\frac{1}{2}$ litre, la troisième ne boit que de l'eau. Quelle est la quantité de vin consommée par chaque personne, l'une portant l'autre ?

1641. L'expérience a prouvé qu'on peut obtenir assez exactement la *température moyenne* d'un jour en prenant la moyenne de trois observations faites, la première, au lever du soleil ; la deuxième, à 2 heures de l'après-midi ; la troisième, au coucher du soleil. Si donc, pour un jour donné, les températures observées sont, par exemple, 6° $\frac{1}{2}$, 11°, 9° $\frac{1}{3}$, quelle sera la température moyenne de ce jour ?

1642. La population française a été successivement

de 32569223 habitants en 1831
de 33540910   —   en 1836

de 34230178 habitants en 1841
de 35400486 — en 1846
de 35781628 — en 1851.

On demande de combien d'habitants la population s'est accrue moyennement par année de 1831 à 1851.

1643. Deux élèves, Ernest et Félix, qui ont concouru pour un prix d'excellence dans 12 compositions, ont obtenu savoir : Ernest, les places 3, 4, 2, 1, 1, 5, 2, 4, 1, 2, 4, 2 ; Félix, les places 2, 3, 1, 1, 4, 1, 1, 6, 1, 1, 4, 5. On demande lequel des deux doit être considéré le premier.

1644. Cinq arpenteurs ont mesuré, tour à tour, avec beaucoup de précision, la superficie d'un champ et ont trouvé les résultats suivants : le premier arpenteur, 24^{ares},6 ; le deuxième, 24^{ares},7 ; le troisième, 25^{ares},8 ; le quatrième, 25^{ares},4 ; le cinquième, 24^{ares},2. Quel est celui des cinq opérateurs qui a trouvé la superficie *vraie* ou *probable* du champ ?

1645. Sept personnes ont pesé successivement le même objet ; mais quelque soin qu'elles aient apporté à l'opération, elles ont obtenu des poids différents et par conséquent incertains. Ainsi, la première a trouvé 47 grammes ; la deuxième, 47^g,1 ; la troisième, 47^g,6 ; la quatrième, 47^g,2 ; la cinquième, 47^g,4 ; la sixième, 47^g,5 ; la septième, 47^g,3. Cela étant, on demande quel est le poids le plus exact ou celui qui approche le plus de la vérité.

1646. Dans la même journée le thermomètre a marqué les températures suivantes : au lever du soleil, — 2° ; à 9 heures du matin, + 4° ; à 3 heures du soir, + 6° ; au coucher du soleil, — 3°. Quelle a été la *température moyenne* de la journée ? (1)

---

(1) Cette question ainsi que les quatre suivantes diffèrent des précédentes en ce sens que les quantités doivent être considérées sous deux acceptions tout à fait contraires, c'est-à-dire les unes comme *positives*, les autres comme *négatives*. Or, comme l'Arithmétique

1647. Quelle a été la température moyenne d'une nuit pendant laquelle le thermomètre a fourni les indications suivantes : + 2°; + 3°,4; — 4°; — 5°,5; 0°; + 4° ?

1648. Pendant cinq jours consécutifs on a observé la température de l'air au lever du Soleil, et le thermomètre a fourni les indications suivantes : + 2°, — 4°, + 5°, — 6°, — 3°. Déduisez la moyenne de ces observations.

1649. L'exploitation d'une usine a donné dans la première année un bénéfice de 476 fr., dans la deuxième année une perte de 540 fr. ; dans la troisième année un bénéfice de 1290 fr., enfin dans la quatrième année

---

ne considère que des grandeurs positives, la définition qu'elle donne de la règle des moyennes devient insuffisante lorsqu'il s'agit de l'appliquer à des grandeurs envisagées sous ce double aspect. C'est donc ici le lieu de faire connaître ce qu'on entend par *quantités négatives.*

Si d'un nombre tel que 10, par exemple, on retranche successivement les nombres 1, 2, 3, 4........ 10, on obtiendra d'abord des restes *positifs* de plus en plus petits, puis on parviendra à un reste nul ; et, si l'on continue à soustraire du même nombre 10 les nombres 11, 12, 13, 14, etc. , on produira les *quantités négatives* — 1, — 2, — 3, — 4, etc.

Ainsi, en résumé, lorsque dans une soustraction la quantité à retrancher surpasse celle dont on doit la retrancher, on est convenu de soustraire la plus petite de la plus grande et d'indiquer ce changement d'ordre en plaçant le signe — devant le reste. Ce sont ces quantités ainsi isolées, précédées du signe —, qu'on appelle *négatives.* Par opposition, celles qui ne sont point affectées de ce signe sont censées avoir le signe +, et on les nomme *positives.*

Les indications du thermomètre, quand elles embrassent des degrés au-dessus et au-dessous de 0°, le gain et la perte d'un marchand, l'avance et le retard d'une montre, sont des cas particuliers où il y a lieu de considérer les quantités sous les deux acceptions que l'on vient d'examiner.

Ces notions établies, il serait nécessaire de faire connaître comment on compare entre elles les quantités affectées de signes contraires ; mais, outre que ces détails sont du ressort de l'Algèbre, ils nous entraîneraient dans des développements que notre cadre ne

une perte de 1310 fr. On demande quel a été le *revenu moyen* de cette usine.

1650. Quelle est la variation moyenne d'une montre qui, pendant six mois, avance de 3 minutes et demie, et, pendant les autres six mois, retarde de 4 minutes et un tiers ?

1651. On achète trois qualités de blé, savoir : 5 hectol. à 45 fr., 9 hect. à 46 fr., et 12 hect. à 47 fr. A quel *prix moyen* revient l'hectol. des blés achetés?

1652. Un particulier emploie vingt ouvriers dont 4 à 3 fr., 6 à 2f,50, 7 à 2f,45, 3 à 1f,75 la journée. A combien revient la *journée moyenne ?*

---

comporte pas. C'est pourquoi nous nous bornons à résumer dans une *règle générale*, déduite des principes de l'Algèbre, les opérations à faire pour résoudre sans difficultés le problème qui nous occupe, ainsi que tous les problèmes analogues. Nous aurons ainsi, tout en initiant les élèves à des notions d'une incontestable utilité, agrandi le domaine de l'Arithmétique, qui pourra désormais traiter des questions d'un usage presque journalier , jusqu'à présent inabordables pour elle.

Voici la règle en question : *Faites la somme des valeurs positives, celle des valeurs négatives, retranchez la plus petite de la plus grande et divisez le reste par le nombre des quantités données. Le quotient exprimera la moyenne cherchée, laquelle aura toujours le signe des quantités qui auront donné la plus grande somme.* Pour mieux nous faire comprendre, appliquons cette règle à un exemple. Soit à trouver la moyenne des quantités $-9, +4, +10, -3, +8, -24$, nous aurons

$$
\begin{array}{ll}
+\ 4 & \qquad\qquad -\ 9 \\
+\ 10 & \qquad\qquad -\ 3 \\
+\ 8 & \qquad\qquad -\ 24 \\
\end{array}
$$

Somme des valeurs posit. $= +\ 22$ Somme des valeurs négatives $= -\ 36.$

$$
\begin{array}{l}
\text{de } 36 \\
\text{otez } 22 \\
\hline
\text{reste } 14.
\end{array}
$$

reste 14. Or, le reste 14 divisé par 6 (nombre des quantités données) $= \frac{14}{6} =$ Rép. $-2,33...$, en affectant ce quotient du signe des quantités qui ont donné la plus grande somme.

1653. Un négociant emprunte 300 fr. à 5 p. cent, 200 fr. à 6 pour cent, et 400 fr. à 4 pour cent. Quel est l'*intérêt moyen* de ces divers emprunts ?

1654. A quel prix moyen ressortent des rentes achetées à différents cours, savoir :

100 fr. de rente au cours de	95f,90
120	—	97 ,00
140	—	96 ,40
460	—	97 ,55 ?

1655. On veut transporter du gravier pris dans une mine à différentes distances de cette mine, savoir : 3 mètres cubes à 150 mètres, 4 mètres cubes à 120 mètres, 6 mètres cubes à 90 mètres. On demande quelle sera la *distance moyenne* du transport.

1656. Une vigne a rapporté, savoir :

en 1862	2145 kil. de raisins vendus à	13f,50 les 100 k.
1863	1516	—	12 , »
1864	1897	—	13 ,75
1865	1920	—	12 ,25
1866	1674	—	14 ,10

Quel est le rapport ou revenu moyen de la vigne ?

1657. Un banquier a trois billets : le premier de 500 fr. payable dans 2 mois, le second de 800 fr. payable dans 5 mois, et le troisième de 300 fr. payable dans 4 mois. Il voudrait échanger ces trois billets contre un *seul* ayant la même valeur, c'est-à-dire énonçant la même somme totale et produisant le même intérêt total. Quelle devra être la date de l'échéance de ce billet unique ? (1)

---

(1) On a souvent besoin dans le commerce de ramener à une seule et même époque de paiement différentes sommes dont l'échéance arrive à des époques différentes. Cette opération, nommée *réduction à l'échéance moyenne ou commune*, n'est qu'une application de la règle des moyennes. Néanmoins plusieurs auteurs font de cette opération une règle particulière qu'ils appellent : Règle de temps pour les paiements, et qu'ils formulent de la manière suivante :

1658. On doit payer 400 fr. dans 6 mois, 1200 fr. dans 3 mois, 800 fr. dans 5 mois. On désire ne faire qu'un seul paiement. A quelle époque faudra-t-il le faire ?

1659. Un débiteur voudrait remplacer par un seul billet trois autres billets : le premier de 2600 fr. à 3 mois d'échéance ; le deuxième de 3000 fr. à 7 mois ; le troisième de 4000 fr. à 5 mois. A quelle échéance doit-il faire ce billet unique pour que sa valeur représente la valeur totale des autres ?

1660. Trouver l'*échéance moyenne* de deux sommes dont l'une de 350 fr. payable dans 45 jours, et l'autre de 780 fr. payable dans trois mois et demi.

1661. Un commerçant remet à un banquier, le 5 Juin, les cinq effets suivants :

un effet de 540 payable fr. le 16 Juin,
        960   —   le 28 Juin,
     1225   —   le 3 Juillet,
      730   —   le 11 Août,
     1410   —   le 2 Septembre.

Il obtient en échange un seul effet ayant la même valeur totale. Trouver l'échéance de cet effet unique, c'est-à-dire l'*échéance moyenne*.

PROBLÈMES

SUR LA RÈGLE DE MÉLANGE OU D'ALLIAGE. (1)

1662. Si je mêle 25 bouteilles de vin à $0^f,5$ chaque avec 35 bouteilles à 80 centimes, à combien me reviendra chaque bouteille du mélange ?

RÈGLE D'ÉCHÉANCE MOYENNE. *Pour trouver l'échéance moyenne de plusieurs billets payables à différentes époques, multipliez la valeur de chaque billet par le nombre de jours qui restent à courir jusqu'à son échéance. Faites la somme des produits et divisez-la par la somme totale des valeurs des billets. Le quotient sera le temps cherché.*

(1) On appelle *mélange* toute combinaison de liquides ou de subs-

1663. Un marchand mêle 10 hectolitres de vin à 50 centimes avec 15 hectol. de vin à 45 centimes. Quel est le prix d'un hectolitre de ce mélange ?

1664. On mêle 5 litres d'eau à 65° avec 12 litres d'eau à 20°. Quelle doit être la température du mélange ? (1)

---

tances sèches susceptibles d'être mélangées. On donne le nom d'*alliage* aux combinaisons de métaux fondus ensemble. La règle d'alliage n'est donc qu'un cas particulier de la règle de mélange.

La règle de mélange simple ou directe a pour objet, comme la règle des moyennes, de trouver le prix ou le titre moyen de plusieurs objets de prix ou de titres différents. Le principe pour obtenir ces résultats est donc le même : *On additionne d'un côté* LES QUANTITÉS, *de l'autre les valeurs qu'il faut obtenir, en multipliant la quantité de chaque objet par son prix ou son titre, et l'on divise ensuite la somme des valeurs par la somme des quantités; le quotient est le prix ou le titre moyen.* Les problèmes 1662 à 1672 appartiennent à la règle de mélange simple, comme les problèmes 780 à 787 de notre Arithmétique in-12. Ces deux séries se complètent donc réciproquement.

(1) Ce problème est une application de ce principe de Physique, que lorsque deux corps de températures différentes sont en contact, le plus chaud partage sa chaleur avec le plus froid.

Si l'on mêle, par exemple, 1 kilogramme d'eau à 0° avec 1 kilogramme d'eau à 2°, le kilog. d'eau froide a gagné 1 calorie au détriment de l'eau chaude qui en a perdu une en tombant de 2° à 1°; c'est-à-dire que le kilog. d'eau froide avait dû recevoir 2 calories pour s'élever de 0° à 2°. On démontre de même qu'il en reçoit 4 pour s'élever de 0° à 4° et 100 pour passer de 0° à 100°; d'où il résulte que, pour l'eau, les quantités de chaleur sont proportionnelles aux accroissements de température. Mais dans ce cas les quantités de chaleur sont aussi proportionnelles aux poids et aux volumes; conséquemment, pour trouver les unités de chaleur contenues, à partir de 0°, dans une masse d'eau déterminée, il suffit de multiplier son poids ou son volume par sa température au-dessus de 0°. Ainsi, 150 kilog. d'eau à 20° contiennent 3000 calories de plus qu'à 0°, car 1 kilog. à 1° contient 1 calorie, 150 kilog. à 1° contiennent 150 calories et 150 kilogrammes à 20° contiennent 150 × 20 = 3000 calories.

2ᵉ Application : Pour trouver la température que doit avoir le mélange de deux masses d'eau déterminées, *il faut multiplier le*

1665. Si l'on mêle 6 litres d'alcool à 40° avec 8 litres d'alcool à 60°, quel sera le degré du mélange ?

1666. On allie 65 grammes d'or à 910 *millièmes* de fin avec 15 grammes d'or à 750. Quel est le titre de l'or ainsi obtenu ?

1667. On mêle ensemble trois sortes de blé à différents prix, savoir : 10 sacs à 15 fr., 15 sacs à 13 fr., 8 sacs à 12 fr. On demande le prix d'un sac de mélange.

1668. On a mêlé 10 hectolitres de blé à 24 fr., 12 hectolitres à 25 fr. et 7 hectol. à 30 fr. Que vaut l'hectolitre de ce mélange ?

1669. Un chasseur achète 3 kilog. de poudre à 8 fr., 2 kilog. à 5 fr., 1 kilog. à 2 fr. Il les mêle et veut savoir à combien lui revient le kilog. de ce mélange.

1670. On a du blé à 24 fr., à 27 fr. et à 30 fr. l'hectolitre. On en veut mêler ensemble 10, 15 et 9 hectol. à ces prix respectifs. On demande ce que vaudra l'hectolitre de ce mélange.

1671. On fond ensemble 3 lingots d'argent. Le premier est au titre de 840 et pèse $0^k,643$; le deuxième au titre de 925 et pesant $0^k,327$; le troisième au titre de 930 et du poids de $0^k,084$. Quel sera le titre de l'alliage ?

---

poids ou le volume de chacune par sa température et diviser la somme des produits par la somme des poids ou des volumes. C'est d'après cette règle qu'on devra résoudre le probl. 1664, ainsi que tous les problèmes analogues.

3e Application : Quand une masse d'eau se réchauffe ou se refroidit, le nombre des calories qu'elle gagne ou qu'elle perd s'obtient en multipliant son poids ou son volume par le changement de température qu'elle éprouve. 6 kilog. d'eau, en passant de 15° à 25°, prennent $6 \times 10 = 60$ calories ; en se refroidissant de 15° à 10°, ils perdent $6 \times 5 = 30$ calories.

1672. Pour nourrir ses poules, une fermière fait le mélange que voici :

    1 litre de blé coûtant 13 centimes le litre,
    2 litres d'orge   12   —
    3 litres d'avoine   11   —
    4 litres de sarrazin   14   —

On désire savoir à combien revient un litre de cette nourriture.

1673. On veut faire un mélange de blé dont l'hectolitre revienne à 27f,50 avec des blés à 25 fr. et 30 fr. Combien en faut-il prendre de chacun ? (1)

---

(1) Ce problème et les suivants appartiennent à la règle de mélange indirecte ou composée ; or, comme cette règle ne se trouve pas dans la plupart des Traités d'arithmétique où s'y trouve d'une manière incomplète, le lecteur nous saura gré de la voir exposée avec tous les développements qu'elle comporte.

La règle de mélange indirecte a pour but de trouver dans quelle proportion il faut mélanger des objets de prix ou de titres différents pour que le mélange soit d'un prix ou d'un titre donné.

Cette règle donne lieu à quatre cas différents : dans le premier, les quantités qui doivent former le mélange sont arbitraires ; dans le deuxième, l'une de ces quantités est fixée ; dans le troisième, on est restreint à une certaine quantité de mélange, ou la quantité de mélange est limitée ; dans le quatrième, la quantité de mélange ainsi que celle des objets qui doivent y entrer est déterminée.

Examinons successivement ces quatre cas.

1er CAS. Combien faut-il prendre de litres de vin à 45 et à 65 centimes pour obtenir un mélange qu'on veut vendre 50 centimes le litre ?

Disposition du calcul.

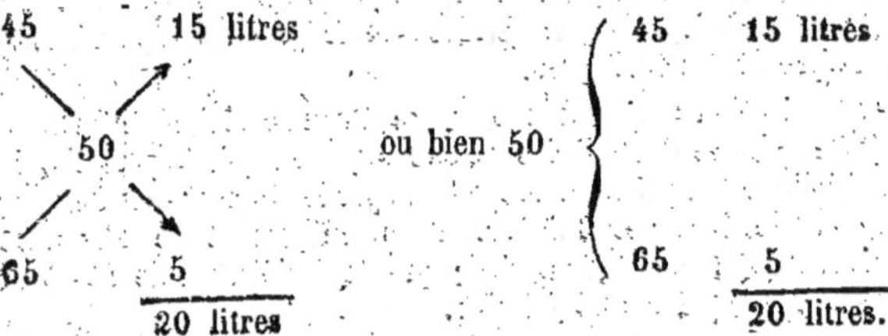

1674. Dans quelle proportion faut-il mélanger de l'eau bouillante (100°) avec de l'eau à 10° pour que le mélange soit à la température de 40 degrés ?

1675. Combien doit-on mêler de bouteilles de vin à 50 centimes et à 70 centimes, pour que le prix de la bouteille de mélange soit de 67 centimes et demi ?

Je prends la différence 5 de 50 à 45 et je la mets vis-à-vis 65 ; je place réciproquement vis-à-vis 45 la différence 15 de 50 à 65. Ce qui indique que 15 litres à 45 centimes et 5 litres à 65 centimes forment un mélange de 20 litres à 50 centimes ; en effet,

$$15 \times 45 = 675$$
$$5 \times 65 = 325$$

Donc 20 litres valent 1000 cent.; d'où $\frac{1000}{20} = 50$ cent. le litre.

On voit que l'esprit de la règle de mélange consiste à compenser la perte que l'on fait sur une substance par le bénéfice qu'on fait sur l'autre, ou plutôt à regagner par les différences des quantités ce qu'on perd par les différences de leurs prix. Il suit de là que, pour obtenir une compensation, il faut nécessairement que la plus petite quantité soit multipliée par le prix le plus haut et la plus grande quantité par le prix le plus bas ; car, si l'on multipliait la plus grande quantité par le prix le plus haut, la différence ne faisant que s'accroître, l'on s'éloigne d'autant plus de la compensation cherchée ; c'est pour cela qu'on doit placer le prix le plus bas devant la plus grande quantité, et réciproquement. On conçoit très-bien, d'après ce qui précède, qu'au lieu de s'établir à l'aide des prix, la compensation s'établira à l'aide des litres, des degrés de force ou de température, lorsque ces données entreront dans les conditions du mélange. (Voir les probl. 1673 à 1684.)

2e CAS. On a 100 kilog. de farine coûtant 50 centimes le kilog. et de la farine valant 40 centimes. On veut faire un mélange qui revienne à 48 centimes. Combien faut-il ajouter de la seconde espèce de farine aux 100 kilog. de la première ?

$$48 \left\{ \begin{array}{cc} 50 & 8 \\ 40 & 2 \\ \hline & 10 \end{array} \right.$$

Je prends la différence 2 de 50 à 48 et je la place vis-à-vis 40 ; je mets vis-à-vis 50 la différence 8 de 48 à 50 ; ce qui indique que

1676. Un économe veut faire du vin qui revienne à 30 centimes le litre avec de l'eau et du vin qui coûte 40 centimes. Quelles quantités doit-il mêler ensemble?

---

8 kilog. à 50 centimes et 2 kilog. à 40 formeraient un mélange de 10 kilog. à 48 centimes. Mais comme la quantité de farine à 50 centimes est fixée à 100 kilog., on dira : puisque dans le mélange trouvé 8 kilog. de la première exigent 2 kilog. de la seconde, 1 kilog. de la première exigera 8 fois moins de la seconde ou $\frac{2}{8}$, et 100 kilog. exigeront $100 \times \frac{2}{8} = 25$ kilog. de la seconde.

En effet,

$$100 \ \overset{k.}{\times} \ 50 \ = \ 5000 \text{ centimes.}$$
$$25 \ \times \ 40 \ = \ 1000$$

donc $\quad$ 125 kilog. valent $\quad$ 6000 centimes ;

d'où $\frac{6000}{125} = 0$ fr. 48 cent. le kilog. (Voir les probl. 1685 à 1699.)

3e CAS. Dans quelle proportion faut-il mêler de l'alcool à 64° et à 75° pour en faire un mélange de 15 litres marquant 70° ?

$$70° \left\{ \begin{array}{cc} 64° & 5 \\[2mm] 75° & \underline{6} \\[1mm] & 11 \end{array} \right.$$

Ce qui indique que 5 parties ou 5 litres à 64° et 6 parties à 75° feraient un mélange de 11 litres marquant 70°; en effet,

$$5 \text{ litres} \times 64° = 320°$$
$$6 \text{ litres} \times 75° = 450°$$

Donc $\quad$ 11 litres font . . . $\overline{770°}$; d'où $\frac{770}{11} = 70°$ le lit.

Mais comme la quantité du mélange est fixée à 15 litres, on dira : puisque l'alcool à 64° et l'alcool à 75° forment, l'un les $\frac{5}{11}$, l'autre les $\frac{6}{11}$ du mélange obtenu, en prenant les $\frac{5}{11}$ de 15 litres pour le premier, et les $\frac{6}{11}$ de 15 litres pour le second, on formera le mélange proposé dans des conditions semblables à celles du premier. On aura, en effet :

$$\frac{5}{11} \text{ de 15 lit.} = 6{,}82 \times 64° = 436°{,}5$$
$$\frac{6}{11} \text{ de 15 lit.} = 8{,}18 \times 75° = \underline{613°{,}5}$$

Donc 15 litres font . . . 1050°;

d'où $\frac{1050}{15} = 70°$ le litre.

1677. Dans quelle proportion faut-il mélanger du 3[6 (alcool à 86°) avec l'alcool à 40°, pour faire de l'eau-de-vie à 54 degrés ?

1678. J'ai deux qualités d'étain dont l'une me revient à 4^f,25 et l'autre à 3 fr. le kilog. Je veux faire un alliage tel que le kilog. me revienne à 3 fr. 50. Combien faudra-t-il que je prenne de l'une et de l'autre qualité ?

Nous ferons remarquer, en passant, que les quantités qui doivent composer un mélange dans des conditions données, une fois obtenues, on peut faire une infinité de mélanges semblables, en prenant des quantités proportionnelles aux premières, et pour cela, il n'y a qu'à les prendre 2, 3, 4.... fois plus grandes, ou 2, 3, 4... fois plus petites. Encore ce n'est pas le seul moyen d'y arriver, comme on le verra par la suite. (Voir les probl. 1692 à 1698.)

4e CAS. Un épicier a quatre sortes de thé valant 5 fr., 7 fr., 9 fr. et 12 fr. le kilog. Il veut en faire un mélange de 15 kilog., qu'il puisse vendre 8 fr. le kilog.; mais il désire faire entrer dans ce mélange 6 kilog. de thé à 5 fr. Combien faut-il en prendre des trois autres ?

Il y a lieu ici de former deux mélanges, l'un du 2e, l'autre du 3e cas.

1er Mélange 8 $\left\{ \begin{matrix} 5 & 4 \\ 12 & 3 \\ \hline & 7 \end{matrix} \right.$ Ce qui indique que 4 kilog. à 5 fr. et 3 kilog. à 12 fr. feraient un mélange de 7 kilog. à 8 fr. Mais comme la quantité de thé à 5 fr. est fixée à 6 kilog., on dira : puisque dans le

mélange trouvé 4 kilog. à 5 fr. exigent 3 kilog. à 12 fr., 1 kilog. à 5 fr. exigera 4 fois moins ou $\frac{3}{4}$, et 6 kilog. exigeront 6 fois plus ou $6 \times \frac{3}{4} = 4$ kil. 5. On a donc pour le premier mélange 6 kil. + 4 kil.,5 = 10 kil.,5; et 15 kil. — 10 kil.,5 = 4 kil.,5 pour la quantité que doit contenir le deuxième mélange.

2me Mélange 8 $\left\{ \begin{matrix} 7 & 1 \\ 9 & 1 \\ \hline & 2 \end{matrix} \right.$ Ce qui veut dire que 1 kilog. à 7 fr. et 1 kil. à 9 fr. formeraient un mélange de 2 kil. à 8 fr., ce qui, d'ailleurs, est évident. Or, puisque sur 2 kilog. d'un tel mélange, chaque

sorte de thé en fournit la moitié, la proportion sera la même pour les 4 kil.,5 que doit contenir le deuxième mélange, c'est-à-dire que chaque espèce de thé en fournira la moitié ou $\frac{4,5}{2} = 2$ k.,25.

1679. Dans quel rapport faut-il allier de l'argent à 940 millièmes et de l'argent à 875 millièmes pour faire un lingot au titre de 890 millièmes ?

1680. Un orfèvre veut composer un alliage au titre de 840 avec de l'or à 920 et de l'or à 750. Combien doit-il prendre de l'un et de l'autre ?

1681. On a trois sortes de farines : le kilog. de la première vaut 65 centimes, le kilog. de la deuxième vaut 50 centimes, le kilog. de la troisième vaut 45 centimes. Trouver dans quelle proportion il faut les mêler pour en faire que l'on puisse vendre 55 cent. le kilog.

1682. Un affineur veut composer un alliage au titre de 890, avec de l'argent au titre de 860, d'autre au titre de 840, de 920. On demande quelles sont les quantités d'argent de chaque titre qu'il faut faire entrer dans cet alliage.

1683. J'ai du café à 3 fr., à 2f,80, à 2f,60, à 2f,50. Je veux faire un mélange qui puisse se vendre à 2f,70. Combien dois-je en mettre de chaque espèce ?

Vérification.

1er Mélange.	6 k. à 5 fr.	=	30 fr.
	4,5 à 12	=	54
2e Mélange.	2,25 à 7	=	15,75
	2,25 à 9	=	20,25

15 kilog. valent 120 fr.

d'où $\frac{120}{15}$ = 8 fr. le kilog.

Lorsque le mélange doit se composer de 3, 4, 5... sortes d'objets, de prix, de titres ou de degrés différents, on les compare successivement deux à deux avec le prix ou le titre moyen, en ayant soin de ne comparer à la fois que deux prix ou deux titres dont l'un soit plus fort et l'autre plus faible que le prix ou le titre moyen ; et l'on dispose les différences réciproques comme dans les problèmes 1681, 1682, 1683, 1684, 1689, 1690.

1684. Un liquoriste a de l'alcool à 86, à 82, à 70, à 47, à 45 degrés. Il désire faire un mélange qui marque 71 degrés. Combien doit-il mettre de chaque qualité ?

1685. Combien faut-il mêler de vin à 0^f,8 avec 30 bouteilles à 1^f,25 , pour que le prix du mélange soit de 1 fr. la bouteille ?

1686. On a 25 litres d'eau à 73 degrés qu'on veut refroidir à 18 degrés avec de l'eau à 5 degrés. Quelle quantité faut-il de cette dernière ?

1687. On emploie 40 ouvriers à 2 fr. 75 par jour, d'autres ouvriers à 1 fr. 65. On demande combien il y a de ces derniers, sachant que le prix moyen de la journée est de 2^f,15.

1688. On a 20 litres d'alcool à 86° dont on veut faire de l'eau-de-vie à 50°. Quelle quantité d'eau faut-il ajouter à ces 20 litres d'alcool pour que le mélange soit au degré voulu ?

1689. Dans une année de disette, une famille pauvre voudrait faire avec de l'orge, du maïs et du froment, du pain qui ne revienne qu'à 25 centimes le kilog. Elle a 2 hectolitres de maïs qui ferait du pain à 12 centimes. Le pain fait avec de l'orge seul reviendrait à 17 centimes ; celui qu'on ferait avec du froment coûterait 40 centimes. On demande quelles quantités d'orge et de froment il faut mêler aux 2 hectol. de maïs pour que le pain revienne à 25 centimes le kilog.

1690. Combien faut-il mêler de sacs de farine à 60 fr., à 66 fr., à 72 fr., avec 3 sacs à 48 fr. pour avoir de la farine à 64 fr. le sac ?

1691. J'ai un lingot d'argent pesant 3^k,15 contenant 0,2 de cuivre ; j'en veux faire un alliage au titre de 850 avec de l'argent à 890 de fin. Combien faut-il que je prenne de ce dernier ?

1692. On a de l'or à 835 de fin et de l'or à 760 avec lesquels on veut former un alliage de 600 grammes au litre de 800. Quelle quantité faut-il prendre de l'un et de l'autre ?

1693. Combien faut-il mêler d'alcool à 90° avec de l'alcool à 50° pour faire 100 litres d'eau-de-vie à 55° ?

1694. On a du vin à 1f,25 et à 1f,40 le litre. On veut faire un mélange de 200 litres qui revienne à 1f,30 le litre. Combien faut-il prendre de litres de chaque espèce ?

1695. Dans quelle proportion faut-il mêler les eaux de Bourbonne, qui ont 50° de température, avec de l'eau froide à 18° pour former un bain de 250 litres à la température de 26° ?

1696. Un bain ordinaire étant formé d'environ 250 litres d'eau, combien doit-on prendre d'eau bouillante (100°) et d'eau froide à 20° pour que le mélange soit à la température des bains chauds, c'est-à-dire à 31° ? (1)

1697. 400 bouteilles de vin à 3 fr. sont le produit du mélange de deux espèces de vin, l'un à 5 fr., l'autre à 2 fr. On demande les quantités qu'on a dû prendre de chacune de ces espèces.

1698. On a deux lingots qui contiennent, l'un 25 grammes d'argent et 3 grammes de cuivre, l'autre 4 grammes de cuivre et 38 grammes d'argent. On veut faire un lingot du poids de 22 grammes et contenant 2 grammes de cuivre. Quelle quantité faut-il prendre des deux premiers lingots ?

---

(1) Ce problème montre qu'on peut, sans le secours du thermomètre, se procurer de l'eau à une température quelconque. Il suffit pour cela de mélanger, dans des proportions convenables, de l'eau bouillante (100°) avec de l'eau de puits ou de source dont la température constante est de 12°.

PROBLÈMES

SUR LA RÈGLE DE FAUSSE POSITION. (1)

1699. Un père a 3 fois l'âge de son fils, et la somme des deux âges est de 56. Quel est l'âge de l'un et de l'autre ?

---

(1) La règle de *fausse position* a pour but de résoudre, à l'aide des nombres seuls et sans le secours de l'Algèbre, certains problèmes numériques qu'on ne peut résoudre directement avec les règles ordinaires de l'Arithmétique.

On fait une *fausse position* lorsqu'au lieu de résoudre le problème directement par la règle des équations, on met à la place de l'inconnue x un nombre pris entièrement au hasard. Si l'on examine ensuite ce que devient par cette supposition la condition énoncée, on trouve ordinairement qu'elle n'est pas satisfaite. On verra conséquemment de combien il s'en faut qu'elle le soit, et cette quantité exprimée en nombre sera *l'erreur* de la fausse position.

Une seconde supposition également arbitraire, ou seconde *fausse position*, fera connaître de la même manière une seconde *erreur*. Ayant exécuté ces deux opérations préalables, voici la règle absolument générale, à l'aide de laquelle on déterminera la véritable valeur de l'inconnue :

1° *Si les deux erreurs sont de même nature, c'est-à-dire si elles sont toutes deux en plus ou toutes deux en moins, multipliez chacune des suppositions par l'erreur que l'autre aura produite, prenez la différence de ces produits et divisez-la par la différence des erreurs.*

2° *Si les erreurs sont de nature différente, c'est-à-dire l'une en* PLUS *et l'autre en* MOINS, *multipliez de même chaque supposition par l'erreur de l'autre ; prenez la somme de ces produits et divisez-la par la somme des erreurs.*

Cette règle, disons-nous, résout d'une manière générale les diverses questions que plusieurs auteurs traitent avec des méthodes différentes sous la désignation de règle de fausse position simple ou double.

Les valeurs qu'on voudra supposer à l'inconnue sont absolument arbitraires ; tous les nombres possibles entiers ou fractionnaires conduiraient également au but. Mais on simplifiera beaucoup l'opération en prenant *zéro* pour la première fausse position et *un*

1700. L'âge d'Antoine est double de celui de Jean, celui de Jean triple de celui de Pierre ; leurs âges réunis forment 70 ans. Quel est l'âge de chacun d'eux ?

1701. Trouver un nombre dont le quadruple diminué de 6 soit égal à son triple augmenté de 5.

1702. Trouver deux nombres dont la somme soit égale à 72 et la différence égale à 20.

1703. On veut payer 438 francs avec 120 pièces de monnaie, les unes de 5 fr. et les autres de 2 fr. Combien donnera-t-on de pièces de chaque espèce ?

1704. Partager 47 en deux parties telles qu'en divisant la plus petite par 3 et la plus grande par 5, la somme des quotients soit égale à 11.

1705. Cent trente mètres de drap, les uns à 35 fr., les autres à 30 fr., ont coûté ensemble 4190 fr. Combien a-t-on acheté de mètres de chaque espèce ?

1706. Une futaille contenant 629 litres peut être vidée dans 60 bouteilles, les unes de 5 litres, les autres de 12 litres ; combien faudra-t-il des unes et des autres ?

---

pour la seconde ; et alors, la règle précédente pourra s'énoncer ainsi :

Divisez la première erreur par la somme ou la différence des deux erreurs, suivant que ces erreurs sont de nature différente ou de même nature.

La règle de fausse position ne donne des solutions rigoureuses que dans le cas où le problème conduit à une équation du premier degré. Dans tous les autres cas son application exige que par le tâtonnement ou des moyens quelconques on se soit procuré une valeur approchée de l'inconnue. Mais alors elle devient d'un usage d'autant plus précieux qu'elle égale au moins, si elle ne les surpasse pas, en facilité toutes les méthodes algébriques connues. Le problème 1712 suffit pour montrer l'utilité de la règle de fausse position en arithmétique. Ce problème conduit à une équation du sixième degré, et la science ne possède encore aucun moyen direct de le résoudre.

1707. On veut obtenir 36 kilog. de café valant 1f,35 en mélangeant du café à 1f,38 et à 1f,30 le kilog., avec 7 kilog. de café à 1f,50. Combien de kilog. de chacune des deux premières qualités faut-il prendre ?

1708. On a deux sortes de farine qui feraient, l'une du pain à 27 centimes, l'autre du pain à 23 centimes. On demande combien il faut prendre de kilog. de chaque sorte pour faire 100 kilog. de pain à 24 centimes le kilog.

1709. Dans un tonneau qui peut contenir 150 litres il y a déjà 35 litres de vin à 90 centimes. On voudrait achever de remplir ce tonneau avec du vin à 1f,25 et à 75 centimes le litre. Combien doit-on prendre de litres de chacune des deux premières qualités ?

1710. On propose de me vendre 20 pièces d'étoffe de deux qualités différentes au prix moyen de 30 fr. par pièce. Je juge qu'en achetant à ce prix je pourrai gagner 5 fr. sur chaque pièce de la première qualité et perdre 4 fr. sur chacune des autres. A ce compte, combien me faut-il de chaque qualité pour que je puisse gagner sur la totalité une somme égale au 10e du prix d'achat ?

1711. Combien faut-il de pièces de 5 fr. et de 2 fr. placées bord à bord en ligne droite, pour faire la longueur exacte du mètre ?

1712. On demande un nombre tel que si de son cube on ôte sa racine carrée, il reste 1.

EXERCICES SUR L'EXTRACTION DE LA RACINE CARRÉE DES NOMBRES ENTIERS CARRÉS PARFAITS. (1)

1713.	$\sqrt{121}$ $\sqrt{289}$	$\sqrt{361}$.
1714.	$\sqrt{676}$ $\sqrt{1225}$	$\sqrt{1849}$.
1715.	$\sqrt{2704}$ $\sqrt{5929}$	$\sqrt{7744}$.
1716.	$\sqrt{8836}$ $\sqrt{17424}$	$\sqrt{45796}$.
1717.	$\sqrt{106276}$	$\sqrt{174724}$.
1718.	$\sqrt{304401}$	$\sqrt{389376}$.
1719.	$\sqrt{522729}$	$\sqrt{664225}$.
1720.	$\sqrt{942841}$	$\sqrt{2359296}$.
1721.	$\sqrt{9903609}$	$\sqrt{62615569}$.
1722.	$\sqrt{88943761}$	$\sqrt{1308630625}$
1723.	$\sqrt{11236}$	$\sqrt{258064}$.
1724.	$\sqrt{656100}$	$\sqrt{16867449}$.
1725.	$\sqrt{49589764}$	$\sqrt{28622500}$.
1726.	$\sqrt{38477209}$	$\sqrt{64641600}$.
1727.	$\sqrt{81072016}$	$\sqrt{412374249}$.
1728.	$\sqrt{961310025}$	$\sqrt{360024004}$.

EXERCICES SUR L'EXTRACTION DE LA RACINE CARRÉE DES NOMBRES DÉCIMAUX CARRÉS PARFAITS.

1729.	$\sqrt{5,29}$	$\sqrt{2,1904}$.
1730.	$\sqrt{40,5769}$	$\sqrt{0,0225}$.
1731.	$\sqrt{16,7281}$	$\sqrt{0,010201}$.
1732.	$\sqrt{52,9984}$	$\sqrt{0,376996}$.
1733.	$\sqrt{9,272025}$	$\sqrt{0,100609}$.
1734.	$\sqrt{4,62551049}$	$\sqrt{416,9764}$.
1735.	$\sqrt{250600,36}$	$\sqrt{0,00006084}$.

(1) Les nombres compris dans les numéros 1713 à 1728 sont tous des carrés parfaits ; par conséquent, leurs racines sont toutes exactes. De plus, les numéros 1723 à 1728 offrent le cas où, après avoir abaissé une tranche à côté du reste, on obtient un dividende plus petit que le double des chiffres déjà obtenus à la racine. (Voyez notre Arith. in-12, page 261, 32e édition).

EXERCICES SUR L'EXTRACTION, PAR APPROXIMATION, DE LA RACINE CARRÉE DES NOMBRES ENTIERS OU DÉCIMAUX. (1)

1736. $\sqrt{40,96}$ à 0,1 près. 1737. $\sqrt{0,045}$ à 0,01 près.

1738. $\sqrt{7,2}$ à 0,01 1739. $\sqrt{29}$ à 0,1

1740. $\sqrt{42,131}$ à 0,01 1741. $\sqrt{0,45678}$ à 0,001

1742. $\sqrt{70}$ à 0,001 1743. $\sqrt{0,18109}$ à 0,001

1744. $\sqrt{31,027}$ à 0,1 1745. $\sqrt{0,09242}$ à 0,001

1746. $\sqrt{227}$ à 0,01 1747. $\sqrt{3,141}$ à 0,001

1748. $\sqrt{0,00723}$ à 0,001 1749. $\sqrt{1000}$ à 0,001

1750. $\sqrt{8,725}$ à 0,001 1751. $\sqrt{6}$ à 0,001

1752. $\sqrt{3,54}$ à 0,001 1753. $\sqrt{10152}$ à 0,01

1754. $\sqrt{0,0042853}$ à 0,001 1755. $\sqrt{280}$ à 0,0001

1756. $\sqrt{0,0228615}$ à 0,0001 1757. $\sqrt{0,375}$ à 0,0001

1758. $\sqrt{2}$ à 0,00001 1759. $\sqrt{0,002509}$ à 0,00001

---

(1) Dans notre Traité d'Arithmétique, comme dans notre recueil de problèmes, nous avons adopté *l'approximation en décimales* comme la plus commode et la plus usitée. Cependant, pour être aussi complet que possible sans trop nous écarter de notre plan, nous croyons devoir faire connaître le moyen d'extraire la racine carrée d'un nombre entier à moins d'une fraction ordinaire ayant l'unité pour numérateur.

Voici le procédé : *Multipliez le nombre entier par le carré du dénominateur de la fraction qui détermine le degré d'approximation que vous voulez obtenir. Extrayez la partie entière de la racine carrée du produit ; ensuite divisez cette partie entière par le dénominateur.* Soit à extraire la racine carrée de 22 à $\frac{1}{15}$ près.

Multipliez 22 par le carré de 15 ou 225, vous aurez $22 \times 225 = 4850$, dont la racine a pour partie entière 69. Donc $\frac{69}{15}$ ou $\frac{70}{15}$

est la racine de 22 approchée à $\frac{1}{15}$ près. — Le nombre 22 peut

— 242 —

EXERCICES SUR L'EXTRACTION DE LA RACINE CARRÉE
DES FRACTIONS ORDINAIRES,
LES DEUX TERMES ÉTANT DES CARRÉS PARFAITS. (1)

1760. $\sqrt{\dfrac{4}{9}}$ $\qquad$ $\sqrt{\dfrac{16}{25}}$ $\qquad$ $\sqrt{\dfrac{36}{49}}$

1761. $\sqrt{\dfrac{1}{81}}$ $\qquad$ $\sqrt{\dfrac{25}{64}}$ $\qquad$ $\sqrt{\dfrac{49}{121}}$

1762. $\sqrt{\dfrac{144}{169}}$ $\qquad$ $\sqrt{\dfrac{196}{225}}$ $\qquad$ $\sqrt{\dfrac{256}{400}}$

1763. $\sqrt{\dfrac{361}{441}}$ $\qquad$ $\sqrt{\dfrac{484}{529}}$ $\qquad$ $\sqrt{\dfrac{625}{841}}$

1764. $\sqrt{\dfrac{1}{2601}}$ $\qquad$ $\sqrt{\dfrac{289}{1156}}$ $\qquad$ $\sqrt{\dfrac{784}{1936}}$

être mis sous la forme $\dfrac{22 \times 15^2}{15^2}$, ou, en effectuant les calculs, $\dfrac{4850}{15^2}$. Mais la racine de 4850 à une unité près étant 69, il s'ensuit que $\dfrac{4850}{15^2}$ ou 22 est compris entre $\dfrac{69^2}{15^2}$ et $\dfrac{70^2}{15^2}$; donc la racine de 22 est elle-même comprise entre $\dfrac{69}{15}$ et $\dfrac{70}{15}$, c'est-à-dire que cette racine diffère de $\dfrac{69}{15}$ d'une fraction moindre que $\dfrac{1}{15}$. En effet, les carrés de $\dfrac{69}{15}$ et $\dfrac{70}{15}$ sont $\dfrac{4761}{15^2}$ et $\dfrac{4900}{15^2}$, nombres qui comprennent $\dfrac{4850}{15^2}$ ou 22.

L'approximation en décimales est une conséquence de la règle précédente. Pour obtenir la racine carrée d'un nombre entier à $\dfrac{1}{10}$, $\dfrac{1}{100}$, $\dfrac{1}{1000}$..... près, il faut, en vertu de cette règle, multiplier le nombre proposé par 10^2, 100^2, 1000^2....., ou, ce qui revient au même, écrire à la droite du nombre 2, 4, 6..... zéros; puis extraire la racine du produit à une unité près et diviser cette racine par 10, 100, 1000.

(1) Voyez notre Arith. in-12, page 268, 32ᵉ édition.

EXERCICES SUR L'EXTRACTION DE LA RACINE CARRÉE DES FRACTIONS ORDINAIRES,
LES DEUX TERMES N'ÉTANT PAS DES CARRÉS PARFAITS. (1)

1765. $\sqrt{\frac{3}{4}}$ à 0,01 près.	1766. $\sqrt{\frac{2}{3}}$ à 0,01 près.
1767. $\sqrt{\frac{4}{5}}$ à 0,001	1768. $\sqrt{\frac{5}{6}}$ à 0,0001
1769. $\sqrt{\frac{1}{9}}$ à 0,001	1770. $\sqrt{\frac{3}{8}}$ à 0,001
1771. $\sqrt{\frac{5}{9}}$ à 0,01	1772. $\sqrt{8\frac{4}{7}}$ à 0,001
1773. $\sqrt{\frac{3}{11}}$ à 0,001	1774. $\sqrt{\frac{7}{15}}$ à 0,0001
1775. $\sqrt{\frac{2}{13}}$ à 0,01	1776. $\sqrt{\frac{5}{14}}$ à 0,001
1777. $\sqrt{\frac{8}{21}}$ à 0,01	1778. $\sqrt{\frac{6}{17}}$ à 0,001
1779. $\sqrt{4\frac{1}{7}}$ à 0,01	1780. $\sqrt{\frac{11}{60}}$ à 0,001
1781. $\sqrt{\frac{10}{11}}$ à 0,001	1782. $\sqrt{\frac{3}{109}}$ à 0,0001
1783. $\sqrt{\frac{89}{148}}$ à 0,001	1784. $\sqrt{\frac{1}{3104}}$ à 0,00001

(1) Il arrive le plus souvent que le numérateur ou le dénominateur ou tous les deux ne sont pas des carrés parfaits; dans ce cas, pour obtenir la racine carrée de la fraction, le moyen le plus simple est de réduire la fraction ordinaire en fraction décimale, et d'extraire la racine carrée de cette dernière, comme on le fait pour les nombres décimaux. Cependant, comme plusieurs auteurs donnent un procédé particulier pour le double cas où l'un des deux termes de la fraction ordinaire n'est pas un carré parfait, il n'est pas sans utilité que les élèves connaissent ces procédés.

1er cas. Si le numérateur seul n'est pas un carré parfait, on extraira la racine approchée par la méthode connue; puis, extrayant la racine du dénominateur, on la donnera pour dénominateur à celle du numérateur. Ainsi, si l'on demande la racine de $\frac{2}{9}$, on extraira la racine approchée de 2 qu'on trouvera 1,4, ou 1,41, ou 1,414, ou 1,4142, etc... selon le degré d'approximation qu'on voudra obtenir; et comme la racine carrée de 9 est 3, on aura ou $\frac{1,4}{3}$, ou $\frac{1,41}{3}$, ou $\frac{1,414}{3}$, ou $\frac{1,4142}{3} = 0,4714$ pour racine approchée de $\frac{2}{9}$.

PROBLÈMES

SUR L'EXTRACTION DE LA RACINE CARRÉE.

1785. Extrayez la racine carrée de 160000, et le chiffre que vous obtiendrez exprimera le nombre des différents minéraux connus jusqu'à ce jour.

1786. 9 fois la racine carrée d'un nombre vaut 126. Quel est ce nombre ?

1787. Le produit d'un champ de pommes de terre est comme le carré de la semence employée. Ce produit s'étant élevé à 86 hectolitres, combien d'hectolitres a-t-on semés ?

1788. Les propriétaires, les maçons et quelquefois les architectes sont embarrassés pour donner l'épaisseur convenable aux murs de terrasse, lorsque les terres à contenir ont une certaine hauteur. Or, d'après

---

2e CAS. S'il n'y a que le dénominateur qui ne soit pas un carré parfait, on multipliera les deux termes de la fraction par ce même dénominateur, ce qui ne changera rien à la valeur de la fraction et rendra ce dénominateur carré. Alors on opérera comme dans le cas précédent. Veut-on, par exemple, la racine carrée de $\frac{3}{5}$, on changera cette fraction en $\frac{15}{25}$; ensuite, on extraira la racine carrée de 15 jusqu'à 3 décimales, par exemple ; on aura 3,872 ; et comme la racine carrée de 25 est 5, la racine carrée de $\frac{3}{5} =$

$$\sqrt{\frac{15}{25}} = \frac{3,872}{5} \text{ ou } 0,774 \text{ réduite en décimales.}$$

Lorsque la fraction ordinaire est accompagnée d'un entier, comme dans les n°s 1772, 1779, il faut d'abord réduire l'entier en fraction, puis opérer sur le nombre fractionnaire qui en résulte, comme pour les fractions ordinaires. Soit à extraire la racine carrée de $13\frac{5}{20}$ à 0,01 près. On aura $\sqrt{\frac{265}{20}} = \sqrt{13,25} =$ Rép. 3,64.

Rondelet, on obtiendra cette épaisseur d'une manière assez exacte, en extrayant la racine carrée du double carré formé avec la hauteur des terres à soutenir, et en prenant le $\frac{1}{5}$ de cette racine. Cela posé, pourriez-vous déterminer l'épaisseur qu'il faudrait donner à un mur destiné à soutenir un remblai de terre végétale ayant 3^m,50 de hauteur ?

1789. 6889 est le produit de deux nombres égaux. Quels sont ces nombres ?

1790. L'escalier d'une tour a autant de marches que ces marches ont de millimètres de hauteur, et la tour a 25^m,6 de haut. Faites connaître le nombre et la hauteur des marches.

1791. On distribue 289 pains entre plusieurs pauvres. Chaque pauvre reçoit autant de pains qu'il y a de pauvres. Combien y a-t-il de pauvres et combien chacun reçoit-il de pains ?

1792. La fécondité de la carpe est telle que, si tous les œufs qu'elle peut produire dans une ponte donnaient un poisson, et si chacun de ces poissons donnait à son tour autant d'œufs que les premiers, deux pontes suffiraient pour donner 68 761 426 176 poissons. Cela étant, quel est le nombre d'œufs qu'une carpe peut donner dans une ponte ?

1793. Si pour le carrelage d'une chambre carrée il a fallu 1521 carreaux, combien y en a-t-il sur chaque côté ?

1794. Un jardinier a 4096 choux qu'il veut planter en carré, de manière qu'ils forment des lignes droites parallèles et également espacées en long et en large. On demande combien il y aura de choux dans chaque rangée sur les quatre faces.

1795. Un champ carré contient 529 pieds d'arbres plantés en carrés de 4 mètres l'un de l'autre. On demande combien de rangées aboutissent sur chacun des quatre côtés.

1796. Quel est, à 0m,01 près, le côté d'une feuille de tôle ayant 1m,64 de surface ?

1797. Un soldat armé et équipé occupe un tiers de mètre carré. D'après cela, quel serait le côté d'une cour de forme carrée, capable de contenir un bataillon de 1000 hommes ?

1798. Avec une toile de 12m,5 de long sur 1m,35 de large on a de quoi doubler exactement un tapis carré. Faites connaître la surface du tapis et la longueur de ses côtés.

1799. On veut remplacer une table ronde ayant 1m,6 de surface par une autre table de même surface, mais de forme carrée. Quelle sera la longueur des côtés de la nouvelle table à 0m,001 près ?

1800. Une feuille de papier de 20 centimètres de large et 30 centimètres de long doit être réduite en carré équivalent. Quelles seront les dimensions de ce carré à 0m,001 près ?

1801. Si l'on voulait une pièce de terre parfaitement carrée et dont la superficie fût de 9hect.,4084, quelle serait la longueur d'un côté à 1 mètre près ?

1802. On désire lambrisser une salle carrée dont la superficie est de 83 mètres carrés. Quelle sera la longueur totale du lambris à 0m,01 près ?

1803. Je veux entourer d'un fossé qui me reviendra à 40 centimes le mètre courant une vigne carrée de 3hect.,50. Combien devrai-je dépenser pour cela ?

1804. On a mis dans un parc 441 moutons qu'on veut faire parquer à raison de 1 mètre par coup de parc. Le parc étant donné en carré, quel sera le nombre de claies de 2m,7 qu'on devra dresser pour chaque carré ?

1805. Si l'on veut réserver à un arbre un espace carré de 231 mètres pour en étendre la végétation, quelle sera la mesure du côté au milieu duquel il doit être planté ?

1806. On fait une plantation en plein de mûriers à 7 mètres dans une pièce carrée de 6 hectares 25 centiare. Combien y a-t-il de mûriers sur chaque face de la pièce ?

1807. On suppose que pour fumer une terre on dépose le fumier en petits tas égaux et en carrés, ces tas variant seulement de distance entre eux, suivant qu'on veut fumer plus ou moins fortement. A quelle distance faudra-t-il les placer pour que chacun fume 36, 49, 81 centiares ?

1808. D'après les données du problème 1412, combien de temps une pierre mettrait-elle à tomber du dôme de Milan qui a 109 mètres d'élévation ?

1809. D'après le problème 1419, les espaces parcourus par un corps pesant dans sa chute verticale sont entre eux comme les carrés des vitesses acquises par ce corps au bas de sa chute. Cela étant, quelle serait, au bas de sa chute, la vitesse d'une pierre qui tomberait de la coupole de Saint-Pierre de Rome dont l'élévation au-dessus du sol est de 132 mètres ? On s'aidera des principes énoncés aux probl. 1412 et 1417.

1810. D'après les données du problème 1419, de quelle hauteur un corps pesant devrait-il tomber pour qu'il eût, au bas de sa chute, la vitesse d'un boulet de 12 qui est de 500 mètres par seconde ? ensuite, quelle serait la durée de la chute ? On s'aidera des principes énoncés aux problèmes 1412, 1417.

1811. On demande quelle est la vitesse de chute des personnes qui tombent sur le pavé d'un premier, d'un deuxième, d'un troisième, d'un quatrième étage, dont les hauteurs ordinaires sont 3m,5, 6m,3, 9m,8, 14m. On s'aidera des principes posés dans les problèmes 1412, 1417, 1419.

1812. Tout le monde sait que si l'on fait une ouverture au fond ou à la paroi latérale d'un vase rempli d'eau, le liquide s'échappe avec une vitesse plus ou moins grande, suivant que le niveau du liquide est plus ou moins élevé au-dessus de l'orifice. Or, il est

reconnu que cette vitesse *est précisément égale à celle
d'un corps pesant qui tomberait de la hauteur du
niveau de l'eau.* Cela posé, calculez la vitesse de l'eau
qui sort de la buse d'un moulin à farine, 1° lorsque
le niveau de l'eau est à 3 mètres au-dessus du centre
de la buse ; 2° lorsque le niveau n'est plus qu'à 1ᵐ de
ce centre. On s'aidera des principes établis aux problèmes 1412, 1417, 1419.

1813. D'après les données du problème précédent,
si l'on vient à soulever de 4 centimètres une vanne de
2 mètres de haut entièrement plongée dans l'eau du
côté de la retenue, l'eau s'échappera par cet orifice
avec une vitesse due à la hauteur du liquide au-dessus
du centre de cette ouverture. Quelle sera, dans ce cas,
la vitesse d'écoulement ? On s'aidera des principes
énoncés dans les probl. 1417, 1419.

1814. La durée des oscillations d'un pendule est en raison directe de la racine carrée de sa longueur, et le
nombre des oscillations en raison inverse de cette racine. Ce principe posé, si un balancier de 0ᵐ,4417 de
longueur fait ses oscillations de $1\frac{1}{2}$ seconde de durée, quelle serait la durée des oscillations d'un autre
balancier 3 fois plus long ?

1815. On démontre en Géométrie que, pour trouver
l'hypoténuse (côté opposé à l'angle droit) d'un triangle rectangle, il faut additionner les carrés des deux
autres côtés, et extraire la racine carrée de la somme,
et, pour déterminer un des
côtés de l'angle droit, il
faut retrancher le carré de
l'autre du carré de l'hypoténuse et extraire la racine
carrée.

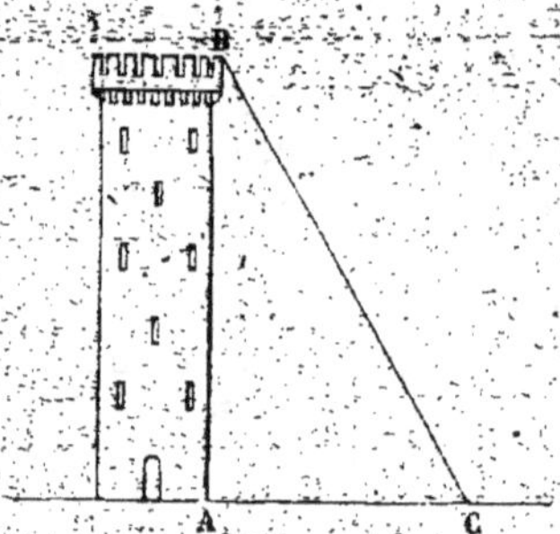

D'après cela, imaginons
une échelle CB (figure 18)
dressée contre une tour AB
dont le pied est éloigné
d'une distance AC de celui
de l'échelle, nous aurons

Fig. 18.

formé de la sorte un triangle rectangle en A dont l'échelle, la tour et la distance qui les sépare, ou plutôt les lignes qu'elles représentent, forment les trois côtés. Partant de là, proposons-nous de trouver :

1° La longueur de l'échelle, la tour ayant 10 mètres de haut et la distance de son pied à celui de l'échelle étant de 3 mètres ;

2° La hauteur de la tour, l'échelle ayant 12 mètres de long et la distance de son pied à celui de la tour étant de 4 mètres.

3° La distance du pied de l'échelle à celui de la tour, l'échelle ayant 13 mètres de long et la tour 11 mètres de haut.

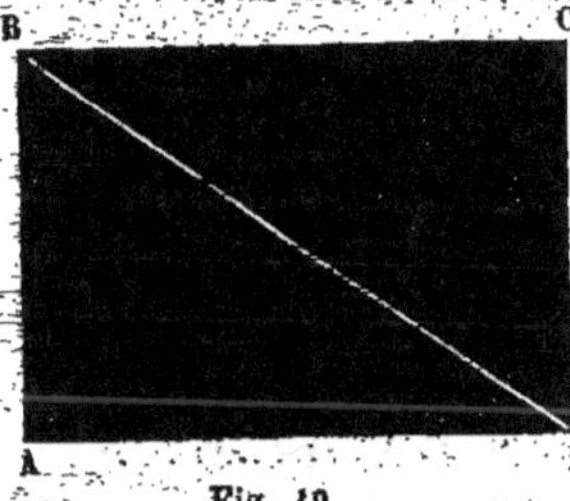

Fig. 19.

1816. D'après les données du numéro précédent, si le tableau noir ABCD (fig. 19) a $1^m,20$ de longueur sur $0^m,86$ de largeur, quelle est la distance d'une extrémité à l'autre du tableau, mesurée diagonalement ?

1817. Trouvez un moyen proportionnel entre 27 et 83.

1818. Quel est le nombre qui multiplié par lui-même donne un produit égal à celui de 36 par 104 ?

1819. Quelle est la valeur de x dans la proportion suivante : $5 : x :: x : 60$?

EXERCICES SUR L'EXTRACTION DE LA RACINE CUBIQUE DES NOMBRES ENTIERS CUBES PARFAITS.

1820. $\sqrt[3]{125}$ $\sqrt[3]{216}$ $\sqrt[3]{512}$.

1821. $\sqrt[3]{729}$ $\sqrt[3]{1331}$ $\sqrt[3]{4913}$.

1822. $\sqrt[3]{12167}$ $\sqrt[3]{74088}$ $\sqrt[3]{314432}$.

1823. $\sqrt[3]{531441}$ $\sqrt[3]{1191016}$.

1824. $\sqrt[3]{3652264}$ $\sqrt[3]{5735339}$.

1825. $\sqrt[3]{8365427}$ $\sqrt[3]{44738875}$.

1826. $\sqrt[3]{97336000}$ $\sqrt[3]{128024064}$.

1827. $\sqrt[3]{258474853}$ $\sqrt[3]{733870808}$.

1828. $\sqrt[3]{2342039552}$ $\sqrt[3]{9514651159}$.

1829. $\sqrt[3]{43651389761}$ $\sqrt[3]{64240300125}$.

1830. $\sqrt[3]{202986461133}$ $\sqrt[3]{670611173777}$.

1831. $\sqrt[3]{733870808000}$ $\sqrt[3]{70220085705216}$.

1832. $\sqrt[3]{2709911614888}$ $\sqrt[3]{359577108621000}$.

EXERCICES SUR L'EXTRACTION DE LA RACINE CUBIQUE DES NOMBRES DÉCIMAUX CUBES PARFAITS.

1833. $\sqrt[3]{5,832}$ $\sqrt[3]{0,343}$.

1834. $\sqrt[3]{39,304}$ $\sqrt[3]{0,002744}$.

1835. $\sqrt[3]{438,976}$ $\sqrt[3]{10,503459}$.

1836. $\sqrt[3]{0,008242408}$ $\sqrt[3]{573,856191}$.

1837. $\sqrt[3]{890,277128}$ $\sqrt[3]{0,107850176}$.

1838. $\sqrt[3]{0,203297472}$ $\sqrt[3]{95,443993}$.

1839. $\sqrt[3]{0,804357}$ $\sqrt[3]{141,665198597}$.

1840. $\sqrt[3]{0,000132651}$ $\sqrt[3]{220,020692653}$.

1841. $\sqrt[3]{1048,772096}$ $\sqrt[3]{1,009027027}$.

1842. $\sqrt[3]{41,349947912}$ $\sqrt[3]{560495,306125}$.

1843. $\sqrt[3]{0,000000103823}$ $\sqrt[3]{439,149302801}$.

1844. $\sqrt[3]{0,000000000512}$ $\sqrt[3]{407,264487378624}$.

EXERCICES SUR L'EXTRACTION, PAR APPROXIMATION, DE LA RACINE CUBIQUE DES NOMBRES ENTIERS OU DÉCIMAUX.

1845. $\sqrt[3]{1028}$ à 0,01 près.

1846. $\sqrt[3]{17,834}$ à 0,1

1847. $\sqrt[3]{0,09}$ à 0,01

1848. $\sqrt[3]{52,147}$ à 0,01

1849. $\sqrt[3]{0,0429}$ à 0,01

1850. $\sqrt[3]{1,125}$ à 0,01

1851. $\sqrt[3]{0,0004}$ à 0,01

1852. $\sqrt[3]{553387,8}$ à 0,1

1853. $\sqrt[3]{0,01048}$ à 0,001

1854. $\sqrt[3]{137,4}$ à 0,01

1855. $\sqrt[3]{0,00076}$ à 0,001

1856. $\sqrt[3]{8,79}$ à 0,001

1857. $\sqrt[3]{0,00000061}$ à 0,001

1858. $\sqrt[3]{29935,38}$ à 0,01

1859. $\sqrt[3]{3,54}$ à 0,001

1860. $\sqrt[3]{0,00243}$ à 0,0001

1861. $\sqrt[3]{5035,481}$ à 0,01

1862. $\sqrt[3]{0,0000066}$ à 0,0001

1863. $\sqrt[3]{319592}$ à 0,01

1864. $\sqrt[3]{0,000000149}$ à 0,0001

1865. $\sqrt[3]{97,5456}$ à 0,0001

1866. $\sqrt[3]{0,00000000019}$ à 0,0001

EXERCICES SUR L'EXTRACTION DE LA RACINE CUBIQUE DES FRACTIONS ORDINAIRES, LES DEUX TERMES ÉTANT DES CUBES PARFAITS.

1867. $\sqrt[3]{\dfrac{8}{27}}$ $\sqrt[3]{\dfrac{64}{125}}$ $\sqrt[3]{\dfrac{343}{512}}$

1868. $\sqrt[3]{\dfrac{1}{8}}$ $\sqrt[3]{\dfrac{27}{64}}$ $\sqrt[3]{\dfrac{125}{216}}$

1869. $\sqrt[3]{\dfrac{729}{1000}}$ $\sqrt[3]{\dfrac{1}{8000}}$ $\sqrt[3]{\dfrac{1331}{1728}}$

1870. $\sqrt[3]{\dfrac{1}{27}}$ $\sqrt[3]{\dfrac{2197}{2744}}$ $\sqrt[3]{\dfrac{3375}{4096}}$

1871. $\sqrt[3]{\dfrac{4913}{5832}}$ $\sqrt[3]{\dfrac{10648}{39304}}$ $\sqrt[3]{\dfrac{9261}{704969}}$

EXERCICES SUR L'EXTRACTION DE LA RACINE CUBIQUE
DES FRACTIONS ORDINAIRES,
LES DEUX TERMES N'ÉTANT PAS DES CUBES PARFAITS.

1872. $\sqrt[3]{\frac{2}{3}}$ 1873. $\sqrt[3]{\frac{8}{17}}$ 1874. $\sqrt[3]{\frac{5}{6}}$

1875. $\sqrt[3]{\frac{4}{9}}$ 1876. $\sqrt[3]{\frac{2}{5}}$ 1877. $\sqrt[3]{\frac{6}{7}}$

1878. $\sqrt[3]{\frac{5}{9}}$ 1879. $\sqrt[3]{\frac{7}{9}}$ 1880. $\sqrt[3]{\frac{15}{8}}$

1881. $\sqrt[3]{\frac{1}{19}}$ 1882. $\sqrt[3]{\frac{5}{37}}$ 1883. $\sqrt[3]{\frac{11}{41}}$

1884. $\sqrt[3]{\frac{11}{50}}$ 1885. $\sqrt[3]{\frac{3}{25}}$ 1886. $\sqrt[3]{\frac{2}{61}}$

1887. $\sqrt[3]{\frac{7}{115}}$ 1888. $\sqrt[3]{\frac{56}{809}}$

PROBLÈMES

SUR LES RACINES CUBIQUES.

1889. Quelle est la valeur de x dans la proportion suivante : $3 : x :: x^2 : 72$?

1890. La somme des cubes de deux nombres est 20951 et l'un de ces nombres est 15. Quel est l'autre nombre ?

1891. Un fermier a récolté 488 hectolitres d'avoine. Cette quantité représentant le cube de la semence, on demande le chiffre de la semence.

1892. Pour favoriser le développement d'un arbrisseau, on veut que le trou dans lequel il doit être planté ait un espace cubique de 2 m. cubes. Quelle longueur faut-il donner à chaque côté du trou ?

1893. Si l'on voulait renfermer dans un bassin de forme cubique la quantité d'eau que le Rhône débite moyennement dans une seconde et qu'on estime à 5000 hectolitres, quelle longueur faudrait-il donner aux arêtes d'un tel réservoir ?

12

1894. Quelle profondeur faut-il donner à un bassin ayant la forme intérieure d'un cube, pour qu'il puisse contenir 3549 litres ?

1895. On veut construire une cuve de forme cubique pouvant contenir 40 hectolitres de vendanges. Quelle sera la profondeur de la cuve ?

1896. On évalue à environ 4580 centimètres cubes la quantité d'air contenue ordinairement dans les poumons de l'homme. Cela étant, déterminez les dimensions d'une caisse cubique capable de contenir exactement le même volume d'air, et exprimez ce volume en litres.

1897. Une source qui débite 120 litres d'eau par heure met 15 heures à remplir complètement un bassin dont les trois dimensions sont égales entre elles. Déterminez la capacité du réservoir et, par suite, la longueur d'un de ses côtés à 1 centimètre près.

1898. On veut expédier $83^l,5$ de café dans une caisse de forme cubique qui contienne exactement cette marchandise. Quelles dimensions faudra-t-il donner à la caisse mesurée intérieurement ?

1899. Le volume d'un dé à jouer est de 3 centimètres cubes. Quelle est la superficie de l'une de ses faces ?

1900. On a un réservoir de 5 mètres de long, 3 mètres de large, 2 mètres de profondeur, qu'on veut remplacer par un autre d'égale capacité, mais de forme cubique. Quelles dimensions faut-il donner au nouveau réservoir ?

1901. On veut déposer dans une fosse de forme cubique le fumier contenu dans une autre fosse ayant 9 mètres de long, 4 mètres de large, 2 mètres de profondeur. Quelles dimensions faudra-t-il à la nouvelle fosse pour qu'elle contienne exactement le fumier en question ?

1902. On a dans une grange un cube de foin de 2197 mètres. Quelle est la base sur laquelle il repose ?

1903. L'eau contenue dans une caisse de forme cubique pèse 13^k,2. Quelles sont les dimensions de la caisse ?

1904. Un bloc de béton, ayant la forme d'un dé à jouer, pèse 2600 kilog. Quelle est la mesure de ses côtés, sachant que le béton pèse, à peu près, 2 fois et demi autant que l'eau ?

1905. On veut fondre, sous la forme d'un cube, un boule d'étain pesant 786 grammes. Quelles seront les dimensions du cube, sachant que l'étain pèse 7,29 fois autant que l'eau ?

PROBLÈMES DE RÉCAPITULATION GÉNÉRALE.

1906. Le rendement moyen de la garance, en racines sèches, est, par hectare, de 2500 à 2700 kilog. avec une culture bisannuelle, et de 3850 kilog. avec une culture de 3 ans et une récolte à bras. Quelle est donc, d'après l'un et l'autre mode de culture, la récolte d'un champ de 48^a,89 de superficie ?

1907. La superficie totale des terres du Globe étant de 14 milliards d'hectares et celle de la France de 53 millions pour 38 millions d'habitants, quelle serait la population du Globe, s'il était peuplé comme la France ?

1908. L'ouvrier qui chôme le lundi se fait un tort considérable : d'abord il ne gagne rien, et comme il ne fait rien, il dépense plus pour se dissiper qu'il ne dépenserait pour son entretien ; ensuite l'ouvrier qui chôme le lundi passe toujours pour un dissipateur, quand même il ne ferait que se promener sans dépenser un centime, et par suite, il perd l'estime du public. Cela posé, montrez la différence des sommes d'argent que peuvent mettre de côté deux ouvriers qui gagnent 3^f,50 et dépensent 2^f,45 par jour, mais dont l'un travaille, tandis que l'autre chôme le lundi.

1909. Lorsqu'un fantassin marche au pas de route, il fait 90 pas et parcourt 60 mètres dans une minute. Quel temps faut-il à un homme marchant de ce pas pour faire 8 kilomètres de chemin ?

1910. On sait que la vitesse du Rhin devant Kehl est de 2^m,5 par seconde. En supposant ce fleuve animé de la même vitesse dans tout son parcours, on demande le temps qu'il lui faut pour franchir la distance de 1550 kilomètres qui existe entre sa source et son embouchure.

1911. Le diamètre du Globe terrestre étant d'environ 12732000 mètres, et la montagne la plus élevée ne dépassant pas 8588 mètres, si l'on voulait représenter le relief d'une semblable montagne sur un globe de 1 mètre de diamètre, quelle hauteur relative faudrait-il donner à ce relief ?

1912. La quantité d'eau enlevée chaque année par l'évaporation à la surface du Globe est de 60 centimètres environ dans nos contrées, et d'à peu près 2 mètres dans les pays intertropicaux. Quel temps faut-il dans chacune de ces régions, pour qu'une tranche d'eau de 1 centimètre d'épaisseur s'évapore complétement?

1913. Sachant que le karat équivaut à 0^{gr},2055, exprimer en poids métrique la différence de poids entre le diamant du Radjah de Matan à Bornéo, qui pèse environ 63 grammes, et le diamant du Grand-Mogol qui pèse 279 karats.

1914. On estime qu'un tombereau à 3 colliers chargé de 1^m $\frac{1}{2}$ cube de matériaux, peut faire chaque jour 36 kilomètres de chemin. Dans ce compte, on évalue à 900 mètres le parcours qui répond au temps perdu pour la charge et la décharge du tombereau. Faites connaître le nombre de voyages que peut faire, dans une journée, un pareil attelage chargé de transporter de la pierraille à 4 kilomètres de distance.

1915. On assure qu'à sa dernière éruption qui date du 7 juin 1798, le volcan du Pic de Ténériffe lança des blocs de rocher avec une violence telle qu'il leur fallut 30 secondes pour retomber à terre. Or, sachant (probl. 1412) que les espaces parcourus par les corps pesants pendant leur chute sont comme les carrés des temps de la chute, déterminer la hauteur à laquelle les blocs en question ont dû s'élever au-dessus du sol.

1916. Trois décagrammes de graines de ver à soie peuvent produire jusqu'à 40 kilog. de cocons donnant environ 4 kilog. de soie. Combien 3$^{hectog.}$,4 de graines produiront-ils de kilog. de soie ?

1917. En supposant qu'un homme pût marcher continuellement avec la vitesse du pas ordinaire qui est de 3 kilom. à l'heure, quel temps lui faudrait-il pour parcourir toutes les routes impériales et départementales de la France, dont le développement est de 81000 kilomètres ?

1918. Un terrassier peut enlever 1 mètre cube de terre par heure, soit en jetant cette terre horizontalement à 2 mètres au moins et à 4 mètres au plus, soit en l'élevant à 1^m,6, soit en le chargeant dans un tombereau. Combien de mètres cubes peut-on déblayer en 5^h 40^m, en employant l'une ou l'autre des trois manières ?

1919. Sachant que les bateaux à vapeur qui naviguent sur le Rhin font 25 kilom. de chemin par heure à la descente et 7^k,6 à la remonte, déterminer quelle est leur vitesse par seconde dans ces deux circonstances.

1920. Tous les savants sont d'accord pour reconnaître que l'eau pure est toujours composée de 2 volumes de gaz hydrogène et de 1 volume de gaz oxygène. Conséquemment, si l'on voulait former de l'eau en unissant ces deux gaz ensemble, quel volume d'oxygène faudrait-il pour 20 décimètres cubes d'hydrogène ?

1921. A combien revient la fumure d'un hectare par *l'engrais flamand*, sachant qu'un tonneau de cet engrais coûtant 1^f,20 et contenant 125 kilog. peut fumer une surface de 150 mètres carrés ?

1922. Sachant que les bateaux à vapeur parcourent 4 mètres par seconde sur la basse Loire, et 4^m,6 sur la Garonne, estimer le temps qu'il leur faut dans ces deux cas pour faire 10 kilomètres de chemin.

1923. Le bœuf fait 1 mètre de chemin par seconde au pas allongé, et 0^m,84 seulement au petit pas. Quel temps faut-il à cet animal pour faire un kilomètre dans les deux cas ?

1924. On trouve dans différents pays des mines de sel gemme qui ont jusqu'à 12 mètres d'épaisseur. Dans l'hypothèse, généralement admise aujourd'hui, que ces dépôts proviennent de certaines portions de mer évaporées et recouvertes ensuite de couches terreuses, on désire savoir quelle a été, dans le principe, l'épaisseur de la couche d'eau salée qui a donné naissance à ces dépôts. On sait qu'un mètre cube d'eau de mer produit 25 kilog. de sel marin.

1925. L'électricité parcourt au moins 446400 kilomètres dans une seconde. On demande le temps qu'il faut pour qu'une dépêche transmise par le câble électrique qui joint l'Angleterre et l'Amérique parvienne d'un bout à l'autre du câble dont la longueur est de 4 millions de mètres environ.

1926. L'expérience de tous les jours démontre qu'il suffit d'une chaleur de 72 degrés Farenheit pour faire éclore les œufs, et 108 degrés pour les faire cuire. Évaluez ces deux températures en degrés centigrades, sachant que les $\frac{5}{9}$ d'un degré centigrade équivalent à 1 degré Farenheit.

1927. Une courge plantée dans un bon terrain, bien exposé au soleil et convenablement arrosé, produit en trois mois des tiges de 50 pieds de longueur. On désire savoir de combien de centimètres ces tiges poussent dans l'espace de 24 heures, sachant d'ailleurs que l'ancien pied vaut 0^m,32484.

1928. La Science a établi que pour remplacer comme fumure 100 kilog. de bon fumier de ferme, il faut 18^k,5 d'excréments de chèvre, ou 36 kilog. d'excréments de mouton, ou 54 kil. d'excréments mixtes de cheval (urine et fiente réunies). Or, la pratique ayant démontré, d'un autre côté, qu'il faut moyennement 30000 kilog. de bon fumier de ferme pour fumer un hectare de terrain, on demande le nombre de kilog. qu'il faut de chaque engrais pour remplacer comme équivalent 30000 kilog. de fumier de ferme.

1929. Sachant que la baleine se meut dans l'eau avec une vitesse de 10 mètres par seconde, on demande le temps qu'elle mettrait pour faire le tour du Globe qui est de 40 millions de mètres.

1930. La plus basse température qui ait jamais été mesurée sur la terre est celle que Neveroff a observée, le 21 janvier 1838, à Jakoutsk, dans la Sibérie. Cette température était de 48 degrés Réaumur au-dessous de la glace. A quel degré du thermomètre centigrade correspondait-elle, sachant qu'un degré Réaumur vaut les $\frac{5}{4}$ du degré centigrade ?

1931. Quelle différence y a-t-il entre la vitesse d'un traîneau tiré par un renne, lequel fait 8^m,4 par seconde, et la vitesse des traîneaux tirés par des chevaux qui mettent 72 heures pour faire 150 lieues de 4 kilomètres ?

1932. Sur 100 grammes d'eau pure il y a toujours 11^g,112 d'hydrogène et 88^g,888 d'oxygène. Mais comme à volume égal le premier gaz pèse 11117,27 fois et le second 691 fois moins que l'eau, combien faut-il de mètres cubes de chaque gaz pour former 1 kilog. d'eau ?

1933. Les rendements en paille du seigle, de l'épeautre et de l'orge d'hiver sont entre eux comme les nombres 7, 6, 5. Sachant donc que le seigle donne 3500 kilog. de paille par hectare, quels sont, à égale surface, les rendements analogues de l'épeautre et de l'orge ?

1934. Dans combien de temps un certain nombre d'individus âgés de 18 ans seront-ils réduits à la moitié, puis au tiers, puis au quart, et quel âge auront les survivants dans ces trois cas différents? (Voy. Table I, page 168.)

1935. — Lorsque sur un certain nombre de personnes âgées de 23 ans, il en meurt la moitié, quel est l'âge de celles qui restent?

1936. — Quelle est *la durée de la vie moyenne* pour une personne de 35 ans?

1937. — Quelle est *la durée de la vie moyenne* pour un enfant qui vient de naître?

1938. — Quelle est *la durée de la vie probable* pour un jeune homme de 18 ans?

1939. — Quelle est la vie probable pour un enfant de naissance?

1940. — Une personne est âgée de 31 ans. On désire savoir quel est le nombre d'années probables qu'il lui reste à vivre.

1941. — Dans un ménage où le mari est âgé de 50 ans et la femme de 32 ans, on désire savoir de combien d'années la femme peut espérer survivre à son mari.

1942. — Sur un certain nombre de jeunes gens âgés de 20 ans, il en est mort un quart au bout d'un certain temps, peut-on dire quel était, au bout de ce temps, l'âge des survivants?

1943. — Dans une famille composée du père, âgé de 30 ans, et de 4 enfants dont l'aîné a 10 ans, le second 9 ans, le troisième 5 ans et le dernier 3 ans, quels sont ceux qui mourront probablement avant leur père, si celui-ci meurt à 84 ans, et quel âge auront-ils à l'époque de leur mort?

1944. — Quelle différence y a-t-il entre la durée de la vie moyenne et la durée de la vie probable d'une femme de 38 ans?

1945. — Quel est l'âge auquel on peut espérer vivre encore le plus grand nombre d'années possible, et quel est ce nombre d'années ?

1946. — A quel âge a-t-on l'espoir de vivre encore la moitié du nombre d'années que l'on a déjà, ou, ce qui est la même chose, d'être arrivé aux $\frac{2}{3}$ de sa vie probable ?

1947. — Quel est l'âge auquel on peut espérer vivre autant qu'on a vécu ou d'être arrivé à la moitié de sa vie ?

1948. Sachant que 100 degrés du thermomètre centigrade équivalent à 180 degrés du thermomètre Farenheit, convertissez 1 degré Farenheit en degrés centigrades, et réciproquement 1 degré centigrade en degrés Farenheit.

1949. L'illustre Laplace a calculé que dans l'espace de 2000 ans le Globe terrestre ne s'est refroidi que de $\frac{1}{10}$ de degré seulement ; or, comme la température extérieure de notre Globe ne dépend absolument que de celle du Soleil, laquelle est de 1 million de degrés centigrades, on désire connaître le nombre d'années qui devront s'écouler avant que le refroidissement graduel du Soleil produise sur notre Globe un abaissement de température de 20°.

1950. Entre l'île d'Ouessant et Boulogne la marée a une vitesse telle qu'elle parcourt 77 kilomètres en 1 heure. Quelle est sa vitesse par seconde ?

1951. Cent kilog. de blé distillé produisent moyennement 43 litres d'alcool à 33 degrés, tandis que le seigle n'en produit que 39 litres. Cela posé, si l'on voulait fabriquer 10 litres d'alcool, quelle quantité de seigle ou de blé faudrait-il, suivant qu'on emploierait pour la distillation l'une ou l'autre de ces denrées ?

1952. De combien s'en faut-il qu'un cheval au galop, qui fait 378 mètres par minute, aille aussi vite que la marée montante entre Cordouan et Blaye, où sa vitesse est de 45 kilomètres à l'heure ?

1953. Il ne faudrait pas moins de 360 ans à un boulet de canon de 12 pour franchir la distance qu'il y a entre le Soleil et Neptune, qui est la planète la plus éloignée de notre système planétaire. Or, sachant que la vitesse d'un semblable boulet est de 500 mètres par seconde, déterminez en lieues de 4 kilomètres la distance qui sépare les deux astres.

1954. D'après le problème 1814, la durée des oscillations d'un pendule est en raison directe de la racine carrée de la longueur, et le nombre des oscillations en raison inverse de cette racine. Quelle longueur faut-il donner à un pendule quelconque pour que le nombre de ses oscillations devienne 2 fois plus petit ?

1955. — Pendant qu'un pendule d'une certaine longueur fait des oscillations qui durent $\frac{3}{4}$ de seconde, on fait osciller un second pendule dont les oscillations durent $1\frac{1}{2}$ seconde. Dans quel rapport sont entre elles les longueurs de ces pendules ?

1956. — On a trouvé qu'à la latitude de Paris la longueur du pendule qui bat la seconde est de 0$^\mathrm{m}$,994. Cela étant, quelle longueur faut-il donner à un pendule pour qu'il batte la demi-seconde à la même latitude ?

1957. — La lampe d'une église fait 14 oscillations dans une minute de temps. Déterminer la hauteur de l'église, sachant d'ailleurs que la distance du cul de lampe au pavé est de 2 mètres.

1958. — Quelle longueur faudrait-il donner à un pendule pour qu'il ne fît qu'une seule oscillation par minute ?

1959. — Dans ses expériences célèbres sur le mouvement de la Terre, M. Foucauld avait suspendu à la voûte du Panthéon un pendule qui exécutait 7,47 oscillations par minute. Faites connaître la hauteur de la voûte, sachant d'ailleurs que le pendule se terminait à 1 mètre du pavé.

1960. Avec 1 kilog. de cocons de vers à soie on

obtient 50 grammes d'œufs ou graines. A ce compte, combien faut-il de kilog. de cocons pour faire 1 kilog. de graines ?

1961. Un homme et un enfant qui n'a qu'une force de 15 kilog. ont à transporter une pierre de 85 kilog. suspendue à une barre de 2 mètres de longueur. On demande comment il faudra disposer le fardeau, pour que l'enfant n'ait qu'une charge proportionnelle à sa force.

1962. Combien se trouve-t-il de litres d'air dans 1000 litres d'eaux courantes, sachant que ces eaux-là contiennent toujours une quantité d'air qui va de 3 à 6 centièmes de leur volume ?

1963. Quand on emploie comme engrais la *poudrette de Paris* ou le *noir animalisé*, la dose la plus habituelle est de 1800 kilog. ou 15 hectol. par hectare. Or, en supposant le premier coûtant 5 fr. et le second 6f,50 les 100 kilog., on demande à combien reviennent par hectare les deux sortes de fumure.

1964. Tout le monde sait aujourd'hui que notre Globe tourne sur lui-même avec une rapidité telle qu'un corps situé à l'Equateur, où cette rapidité est la plus considérable, fait en 24 heures le tour de la Terre qui est de 40 millions de mètres. Comparez cette vitesse à celle du boulet de canon qui fait 500 mètres par seconde, et dites quelle est la plus grande vitesse.

1965. 29250 kilog. d'excréments mixtes de vache ou 37500 kilog. d'excréments solides du même animal produisent sur le sol, comme fumure, le même effet que 30000 kilog. de bon fumier de ferme. Combien faut-il de kilog. de chaque engrais pour remplacer 100 kilog. de bon fumier de ferme ?

1966. La plus grande profondeur de la mer exactement connue jusqu'à ce jour est celle que le capitaine anglais Deham a mesurée dans le sud de l'Océan Atlantique. La profondeur est telle, en cet endroit, que si l'on y plongeait l'Himalaya qui a 27213 pieds français de hauteur, l'eau dépasserait encore le sommet de cette montagne de 2872 fathoms. Or, sachant que l'ancien pied français équivaut à 0ᵐ,32484 et le fathom, mesure anglaise, à 1ᵐ,829, exprimez en mesure métrique la profondeur cherchée.

1967. Quelle est la vitesse par seconde d'un convoi de chemin de fer qui fait 36 kilomètres à l'heure?

1968. On dit que la farine est blutée à 10, 15 ou 20 pour 100, quand on a retiré par le blutage 10, 15 ou 20 kilog. de son pour 100 kilog. de grains. Que doit-on retirer en son et en farine pour 228 kilog. de blé bluté à 15 p. %, et pour 317 kilog. de blé bluté à 20 p. %, en tenant compte du déchet qui est de 2 p. %?

1969. La lumière du Soleil met 8ᵐ 13ˢ pour venir de cet astre à la Terre dont la distance moyenne est de 35 millions de lieues de 4 kilom. Quel temps faut-il pour que cette lumière arrive à la planète Uranus qui est éloignée du soleil de 752 millions de lieues?

1970. Combien y a-t-il de minutes dans 39 jours 5 heures 6 minutes?

1971. On peut retirer jusqu'à 30000 kilog. de racines de betteraves par hectare. D'un autre côté, on sait que 100 kilog. de ces racines donnent 5 kilog. de sucre. D'après cela, quelle quantité de sucre peut-on retirer de 13 hectares de terrain semé en betteraves?

1972. Dans l'Océan-Atlantique, entre le cap de Bonne-Espérance et Ouessant, la marée se propage avec une telle vitesse qu'elle peut faire jusqu'à 622 kilom. dans 1 heure de temps. Combien cela fait-il de mètres par seconde?

1973. Quarante kilog. de fourrages verts consommés à l'écurie font, pour le cheval, une nourriture équivalente à 12 kilog. de foin sec. Combien faudrait-il de kilog. de fourrages verts pour représenter la ration en foin sec de 8 chevaux pendant 20 jours, cette ration étant de 5 kilog.?

1974. Le savant La Hire a trouvé que les ondes concentriques que l'on produit en agitant la surface d'une eau tranquille mettent $8\frac{1}{2}$ secondes à parcourir *uniformément* 4 mètres. Si donc, après avoir agité l'eau au bord d'un étang, on compte 154 secondes de temps entre ce moment et celui où les ondes atteignent le bord opposé, quelle sera la largeur de l'étang entre les deux points opposés ? (1)

1975. On laisse tomber un corps pesant dans un précipice, il ne parvient au fond qu'au bout de 8 secondes. On demande la profondeur du précipice.

1976. La pratique a démontré qu'il faut moyennement 30000 kilog. de bon fumier de ferme pour fumer 1 hectare de terre ; or, la Science ayant établi, d'autre part, que cette fumure peut être remplacée par 19050 kilog. d'excréments mixtes de porc ou 21900 kil. d'excréments solides de cheval, on demande combien il faut de kil. de chaque engrais pour 100 kilog. du premier ?

1977. Quel est le contour d'une roue dont le diamètre est de 1m,25 ?

1978. Puisque, d'après le problème 1383, un œuf de poule donne 54 gram. de blanc et de jaune, il s'ensuit que 6 œufs donnent $54 \times 6 = 324$ gram. de ces matières. Or, si l'on suppose la douzaine d'œufs au prix de 70 centimes et la viande de bœuf au prix de 1 fr. le kilog., lequel des deux aliments est à meilleur marché,

---

(1) On peut aussi se servir de la propagation des ondes concentriques pour mesurer la largeur d'un canal qu'on ne peut pas traverser. Supposons qu'après avoir produit l'ébranlement au point A d'une rive (fig. 20), on remarque le point C de cette même rive qui est coupé par l'onde tangente à l'autre rive, on aura évidemment la largeur AC, en mesurant le rayon AB de cette onde.

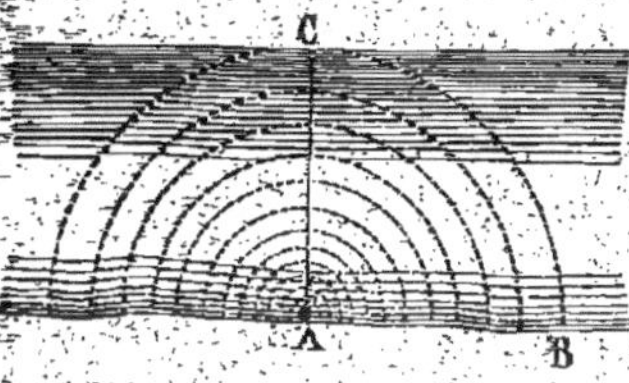

Fig. 20.

13

les propriétés nutritives des deux aliments étant supposées les mêmes ?

1979. On sait que la Terre tourne sur elle-même en 24 heures, de l'Occident à l'Orient, et que le contour de l'Équateur est de 40000 kilom. Si donc on suppose un observateur situé dans l'espace hors de la Terre et de son atmosphère, cet observateur verrait passer successivement sous ses yeux toutes les parties de l'Équateur ; il verrait par conséquent passer le Grand Océan-Pacifique qui occupe 145° de longitude. Quel temps faudrait-il à l'observateur pour voir défiler cette étendue de mer, et quelle est cette étendue ? (Voir p. 115, 118, 119.)

1980. La consommation du sucre en France est aujourd'hui de 120 à 130 millions de kilog. Combien d'hectares faudrait-il cultiver en betteraves pour obtenir cette quantité de sucre, sachant que 100 kilog. de racines de betteraves produisent 5 kilog. de sucre, et qu'on peut retirer 30000 kilog. de racines de betteraves par hectare ?

1981. Le gros son pèse de 17 à 19 kilog. l'hectol. ; le petit son de 20 à 24 kilog. ; les recoupettes de 25 à 30 kilog. ; le remoulage de 42 à 45 kilog. D'après ces données et en comptant au plus bas, quel est le poids de 3 décalitres de petit son, de 2 double-décalitres,3 de gros son, de 4 litres de recoupettes, de 19l,2 de remoulage ?

1982. Trois personnes s'associent pour une entreprise qui n'exige pas de mise de fonds ; la première a pris 100 francs sur les bénéfices ; la deuxième a pris successivement 25f, 37f,50 ; enfin la troisième, ayant pris 105 fr., a remis ensuite 23 fr. L'opération terminée, il reste 274f,50 à partager. Faire le partage de cette dernière somme, en ayant égard aux sommes déjà soustraites par les associés.

1983. Trois quinquets brûlant 42 grammes d'huile à l'heure éclairent autant que 20 bougies de 5 au demi-kilog. Cela posé, si l'huile se vend 1f,50 et les bougies 2f,80 le kilog., lequel des deux modes d'éclairage est le plus avantageux, sachant d'ailleurs qu'une bougie dure 5 heures ?

1984. Une tige de buis de 1 centimètre d'équarissage supporte un poids de 1400 kilog., tandis qu'une tige en fonte de 1 millimètre de section supporte seulement 13 kilog.; mais la tige de buis étant ici 100 fois plus grosse que la tige en fonte, on demande dans quel rapport les deux substances sont entre elles pour la ténacité ou la résistance à la traction.

1985. Pour faire un bon mortier de chaux et sable, les constructeurs emploient généralement 1 partie de chaux en *pâte* et 2 parties de sable. Quelle quantité de sable faut-il employer pour 234 décimètres cubes de chaux et combien de chaux pour 356 décimètres cubes de sable ?

1986. On cite comme la source thermale la plus chaude d'Europe celle de *Chaudes-Aigues* en Auvergne, dont l'eau marque 144 degrés du thermomètre Farenheit, et comme la plus chaude du Globe la source de *Las-Trincheras* (Venezuela, Amérique) dont l'eau marque 77,3 degrés Réaumur. Combien de degrés s'en faut-il que l'eau de ces sources soit tout à fait bouillante, c'est-à-dire à 100° centigrades ?

1987. On a 35 bouteilles d'égale grandeur pour renfermer 200 litres de vin. On demande combien, pour le même objet, il faudrait de bouteilles 5 $\frac{1}{2}$ fois plus petites ?

1988. Un piquet fixé d'aplomb sur un sol uni produit au soleil une ombre proportionnelle à la hauteur du piquet, ce qui veut dire (Arith. in-12, probl. 684) que si un piquet de 1 mètre de hauteur donne une ombre d'une certaine longueur, un piquet de 2, 3, 4,... mètres donnera une ombre 2, 3, 4,... fois plus longue que la première. D'après ces données, déterminer la hauteur d'un cyprès dont l'ombre a 24 mètres de longueur, pendant qu'un piquet haut de $1^m,20$ produit une ombre de $1^m,8$. (Voyez probl. 932.)

1989. Cent clous de fer à cheval pèsent 1^k; quel sera le poids des 32 clous qu'il faut pour la ferrure d'un cheval qu'on veut ferrer des 4 pieds ?

1990. On voudrait faire un escalier de 45 marches ayant chacune $1\frac{5}{6}$ décimètre de hauteur, mais comme un tel escalier serait trop fatigant, on réduit la hauteur des marches à $1\frac{3}{5}$ décimètre. Combien faudra-t-il de marches ?

1991. Sur 100 litres de vin celui de Champagne contient $12^l,61$, celui de Côte-Rôtie $12^l,32$ d'alcool. Combien faudrait-il de litres de chaque vin pour retirer de chacun 20 litres d'alcool ?

1992. Il a fallu 5 mètres d'une étoffe large de $\frac{4}{5}$ pour couvrir un meuble. Combien en faudrait-il d'une étoffe large de $\frac{2}{3}$?

1993. D'après les données du problème 583, si l'on voulait tracer sur une feuille de papier le plan d'une allée d'arbres éloignés de 13 mètres les uns des autres, à quelle distance faudrait-il mettre ces arbres sur le plan, l'échelle étant de $\frac{1}{1250}$?

1994. Deux associés ont mis chacun 500 fr. dans une entreprise. Le premier a prélevé 75 fr. sur le fonds commun ; l'opération terminée, il y a 1145 fr. à partager. Faire le partage et indiquer le gain.

1995. Déterminez la hauteur d'une colonne qui, à un moment donné, projette sur le sol une ombre de 75 mètres de longueur, sachant que les barreaux de la grille qui entoure la colonne ont 2^m de hauteur et produisent, au même instant, une ombre de 3 mètres.

1996. Un homme allant au pas, sans charge et sur un terrain horizontal, parcourt $1^m,50$ par seconde. Quel temps mettra-t-il pour faire un kilomètre de chemin ?

1997. Un boulet de canon ou une balle de fusil tiré

bien horizontalement au-dessus d'une plaine parfaitement nivelée, arrive au sol précisément en même temps qu'une balle qu'on laisse tomber de la bouche du canon, à l'instant même du départ de la première. Or, la distance entre le canon et le point où le boulet a touché le sol, c'est-à-dire l'espace parcouru par le boulet, est de 250 mètres environ, tandis que la distance du sol à la bouche du canon, c'est-à-dire l'espace parcouru pendant le même temps par la balle, est de $1^m,10$. D'après ces données, on demande le rapport des vitesses des deux projectiles dans ce cas particulier.

1998. Un hectare de vigne produit moyennement 30 hectol. de vendanges, et 150 litres de vendanges produisent 100 litres de vin. Quelle étendue de vigne faudrait-il pour la provision annuelle d'un ménage de 5 personnes dont chacune consomme $\frac{1}{4}$ litre de vin par jour ?

1999. Puisque 1 centimètre cube d'eau pure pèse 1 gramme dans le vide, que pèse-t-il dans l'air qui est 773,28 fois moins pesant que l'eau. (On s'aidera du Principe d'Archimède, énoncé dans le problème 810.)

2000. — Le diamant véritable perd dans l'eau les $\frac{2}{7}$ de son poids dans l'air ; un saphir blanc du même poids perd le $\frac{1}{4}$ environ de son poids ; enfin un morceau de cristal de roche, dans le même cas, perd les $\frac{8}{21}$ de son poids. Cela étant, supposez qu'on vous ait vendu pour diamants véritables trois pierres blanches et que, voulant vous assurer de la bonne foi du marchand, vous ayez trouvé, à l'aide d'une balance, qu'une des pierres, que nous désignerons par n° 1, a perdu dans l'eau 16 centigrammes sur son poids réel de 24 centigr. ; que la pierre n° 2 a perdu 3 centigr. sur 12 ; qu'enfin la pierre n° 3 a perdu à son tour 6 centig. sur 21. Que devez-vous conclure de ces trois résultats ?

ERRATA.

Page 16 (probl. 154), 17437 mètres, *lisez* 174 kilomètres.
id. 16 (probl. 157), 552276 hectolitres, *lisez* 252276 hectol.
id. 18 (probl. 174), chêne, *lisez* charme.
id. 48 (probl. 425), 1 kilog. 298, *lisez* 1 kilog. 293, ou plus simplement 1 kilog. 3.
id. 77 (probl. 640), pour chaque mouton, *lisez* pour brebis ou mouton.
id. 110 (probl. 861), 35 ans 5 mois, *lisez* 39 ans 8 mois.
id. 172 (note 1), ou 2^2, *lisez* carrée ou 2e.
id. 181 (probl. 1386), $\frac{1}{200}$, *lisez* $\frac{1}{300}$.

TABLE DES MATIÈRES.

FIN DE LA TABLE.

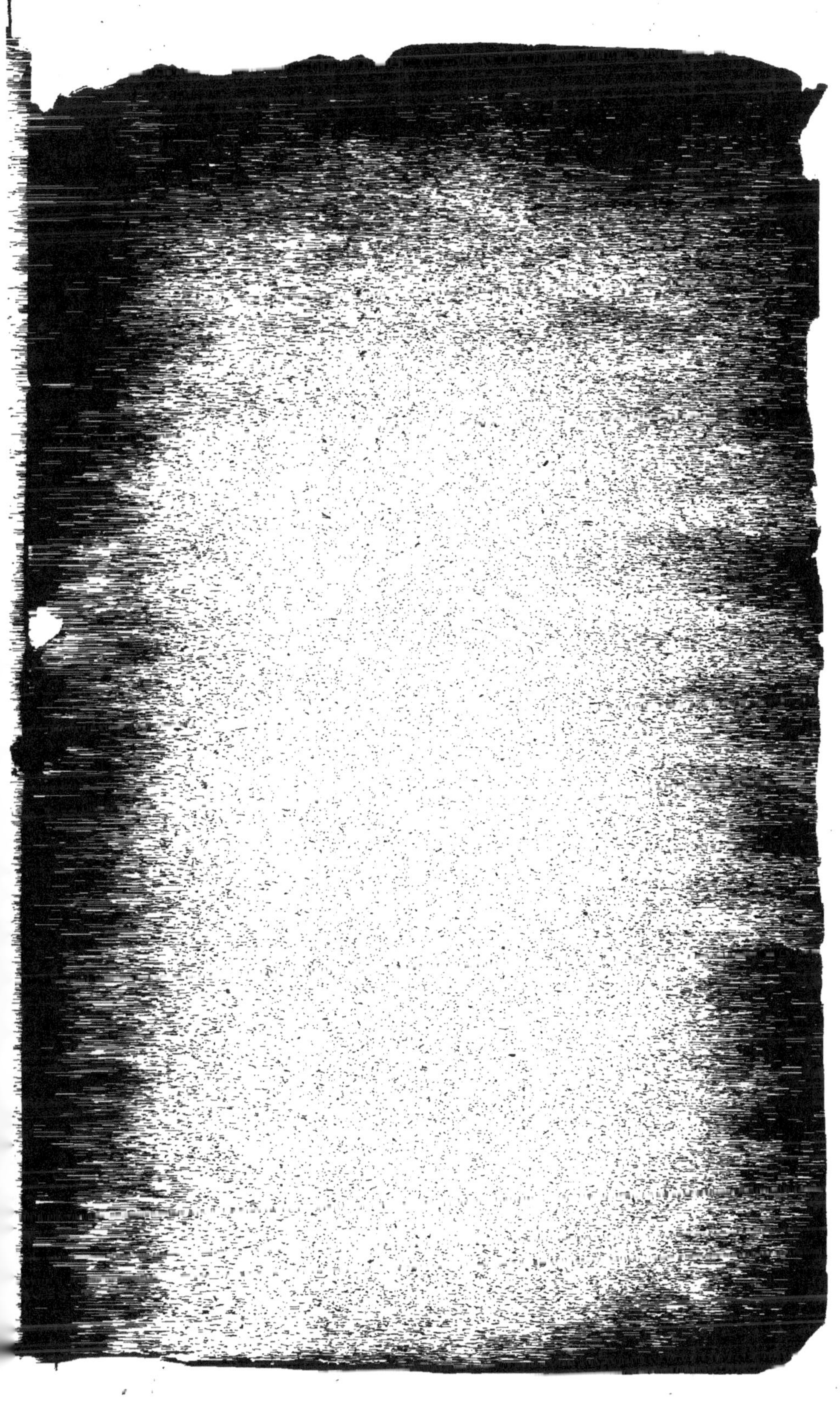